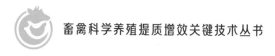

畜禽科学养殖提质增效关键技术丛书

科学养猪
提质增效关键技术

谈永松　主编

化学工业出版社

·北京·

内 容 简 介

本书以生猪养殖产业链各关键环节为主线，通过图文并茂的形式对猪的品种、猪的营养与饲料、优质猪肉生产、特种野猪生产、杂交与繁育体系、猪场选址与猪舍建造、猪场生态环保与粪污处理、猪场生物安全与疫病防控以及非洲猪瘟环境下的猪场生产管理进行了全面介绍，突出实用性与创新性。本书读者对象为高等院校畜牧兽医专业的教师和学生、科研工作者、养殖企业和养殖人员等。

图书在版编目（CIP）数据

科学养猪提质增效关键技术/谈永松主编． —北京：化学工业出版社，2023.8
（畜禽科学养殖提质增效关键技术丛书）
ISBN 978-7-122-43526-2

Ⅰ．①科…　Ⅱ．①谈…　Ⅲ．①养猪学　Ⅳ．①S828

中国国家版本馆CIP数据核字（2023）第088727号

责任编辑：曹家鸿　漆艳萍　　　　　装帧设计：韩　飞
责任校对：李露洁

出版发行：化学工业出版社（北京市东城区青年湖南街13号　邮政编码100011）
印　　　刷：三河市航远印刷有限公司
装　　　订：三河市宇新装订厂
880mm×1230mm　1/32　印张11　字数320千字
2024年2月北京第1版第1次印刷

购书咨询：010-64518888　　　　售后服务：010-64518899
网　　　址：http://www.cip.com.cn
凡购买本书，如有缺损质量问题，本社销售中心负责调换。

定　　价：49.80元　　　　　　　　　　版权所有　违者必究

编 写 人 员 名 单

主　编　谈永松

副主编　李步社　张莺莺　姜雪元

编写人员（按姓氏笔画排序）

王洪洋　刘惠莉　李本强

李步社　吴华莉　张和军

张莺莺　陆　扬　姜红菊

姜雪元　涂尾龙　谈永松

黄　济　曹建国　韩雪峻

统稿人员　吴华莉

序 言

　　"猪粮安天下"，生猪产业具有促进国民经济平稳发展、保障人民群众生活、稳定物价等重要战略意义。近年来，我国生猪产业综合生产能力不断增强，但随着当前环保政策趋紧、养殖成本持续上升、非洲猪瘟（简称非瘟）等疫病防控压力加大，其诸多短板和不足也不断暴露，如产业发展质量效益不高、支持保障体系不健全、抵御各种风险能力偏弱等突出问题，引发产业周期性波动带来众多不确定性和产业发展障碍，影响居民生活秩序和经济平稳发展，直接关系到消费物价指数和乡村振兴战略的推进。2020年9月，国务院办公厅印发《关于促进畜牧业高质量发展的意见》，强调"转变发展方式，强化科技创新、政策支持和法治保障，加快构建现代畜禽养殖、动物防疫和加工流动体系，不断增强畜牧业质量效益和竞争力，形成产出高效、产品安全、资源节约、环境友好、调控有效的高质量发展新格局，更好地满足人民群众多元化的畜禽产品消费需求。"因此，如何推进生猪产业高质量发展，具有重大而深远的意义。科学技术是第一生产力，中国养猪业的高质量发展，必须依靠科技创新。近年来，生猪良种工程稳步推进，技术创新突飞猛进，饲料和科技推广等支撑保障体系日趋完善，生产方式稳步升级，生猪产业发展取得了巨大成就，许多生猪养殖新技术、新理念不断涌现；而通过科技创新和技术引领，是实现成本优先、促进生猪产业提质增效的必要途径。

《科学养猪提质增效关键技术》一书的出版紧扣时代需求，致力于传播优秀的生猪养殖科技理念和科技成果，对推进生猪养殖人才培养和科技成果创新，具有重要的现实意义。本书以生猪养殖产业链的各个关键环节为主线，逐层推进，承上启下，既阐述了科学养殖基本理念，更瞄准落地实用与创新性，同时生猪养殖与绿色生态相融合，提质增效与疫病常态化防控相结合，传统技术与现代化、数字化技术相结合，阐述了品种选择、营养调控、优质肉生产、特种野猪生产杂交繁育、猪舍建造、生态环保和粪污处理、生物安全和疾病防控、非瘟下的猪场生产与管理等科学养猪提质增效关键技术和创新经验，结构明了，方法清晰，易于借鉴和实操。

全书主体内容共分九章，分别为猪的品种、猪的营养与饲料、优质猪肉生产、特种野猪生产、杂交与繁育体系、猪场选址与猪舍建造、猪场生态环保与粪污处理、猪场生物安全与疫病防控以及非洲猪瘟环境下的猪场生产与管理。第一章主要介绍了国内外优秀的猪品种及当前在农业和生命科学领域具有巨大发展潜力的小型猪品种；第二章从猪的营养需要出发，结合当前最新研究进展，介绍了猪的饲养标准和配合饲料方法等；第三章针对不同阶段猪的生长发育特点，介绍了优质猪肉的理念和当前可行的饲养方案、饲养环境管理等生产技术；第四章从野猪种质资源的保存和利用角度出发，介绍了特种野猪的选育和饲养管理；第五章围绕如何利用和提高杂种优势，介绍了猪杂交与繁育体系的基本理念和实用方法；第六章结合当前环保政策、养殖环境和养殖土地等限制因素，介绍了猪场科学选址、规划和猪舍建造等实用技术，包括当前兴起的楼房养猪养殖新模式。第七章介绍了目前猪场生态环保要求及实用粪污处理工艺技术。第八章介绍了猪场生物安全体系的构建和常见猪病的防治技术等。第九章针对当前非洲猪瘟常态化现状，介绍了猪场生产管理模式、设计布局和发展定位。全书正文部分穿插了养猪生产各个关键环节的图片及视频等资料，便于读者理解技术方法和学会实际操作。

　　与以往同类科普书籍相比，本书结合当前产业发展形势和时代特点对科学养猪基本理论、先进理念及实用技术进行了深入的阐述。对国内外优秀的猪品种进行了系统归纳，增加了小型猪开发利用特点的介绍，从野猪种质资源的保护和开发利用的角度增加了特种野猪的养殖特点和技术要点，结合市场消费需求的变化重点介绍了优质猪肉的生产理念和关键技术，突出了营养调控、杂交利用、生态环保和粪污处理技术、猪场选址和建设、疫病防控生物安全技术等实践经验的梳理和总结，尤其是首次展示了非洲猪瘟常态化形势下的猪场管理实战管理经验，强调科学新理念和技术的引领作用，拓展读者视野，目的是提质增效，实现生猪养殖高质量发展。

无论从国家食品安全的战略意义出发，还是从市场需求出发，生猪产业都将是我国非常重要的基础产业，也将会有越来越多的养猪人重视生猪产业创新科技理念、先进科技成果的了解和实用技术的掌握。该书可让高职高专院校师生，基层技术人员，养殖企业管理人员和一线养殖人员对科学养猪提质增效的现实意义和产业链关键环节有一个系统的了解，有助于他们结合生产实际实现科学养殖技术的应用和创新。该书总结了一线养殖人员的宝贵经验，吸纳了时代背景下的新模式和实用方法，针对性较强，对指导我国生猪产业科学养殖和提质增效具有借鉴价值。

潘玉春

2022 年 10 月

随着国民生活水平的提高，人们对猪肉消费的需求已经不同往日，正从数量需求往质量需求转变，特别是对猪肉口感和风味更加注重，而我国养猪业也在发生改变，养殖者根据市场需要培育新品种和特种野猪以满足消费者需要。随着养猪业的变化和快速增长，与之配套的粪污处理技术与设施设备却显欠缺，导致猪粪成为环境面源污染的重要来源。日益凸显的养殖业环境污染，对土壤、水体和大气等生态环境造成了较大危害，畜禽养殖粪便、污水污染已经成为制约我国环境改善的重要瓶颈。近年来，我国相继出台了有关规模化养殖废弃物处理排放管理政策和法律法规，养猪企业在引进国外养猪新技术、新理念的同时也更加注重环保安全。另外，自2018年国内出现非瘟疫情以来，整个养猪行业受到了前所未有的挑战，也遭受了巨大的损失。在这个过程中，广大养殖企业从生产管理模式、猪场设计布局、发展定位以及生物防控等方面进行了全面深刻的反思，并积极大胆探索、创新，为后非瘟时代的现代养猪业的发展贡献各自的力量。

本书共分九章，第一章由谈永松和王洪洋撰写，介绍猪地方品种、外来品种、培育品种和实验用小型猪。第二章由陆扬撰写，介绍猪的营养与饲料。第三章由张莺莺、黄济和曹建国撰写，介绍优质猪肉生产。第四章由吴华莉撰写，介绍特种野猪的生产。第五章由涂尾龙撰写，介绍猪的杂交与繁育体系。第六章由曹建国撰写，介绍猪场选址与猪舍建造，第七章由姜雪元撰写，介绍猪场生态环保与粪污处理。第八章由刘惠莉、李本强和曹建国撰写，介绍猪场生物安全与疫病防控。第九章由李步社、韩雪峻、张和军和姜红菊撰写，介绍非洲猪瘟环境下的猪场生产与管理。本书编写组由养猪科技人员和养殖企业优秀从业人员组成，他们在编撰过程中结合了各自的研究课题内容和方向，以及养殖过程总结的实践经验，期望帮助读者了解养猪的基础知识，提高养猪效能。

由于编者水平有限，疏漏之处在所难免，望读者提出意见和批评，以便改正。

编　者
2022 年 10 月

目录

第二章　猪的营养与饲料　　026

第四章　特种野猪生产 　128

第七章 猪场生态环保与粪污处理 240

第八章 猪场生物安全与疫病防控 266

第一章

猪的品种

第一节 地方猪品种

一、梅山猪

梅山猪原是太湖猪里的一个类群，《中国畜禽遗传资源志·猪志》将原太湖猪品种中的各个类群分别单独列为品种，而不再称为太湖猪。梅山猪的原产地主要分布在太湖排水干道的浏河两岸，主要集中在江苏太仓、昆山以及上海嘉定、青浦东部及宝山西部等地。梅山猪历史上有大、中、小梅山猪之分，后大梅山猪灭绝，现仅存中梅山猪和小梅山猪。中梅山猪主要产区在上海嘉定及江苏昆山等地，小梅山猪主要产区在江苏太仓（国家畜禽遗传资源委员会，2011）。

品种特征：中型梅山猪体形稍大，体质健壮，全身被毛黑色或青黑色，四蹄白色，俗称"四脚白"，皮肤微紫色或浅黑色，腹部皮肤呈紫红色，多有玉鼻，少数腹部有白斑。嘴筒短而宽，额阔，面部有较深皱纹，耳大下垂。腰线下凹，腹线下垂，臀稍大，斜尻（图1-1）。乳腺发达，乳头细长，俗称丁香乳头，乳头8对以上。

生产性能：梅山猪性成熟早，母猪初情期最早见于69日龄，平均85.2日龄，体重25.58千克即可受孕，并正常生产。梅山猪产仔数较高，母猪产活仔数12～14头，个体重0.83千克。

梅山猪（公）　　　　　　　　梅山猪（母）

图1-1　梅山猪

品种评价：梅山猪是著名的地方猪种，以高产而著称，1979年法国引入梅山猪进行研究，就此改良了法国猪种，美国亦于1989年引入梅山猪，目前多家国际育种公司引入该猪并对其高繁殖性能进行研究和利用。应加大对梅山猪的保护与利用，充分发挥其高繁遗传优势。

二、浦东白猪

浦东白猪原产于上海浦东新区川沙、祝桥、六灶等地。历史上浦东白猪有3种类型，即短头型、长头猪型及中间型，中间型因繁殖性能高及生产管理方便而留存，其他逐渐消失（王林云，2004）。

品种特征：浦东白猪毛色全白，头粗大，耳大下垂，鬃毛较粗硬，腹大略下垂，皮肤粗松多皱褶，四肢粗壮，后肢外弯，也有内曲的（图1-2）。乳头平均8对。成年公猪约225千克，成年母猪约160千克。

浦东白猪（公）　　　　　　　　浦东白猪（母）

图1-2　浦东白猪

生产性能：公猪2月龄有爬跨现象，6月龄时可配种，母猪4月龄达性成熟。平均窝产仔数13头，窝产活仔数11.5头。初生个体重平均1.05千克，平均日增重550.9克，料肉比3.33：1。

品种评价：浦东白猪是我国地方猪种中唯一的全身被白毛的品种，具高繁殖能力、耐粗饲、肉质风味佳，但生长速度较慢，饲料转化率偏低。实际生产中常与国外猪种进行杂交生产，潘玉春教授团队经研究提出了浦×（长·大）的杂交生产模式，为浦东白猪的品种改良与杂交利用提供了新的借鉴。

三、枫泾猪

枫泾猪是我国著名地方猪种之一，具有性成熟早、排卵多、繁殖率高、母性好、泌乳力强、繁殖性能稳定、肉质鲜美、细嫩等优良性状，是经济杂交的优良母本（赵书广，2013）。

品种特征：体形中等、粗壮结实、耳大下垂、耳基部较厚不贴脸、毛色全黑、稀毛紫红皮、嘴筒略凹、额有皱纹、鼻镜少有玉鼻、少数有四白脚、腰背微凹、乳房发育良好，有效乳头8～9对，称盅子奶或丁香奶。成年公猪体重150千克左右，成年母猪体重125千克左右。枫泾猪根据头形有"瓮头"和"筷头"之分。

生产性能：初产母猪产活仔数11～12头，个体重0.6千克，60日龄育成头数10～11头，个体重8千克以上。经产母猪产活仔数13～15头，个体重0.8千克，60日龄育成头数12～13头，个体重16千克以上。在20～80千克体重阶段，日增重400克左右，每千克增重需消化能50兆焦左右。在75～80千克体重屠宰时，胴体屠宰率65%～66%，皮厚0.56厘米，6～7肋间膘厚2.44厘米，眼肌面积20～21平方厘米，脂肪占胴体28%，骨占11.69%，胴体瘦肉率40%～44%。

品种评价：二元杂交以苏×枫、长×枫、约×枫为主，三元杂交以杜×（长·枫）、约×（长·枫）为主，平均产仔数12头以上。二元杂交组合的平均日增重550克以上，三元杂交组合的平均日增重600克以上。每千克增重耗消化能42～46兆焦。二元杂交胴体瘦肉率50%以上，三元杂交胴体瘦肉率55%以上。

四、沙乌头猪

沙乌头猪是太湖猪的七大类群之一，主要分布于江苏省启东、海门等市和上海市崇明区（沈富林等，2019）。

品种特征：被毛全黑，允许有少量白肚和玉鼻。体形中等，成年公母猪体重130～150千克。体质结实，耳大下垂略短于鼻端，耳根较硬，额部有较浅的皱纹，背腰平直或微凹，腹大下垂但不拖地，乳头8对以上。

生产性能：初产母猪产活仔数12头，初生个体重0.7千克，60日龄育成头数11头，窝重130千克。经产母猪产活仔数14头，初生个体重0.8千克，60日龄育成头数13头，窝重170千克。在20～75千克体重阶段，日增重450～480克，每千克增重耗消化能50兆焦左右。在75千克左右屠宰时，屠宰率65%～69%，胴体瘦肉率40%～44%，眼肌面积15～17平方厘米，皮厚0.45～0.60厘米。

品种评价：以沙乌头猪为第一母本的杜×（长·沙）、大×（长·沙）、杜×（大·沙）等杂交组合的平均产活仔12头。育肥猪在20～90千克阶段的平均日增重600克以上，每千克增重耗消化能42～47兆焦。胴体瘦肉率55%以上。肉质优于纯外来品种猪。

五、莱芜猪

莱芜猪为黄淮海黑猪中的一个类群。中心产区在山东莱芜，分布于泰安及邻近各县，分为大、中、小三种类型。

品种特征：莱芜猪被毛全黑，毛密鬃长。体形中等，体质结实，单脊背，背腰较平直，腹大不过垂。头大小中等，耳大下垂，嘴长直，额部有6～8条倒"八"字形皱纹。背腰较平直，后躯欠丰满。四肢健壮，轻卧系。尾粗长，尾长在28厘米左右。乳房排列整齐，发育良好，有效乳头7对以上，最高达12对（图1-3）。

生产性能：产仔数较高，母猪初产仔10～11头，经产仔数13～14头，初生体重600克左右，平均日增重465克，料肉比平均4.03∶1。

莱芜猪（公）　　　　　　　　　　莱芜猪（母）

图1-3 莱芜猪

品种评价：本品种最大特点是肌内脂肪含量非常丰富，繁殖率高、耐粗饲、抗病能力强，肉质细嫩，是生产高端优质猪肉重要的种源之一。

六、东北民猪

东北民猪又叫民猪，原产于东北和华北部分地区，广泛分布于东三省。民猪的形成可追溯至200多年前，河北、山东大量移民前往东三省，由陆路至辽宁西部的携带小型华北黑猪，由海路至辽宁南部及中部的携带山东中型华北黑猪，分别与当地由野猪演化而来的本地猪杂交，经过劳动人民长期的选育，逐渐形成近代民猪。民猪分为大、中、小三个类型，分别称作大民猪、二民猪以及荷包猪，目前多为中型。

品种特征：民猪头中等大，面直长，耳大下垂，全身被黑毛，冬季密生绒毛，乳头7～8对。尾粗长下垂（图1-4）。民猪具较强的抗寒能

东北民猪（公）　　　　　　　　　东北民猪（母）

图1-4 东北民猪

力，在-15℃条件下能在敞开式或半敞开式棚舍中安全越冬，且能正常产仔哺育。成年公猪体重195千克左右，母猪150千克左右。

生产性能：民猪繁殖性能较高，经产母猪窝产仔数13～14头。仔猪初生个体重1千克左右，育肥期平均日增重507克，料肉比4.11∶1。

品种评价：民猪是我国抗逆抗寒地方猪种代表，是千百年来劳动人民养猪生产的结晶，实际生产中应充分发挥其抗逆抗寒、肉质优良、产仔数多等特点，可作为优质肉猪生产的良好种源材料。可与国外洋种猪进行二元或三元杂交，利用洋种猪的优势，弥补其生长速度慢、瘦肉率和饲料转化率低等不足。

七、金华猪

金华猪原产于浙江省金华地区东阳市的画水、湖溪，义乌市的上溪、东河、下沿，金华的孝顺、曹宅、澧浦等地。主要分布于东阳、浦江、义乌、金华、永康、武义等地。金华猪尾巴较长，比较直，头部和尾部的毛发一般为黑色，体部为白色。金华猪具有成熟早、肉质好、繁殖率高等优良性能，腌制成的"金华火腿"质佳味香，外形美观，蜚声中外。

品种特征：金华猪体形中等，耳下垂不过口角，背微凹，腹大微下垂，四肢细短。头颈部和臀尾部毛为黑色，其余各处为白色，故又称金华两头乌，亦有少数猪背部有黑斑。皮薄、毛疏、骨细；乳头数7～8对，乳房发育良好，乳头结实且有弹性。头形可分为"老鼠头""寿字头"以及中间型。中间型体形适中，头长短适中，额部有少量浅的皱纹，背较长且平直，四肢结实，是目前产区饲养最广的一种类型（图1-5）。成年公猪体重149千克左右，成年母猪127千克左右。

生产性能：金华猪具早熟、母性好、产仔率高等特点，头胎产仔10～11头，经产13～14头，仔猪初生个体重平均707克，育肥期平均日增重410克，饲料转化率3.7∶1。一般饲养10个月左右育肥猪体重可达70～75千克，通常于50～60千克屠宰，所得后腿可制成2～3千克的金华火腿最为理想。

金华猪（公）

金华猪（母）

图1-5 金华猪

品种评价：金华猪是我国著名的优良地方品种，是不可多得的适于腌制优质火腿的宝贵猪种资源。它具有性成熟早、繁殖力高、皮薄骨细、肉脂品质好等特点。要保护好种质资源，利用好种质特性，除了腌制火腿外，还要加大与不同猪种的杂交改良试验，筛选优质鲜猪肉生产组合，满足市场对优质生鲜猪肉的需求。

八、荣昌猪

荣昌猪原产于重庆荣昌和四川隆昌，后扩大到永川、泸县、泸州、大足、铜梁、江津、璧山、宜宾等。明末清初，广东、湖南移民入四川，引进了白猪，历经300多年形成今天的荣昌猪。荣昌猪肉质和鬃质特性世界一流，其毛色特征世界独一无二，即全身被白毛，双眼周边呈现黑毛圈圈，又被称为"熊猫猪"。

品种特征：荣昌猪体形较大，结构匀称，毛稀，鬃毛洁白、粗长、刚韧。头大小适中，面微凹，额面有皱纹，有旋毛，耳中等大小而下垂，体躯较长，发育匀称，背腰微凹，腹大而深，臀部稍倾斜，四肢细致、坚实，乳头6～7对。绝大部分全身被毛除两眼四周或头部有大小不等的黑斑外，其余均为白色；少数在尾根及体躯出现黑斑（图1-6）。成年公猪体重平均160千克，母猪145千克。群众选种要求：白色，鬃毛粗长，头部黑斑小，不能过耳部，按毛色特征分别称为"金架眼""黑眼膛""黑头""两头黑""飞花"和"洋眼"等。其中"黑眼膛"和"黑头"约占一半以上。

荣昌猪（公）　　　　　　　　荣昌猪（母）

图1-6　荣昌猪

生产性能：荣昌猪性成熟早，公猪60日龄即可采集到有成熟精子的精液，4月龄已进入性成熟期，5～6月龄时可开始配种。母猪初产7～8头，经产达11头左右。仔猪初生个体重平均0.86千克，育肥期20～90千克的平均日增重为542克，料肉比约为3.48：1。

品种评价：荣昌猪是我国"西南型"猪种中最著名的地方良种猪，其品种形成历史悠久，是我国推广数量最多、分布范围最广、影响最深远的地方猪种之一。荣昌猪肉质好、适应性强、配合力好、鬃毛质地优良，是优良的遗传资源。今后应加大保种力度，同时利用其作为母本，开展更多新品种配套系的培育。

九、藏猪

藏猪主产于我国青藏高原一带，不同的地域环境、不同的选育需求，导致出现不同的类群，其性能也有所差异。主要包括西藏藏猪、云南迪庆藏猪、四川阿坝藏猪、四川甘孜藏猪以及甘肃甘南藏猪。

品种特征：藏猪体小，被毛多为黑色，少数为棕色，部分猪兼有"六白"特征，鬃毛长而密。嘴筒长直呈锥形，额面窄，额部皱纹少，耳小直立且向两侧平伸，转动灵活，体躯较短，胸较狭，背腰平直或微弓，腹线较平，后躯较前躯高，臀部倾斜。乳头一般4～6对，四肢结实紧凑，蹄质坚实，直立（图1-7）。

藏猪（公）　　　　　　　　　藏猪（母）

图1-7　藏猪

生产性能：公猪性成熟早，70～90天达到性成熟，母猪性成熟晚，120天左右开始发情。成年公猪体重约35千克，成年母猪体重约40千克，经产母猪平均产仔数6头。

品种评价：藏猪是世界上少有的高原型猪种，性野，对外界刺激反应敏感，机敏警觉，耐粗饲，抗逆性强，心血管发达，是培育实验动物的理想素材。

第二节　外来猪品种

一、大白猪

大白猪又名大约克夏猪，原产地为英国北部，源于约克夏郡的约克夏猪品种。大白猪于1868年首次得到品种认可，是国家种猪育种联合会最初的创始品种之一，也是世界分布最广的主导瘦肉型品种之一。

品种特征：全身被毛白色，部分个体有少量暗黑斑点；头长直，大小适中，耳薄而大向前竖立，背腰长而平直，背阔，后躯丰满，体躯呈长方形；肢蹄健壮，乳头数7对（图1-8）。

生产性能：大白猪具有产仔多、母性好的特点，母猪9月龄初配，窝产仔数12头左右；适应性强，生长速度快，达100千克体重日龄为150天，生长育肥期平均日增重900克，料重比2.5左右。胴体瘦肉率高，大白猪体重100千克左右屠宰时，屠宰率74%左右，眼肌面积

大白猪（公）　　　　　　　　　　大白猪（母）

图1-8　大白猪

40～47平方厘米，胴体瘦肉率65%左右。

品种评价：大白猪早在20世纪初引入我国，近年来引入的大白猪经风土驯化已基本适应我国生态环境，比早期引进的生长速度、产仔数均有所增加。由于大白猪体质健壮，适应性强，肉的品质好，繁殖性能也不错，因此越来越受到养猪生产者的重视，大白猪不仅可以作为父本与我国培育猪种、地方猪种杂交，而且可以作为父本或母本与外国猪种杂交，有良好的利用价值。

二、长白猪

长白猪又名兰德瑞斯猪，源于丹麦。长白猪体躯瘦长、皮肤、被毛呈白色的垂耳猪，是我国引进的优良瘦肉型猪种之一。

品种特征：全身被毛白色，允许偶尔有少量暗黑斑点；头小颈轻，嘴鼻直长，耳较大、向前倾或下垂。背腰平直，后躯发达，腿臀丰满，前窄后宽，体躯呈流线型，外观清秀美观，体质结实，四肢较高。乳头数7～8对，排列整齐（图1-9）。

生产性能：长白猪性成熟较晚，6月龄开始出现性行为，9～10月龄体重达120千克左右开始配种，初产母猪产仔数10～11头，经产母猪产仔数11～12头；长白猪生长速度快，达100千克体重日龄为150～160天，生长育肥期平均日增重为900克，饲料转化率2.5以下；长白猪的屠宰率高，屠体较长，胴体瘦肉率高，体重100千克左右屠宰时，屠宰率71%左右，眼肌面积45平方厘米左右，胴体瘦肉率67%左右。

长白猪（公）

长白猪（母）

图1-9 长白猪

品种评价：我国从20世纪20年代起，相继从丹麦引进长白猪，结合我国的自然和经济条件，长期进行选育，终于育成了适应本国的长白猪。长白猪具有产仔数较多，生长发育快，省饲料，胴体瘦肉率高，但抗逆性差，对饲料营养要求高等特点。在较好的饲料条件下，长白猪与我国地方猪杂交效果显著，在提高我国商品猪瘦肉率等方面，长白猪将成为一个重要的父本品种。

三、杜洛克猪

杜洛克猪原产地为美国东北部的新泽西州和纽约州等地，是优秀的父系品种。

品种特征：全身被毛呈棕红色，体躯高大，粗壮结实，全身肌肉丰满平滑，后躯肌肉特别发达，头中等大，颜面微凹，嘴短直，鼻长直，耳中等大小，向前倾，耳尖稍弯曲，体躯较宽，背腰平直，腹线平直，四肢强健（图1-10）。

生产性能：杜洛克猪产仔数较少，但生长快，饲料转化率高，抗逆性强。达100千克体重日龄为145～169天，生长育肥期平均日增重800～900克以上，饲料转化率2.2～2.6；90千克屠宰时，屠宰率72%以上，胴体瘦肉率61%～64%，肉质优良，肌内脂肪含量高达4%以上。

杜洛克猪（公）

杜洛克猪（母）

图1-10　杜洛克猪

品种评价：20世纪80年代后，我国先后从国外引入大量杜洛克猪，但由于引入时间、来源不同，导致其性能差异较大。因杜洛克猪具有增重快、饲料报酬高、胴体品质好、瘦肉率高等优点，而在繁殖性能方面较差些，故在生产商品猪的杂交中杜洛克猪多用作三元杂交的终端父本，或二元杂交中的父本，或四元杂交父系母本，以达到增产瘦肉和提高产仔数的目的。

四、皮特兰猪

皮特兰猪原产于比利时的布拉特地区皮特兰村，是由黑白斑本地猪与法国的贝衣猪杂交改良，后又引入英国的泰姆沃斯猪血液。皮特兰猪是我国引进的优良瘦肉型猪种之一。

品种特征：全身被毛灰白，夹有黑白斑点，有的杂有红毛。头部、颈部清秀，颜面平直，嘴大且直，双耳小且略微向前，体躯宽短，背沟明显，背宽，前后肩丰满，后躯肌肉特别发达，呈双肌臀。后躯、腹部血管清晰，露出皮肤表层。乳头排列整齐，有效乳头6对（图1-11）。

生产性能：皮特兰猪9月龄左右初配，产仔数9头以上；生长速度较快、背膘薄，达100千克体重日龄为160天左右，平均日增重800～900克，料重比2.52左右；屠宰率76%左右，瘦肉率可高达70%以上，眼肌面积大多在40平方厘米以上；劣质肉发生率较高，并具有高度的应激敏感性。

皮特兰猪（公）

皮特兰猪（母）

图1-11　皮特兰猪

品种评价：皮特兰猪引进我国时间较短，数量少。皮特兰猪因瘦肉率特别高，在国外主要用于商品猪生产。但该猪种在体重100千克以后生长速度减慢、耗料多。该猪种应激综合征发生频率较高，通过氟烷基因检测，可以淘汰或合理利用。上海市农业科学院畜牧兽医研究所谈永松研究员于1999年开始了无氟烷基因皮特兰猪群的选育工作，至2007年建成了具有NN基因型的皮特兰猪群（93头）。

五、巴克夏猪

巴克夏猪原产于英国中南部的巴克郡和威尔郡等，早在18世纪，这种英国本地猪就开始成名，18世纪30年代引入中国猪种和暹罗猪种进行杂交，1862年正式确定为一个品种，是我国引进的优良猪种之一。

品种特征：巴克夏猪的特征是"六端白"，即鼻端、四肢下部、尾尖为白色，其余部分是黑色。传统巴克夏猪头较短，面凹，嘴上翘，双耳直立或稍倾，颈短宽，肩宽，体躯长而宽，背中线平直修长，腰紧腹实，浑圆厚重，腹丰满而无下垂，四肢较短而直、结实，肢间距离开阔。乳头7对左右（图1-12）。

生产性能：巴克夏猪性成熟较早，5～6月龄就可配种，8月龄、体重80千克适宜初配。发情周期18～22天，发情持续期3～4天。青年母猪须经3个发情期方可配种。多数母猪在断奶后5～7天发情，母猪发情不明显。公猪性欲旺盛，射精量平均110毫升。发情后初产母猪2～3天配种，经产母猪1～2天配种，受胎率在90%以上。公猪利用

巴克夏猪（公）

巴克夏猪（母）

图1-12　巴克夏猪

年限3年，母猪繁殖年限5～8年。巴克夏猪适应能力强、耐粗饲，在以青饲料为主，适当搭配精料的条件下，生长速度较快，约240日龄体重达90～100千克。宰前活重112千克左右时，屠宰率可达72.2%，瘦肉率55.62%左右。

品种评价：巴克夏猪引入初期夏季经常出现呼吸困难和热射病，经长期风土驯化后，表现出良好的适应性，生产性能有一定程度的提高。20世纪30～70年代，在东北、华北等地，巴克夏猪在养猪生产中杂交利用广泛，对促进猪种的改良起过一定作用，有些巴克夏猪与中国地方猪品种的杂种猪群，经长期选育形成了新金猪等培育品种。

六、托佩克猪配套系

托佩克猪配套系公司总部位于荷兰，其在荷兰的市场占有率超过了85%。在整个欧洲，托佩克在养猪领域也是占主导地位。托佩克活跃于全球50多个国家。通过在各国建立子公司、合作企业和经销商，托佩克占尽地利，能充分满足世界各地的市场需求。托佩克种猪配套系目前在中国上市的种猪包括SPF纯种大白A系、纯种皮特兰B系和终端父本E系公猪。

品种特征：托佩克种猪生产的商品猪生长速度快、腿壮、采食量高、25日龄断奶仔猪体重可达10千克，商品猪料肉比2.5以下，150日龄体重超过115千克、群体整齐，个体差异小、皮薄，非常易于饲养，与目前大部分商品猪相比，该品种猪可提前20天出栏。但由于身腰短体形差点，不适合养成大猪，托佩克适合90千克左右出栏，超过

90千克则表现为身短、腿短、背脊突出，影响体形，导致价格被压低（图1-13）。

托佩克配套系猪（公）　　　　　　托佩克配套系猪（母）

图1-13　托佩克猪配套系

生产性能：父母代母猪发情明显，母性好、产仔数高、仔猪成活率高、泌乳力强、使用年限长，全世界范围内每年提供断奶仔数为25.2头，父母代母猪平均产仔12.7头，是不容怀疑的"产仔冠军"。

品种评价：托佩克种猪与现有的国外引进配套系猪一个很大不同点在于三系配套，比较简练灵活，生产体系的种用率比较高，其繁殖性能好是很大的特点，母猪发情明显，特别是哺乳母猪断奶后，一周内发情率很高，托佩克猪原种各系母猪的乳房发育良好，奶水饱满，泌乳能力强，窝产仔数高，仔猪活力高、强壮、抗病力强，肉质好。

七、PIC猪配套系

PIC猪配套系是由世界上第一大种猪改良公司——英国PIC公司运用"通过培育专门化父系和母系能够提高生产效率和经济利益"这一理论，经过30余年培育的、具有世界先进水平的优良配套系猪。

品种特征：头大小适中，背腰平直，两侧背肌发达，腿臀肌肉发达，四肢直立、粗壮有力，肢间距宽，睾丸发育良好，左右对称而突出。乳头数6对（图1-14）。

生产性能：PIC配套系的父系猪具有生长速度快、饲料利用率高、体形好等优点；母系猪具有产仔率高、母性强等特点；用其父母代父母

PIC配套系猪（公）　　　　　　PIC配套系猪（母）

图1-14　PIC猪配套系

系猪杂交生产五元杂交商品猪，能够更好地提高养猪生产效率和经济效益。每头母猪年产仔2.2～2.4胎，年产活仔数22～23头，育肥猪达90千克活重为145～150天，料重比为2.7左右，平均日增重800克，商品猪瘦肉率为65%～67%。

品种评价：PIC五元杂交配套系的父系和母系都是经过长期改良的专门化品系，分别具有独特的性能优势。PIC配套系猪具有吃得少、发育快、产仔数多、成活率高、瘦肉率高、免疫力强等特点，对环境适应性较好。目前，猪肉出口以日本、韩国、东南亚等国家和地区为主。

第三节　培育猪品种

一、上海白猪

上海白猪育成于20世纪70年代末，是由上海市农业科学院畜牧兽医研究所、原宝山县种畜场以及原上海县种畜场联合攻关培育而成，育成的上海白猪共分三个系（分别为农系、宝系和上系），是我国较著名的地方培育品种。

品种特征：上海白猪体形中等偏大，全身被白毛，体质结实，头面平直或微凹，耳中等大略向前倾，嘴筒中等长。背平直。腹稍大但不下垂，臀部丰满，四肢粗壮。乳房7对，对称排列（图1-15）。

生产性能：上海白猪平均窝产仔数可达11.9头，产活仔11.2头，初生窝重11.27千克，进入2000年的统计数据显示，初产仔9头左右，经

上海白猪（公）

上海白猪（母）

图1-15 上海白猪

产仔10头左右，产活仔分别为8头和9头左右，产仔性能下降较严重。育肥试验显示，上海白猪平均日增重542.1克，料肉比3.56：1。

品种评价：上海白猪具有较强的适应性，能耐高温，也能耐寒。其皮薄骨细，皮下脂肪适中，肌脂肪丰富，五花肉明显，肉色鲜红，肌肉纤维组织细嫩，烧烤后表皮香脆、耐放，不易变软，且肉皮不分离，肉香味美，因而赢得香港市场的青睐，是我国出口香港市场的少数几个猪种之一。但近些年，由于产仔性能下降，再加上出口市场放开，上海白猪竞争优势减弱。建议加大品种选育，提升产仔性能，发挥其肉质优的特点，在杜×长×上杂交配套模式基础上，探索更多的杂交组合，满足市场需求。

二、湖北白猪

湖北白猪原产于湖北省，是由华中农业大学和湖北省农业科学院畜牧兽医研究所共同培育而成的一个瘦肉型新品种。该猪以通城猪、荣昌猪、长白猪、大白猪为育种材料，以"长×（大·本）"组建基础群，其中大×（长·通）及大×长×（长·通）育成后来的Ⅲ系和Ⅳ系，荣昌猪参与的则育成后来的Ⅰ系、Ⅱ系和Ⅴ系。1986年品种通过鉴定。共6个品系，核心群公猪80头，母猪1000头。Ⅰ系、Ⅱ系和Ⅲ系繁殖率高，Ⅳ系和Ⅴ系瘦肉率高，长得快。

品种特征：体形较大，被毛全白，头轻而直长，两耳前倾或稍下垂。背腰平直,腹小,腿臀丰满。四肢粗壮,肢蹄结实。乳头多为7对,分布均匀(图1-16)。成年公猪体重约250千克,母猪约200千克。

湖北白猪(公)　　　　　　　　　　湖北白猪(母)

图1-16　湖北白猪

生产性能:母猪初产仔10～11头,经产11～12头。育肥猪在体重20～90千克阶段,平均日增重Ⅰ系、Ⅱ系、Ⅲ系为560～620克,Ⅳ系、Ⅴ系为622～690克。瘦肉率57.98%～62.37%。

品种评价:湖北白猪是我国自主培育的瘦肉型猪新品种,是生产瘦肉型商品猪的优良母本,繁殖性能、肉质、生长速度及瘦肉率均较佳,该猪易饲养,能适应长江中下游一带的气候,与杜洛克猪杂交优势更明显。

三、北京黑猪

北京黑猪是我国自主培育的猪种之一,由北京市国营双桥农场和北郊农场育成,是利用巴克夏猪、大约克猪、苏联大白猪以及高加索猪等诸多外来血统猪与本地猪杂交,对其杂种后代进行选育而成,其血统源自亚洲、欧洲、美洲的诸多品种,有丰富的遗传背景。20世纪60年代开展培育工作,至1982年通过农业部的鉴定,命名为"北京黑猪"。

品种特征:该猪头大小适中,两耳向前上方直立或平伸,背腰平直,四肢健壮,全身被黑毛,乳头7对。尾根高,尾直立下垂(图1-17)。成年公猪体重约260千克,母猪约220千克。

生产性能:一般215日龄性成熟,235日龄可配种,头胎平均产仔约10.1头,经产约11.52头。平均初生个体重1.28千克。育肥猪20～90千克体重阶段,平均日增重609克,胴体瘦肉率达51.48%。

北京黑猪（公）　　　　　　　　　北京黑猪（母）

图1-17　北京黑猪

品种评价：该猪体质结实、抗病力强、哺乳性能好，肉质优良，与外来品种有较强的配合力。瘦肉率较高可直接用于育肥上市。今后宜在繁殖性能上再做提升。

四、三江白猪

三江白猪产于黑龙江省佳木斯市的一个培育品种，它是我国第一个按计划培育而成的肉用型新品种。它采用长白猪与民猪正反交，再与长白猪回交，后代组成零世代选育群体，经过横交固定与选育5～6个世代，至1982年达到选育要求，1983年通过农业部的鉴定。

品种特征：三江白猪头轻嘴直，耳下垂。体中等大，体质结实，呈现典型瘦肉型猪的流线体形。背腰平宽，腿臀丰满，四肢粗壮，全身被白毛，肤色洁白。乳头7对以上，排列整齐（图1-18）。8月龄公猪平均体重达111.5千克，母猪107.5千克。

三江白猪（公）　　　　　　　　　三江白猪（母）

图1-18　三江白猪

生产性能：初产母猪平均窝产仔数达11.4头，经产平均达12.8头，仔猪平均初生个体重达1.3千克以上。育肥猪在体重20～90千克体重阶段，平均日增重600克，胴体瘦肉率为59%。

品种评价：三江白猪是我国第一个按照种猪培育计划而育成的品种，各个指标均达到了设计要求，它整合了民猪的繁殖性能强、适应性强、肉质优良等特点，是杂交生产优质商品肉猪的优良母本，杜×（大·三）杂交配套是目前研究推广的主要模式。

五、特种野猪

严格意义上来说，特种野猪并不是一个猪品种，它只是人们的一种称呼。它一般指代的是野猪与家猪的杂交后代，杂交后代经过人工驯化改良，能够将野猪的一些种质特性遗传保留下来，所形成的群体能够自我繁育与维持，这样的群体既不同于野猪，也有别于家猪，是介于野猪和家猪间的具有经济价值的一种野猪家猪杂交种。前中国畜牧兽医学会养猪学分会理事长王林云教授20世纪90年代考察宁波南方野生动物养殖公司杂交野猪时首次提出特种野猪的概念。

品种特征：特种野猪与纯种野猪的外貌相似，头细长呈楔形，吻部突出，呈圆锥状。耳小向上方直立。头和腹部较小，背平直，腿细高。特种野公猪的毛粗、稀少，鬃毛较长，鬃毛从颈部延伸至臀部。前胸不仅较宽且十分发达，四肢粗壮结实，蹄为黑色（图1-19）。成年特种野猪会长出与纯种野猪一样的大獠牙。成年公猪体重190～210千克，母猪145～155千克。

特种野猪（公）　　　　　　　特种野猪（母）

图1-19　特种野猪

生产性能：母猪初情期一般在4～5月龄，初配适龄7月龄。发情周期18～20天，持续时间4～7天，可年产2胎，初产母猪产仔数6～8头，经产母猪8～12头。平均日增重450克，料肉比3.5∶1。屠宰率75%以上，适宜屠宰体重65～75千克。瘦肉率可达65%以上。

品种评价：野猪与家猪杂交由来已久，20世纪90年代浙江宁波象山一带有养殖场将家猪母猪留置于海岛上而与野猪交配，后繁殖出大量带花色条纹的仔猪，类似野猪幼崽，在抗病、肉质及野性方面偏向于野猪，其肉质鲜美、营养丰富，高蛋白、低脂肪，又无野猪的腥膻味，一经推出便得到人们的喜爱。后全国多个地方发展特种野猪养殖，为人们的肉食品消费提供了新的选择。特种野猪契合了社会的需求和产业的需求，今后应加大种源品质的稳定性、生产的安全性以及产品的标准化方面的技术研究。

六、深农配套系

深农配套系由广东省深圳农牧实业有限公司选育而成。它由父系、母Ⅰ系、母Ⅱ系三个专门化品系组成，其中父系是以杜洛克猪（引自美国、丹麦）为素材，母Ⅰ系是以长白猪（引自丹麦、美国）为素材、母Ⅱ系是以大白猪（引自丹麦、美国、英国）为素材，1994年建立基础群，3个素材品种各组选择10头公猪，80头母猪组成选育核心群。采用闭锁与开放相结合的方法，经3个世代的继代选育，开放杂交，实施家系选择和杂交选择，允许优秀个体进行世代重叠，反复使用，至1998年7月达5世代。1998年通过农业部审定，1999年农业部第102号公告批准深农猪配套系为农业部畜禽新品种，并颁发证书（农01新品种证字第3号）。深农猪配套系是我国自行培育的第一个三系配套系猪，被国家科技部和广东省列为2003年度重点新产品计划，2003年被广东省政府认定为广东省名牌产品，2005年底被评为中国首批"中国品牌猪"。

品种特征：父系特征表现在毛色棕红，头中等大，四肢坚实，体长，前后躯丰满，发育良好，腹部收缩良好。母Ⅰ系毛色为白色，头轻体长，前后匀称，臀部丰满、四肢坚实，有效乳头6对以上，排列均匀。母Ⅱ系毛色为白色，头中等大，颌小，体中等长，背宽臀丰，四肢粗壮，有效乳头6对以上，排列均匀，体形外貌一致性好（图1-20）。配套系商品猪基本白毛，头中等大，体稍长，前后躯发达，腹收缩，四肢粗壮坚实，外形一致性好。

深农配套系父系（公）　　深农配套系母Ⅰ系（公）　　深农配套系母Ⅱ系（母）

图1-20　深农配套系

生产性能：父系母猪初情期170～190日龄，适宜配种日龄210～240天，母猪产活仔数初产7头以上，经产8头以上，达100千克体重公猪177日龄以下，母猪182日龄以下，饲料转化率2.6以下。母Ⅰ系母猪初情期170～190日龄，适宜配种日龄210～240天，母猪产活仔数初产8头以上，经产9头以上，达100千克体重公猪180日龄以下，母猪185日龄以下，饲料转化率2.7以下。母Ⅱ系母猪初情期170～190日龄，适宜配种210～240日龄，母猪产活仔数初产8头以上，经产9头以上，达100千克体重公猪180日龄以下，母猪185日龄以下，饲料转化率2.7以下。配套系商品猪达100千克体重180日龄以下，饲料转化率2.65以下，瘦肉率62%以上。

品种评价：深农猪配套系种猪是国内培育出的第一个三系配套系，具有生长速度快、饲料报酬高、繁殖性能好、体形优秀的优良特点，适合在全国大部分地区饲养，特别是集约化养殖，极受市场欢迎。

第四节　实验用小型猪

一、五指山猪

五指山猪因原产于我国海南省五指山地区而得名，该猪体形小，身体灵活，头部尖长，身体形状似鼠，俗称"老鼠猪"。又因嘴尖且长，喜拱土觅食，嘴不离土，后视似五只脚，又被称为"五脚猪"。

品种特征：全身被毛大部分为黑色或棕色，腹部和四肢内侧为白色，大多有黑色或棕褐色鬃毛，公猪尤为明显；体形小，结构紧凑，头小稍长，鼻直长，额部有白三角或流星，嘴尖，耳小而尖呈桃形向后；躯干长短适中，背腰平直或微凹，胸窄腹大而不下垂，肋骨13～14对，臀部肌肉不发达；乳头4～7对。四肢细短，呈白色；尾较细，尾端毛呈鱼尾状；五指山猪野性较大，跳跃能力强（图1-21）。

五指山猪（公）

五指山猪（母）

图1-21 五指山猪

生产性能：五指山猪性成熟早，公猪6～7月龄、母猪5～6月龄初配。成年公猪獠牙较长，睾丸较小，阴囊不明显，成年母猪体重30～35千克，很少超过40千克。经产母猪产仔数可达6～8头。

品种评价：五指山猪是我国著名的小型猪之一，具有独特的遗传品质，体形小、耐粗饲、早熟、耐近交、抗逆性较好，是理想的实验动物素材之一。

二、巴马香猪

巴马香猪因原产于广西壮族自治区巴马瑶族自治县而得名，当地苗族人称巴马香猪为"别玉"，壮族人称之为"牡"，汉族人称之为"冬瓜猪"或"芭蕉猪"。

品种特征：巴马香猪毛色为两头黑、中间白，额有白斑或白线。鼻端、胸腹及四肢为白色。体形小，嘴细长，颈短粗，多数猪额平、无皱纹。耳小而薄、直立、稍向外倾。体躯短，背腰稍凹，腹较大、下垂而不拖地，臀部不丰满。乳头一般5～8对。四肢细短，前肢直立，后肢多卧系（图1-22）。

巴马香猪（公）　　　　　　　　　　巴马香猪（母）

图1-22　巴马香猪

生产性能：公猪一般在70日龄达到性成熟。母猪性成熟比公猪晚，初配时间大约在150日龄。成年母猪被毛较长，体重35～45千克。经产母猪平均每胎产仔11.5头。

品种评价：巴马香猪是在当地饲养条件下，长期近亲交配形成的小型猪种，其遗传性能稳定、耐粗饲、抗病力强，是医学实验动物的良好素材，目前已用于缺血性中风模型、帕金森小型猪模型等方面研究。

三、陆川猪

陆川猪是两广小花猪的三个类群中的一种，因主产于广西壮族自治区玉林市陆川县而得名。

品种特征：该猪全身被毛短、细、稀疏，毛色呈一致性黑白花。体形矮、短、宽、圆、肥，头短，嘴中等长，额较宽，有Y形或菱形皱纹、耳小、直立、略向前向外伸。背腰宽广凹下，腹大下垂、常拖地，肋骨数13～14对，乳头数6～7对。四肢粗短健壮，大腿欠丰满，尾较细（图1-23）。

生产性能：性成熟早，2～3月龄时就能配种，初配体重不到30千克，小母猪体重不到30千克时开始发情。成年公猪体重81～130千克，母猪78千克左右，经产母猪平均产仔12头。

陆川猪（公）　　　　　　　　陆川猪（母）

图1-23　陆川猪

品种评价：陆川猪是我国的地方良种猪之一，具有耐热性好、耐粗饲、个体较小、遗传力稳定、杂交优势明显等优点。此外，不同月龄的内脏器官大小与人不同年龄段内脏器官相对应，适于人类心血管支架模型的研发与应用。

＊本章图片多引自新版《中国畜禽遗传资源志·猪志》，特此致谢！

第二章
猪的营养与饲料

第一节 猪的营养需要

一、猪需要的营养物质

1.猪体组成

猪体所含的营养物质分为五大类，即蛋白质、碳水化合物、脂肪、矿物质和维生素。不同品种类型的猪，猪体化学成分有所差异，但变化规律一致。猪从初生到120千克体重的过程中，体蛋白含量基本保持在14%～16%，而体脂从1%左右增加到30%左右，水分从80%左右下降到50%左右（表2-1）。

表2-1 不同体重猪的化学组成

体重/千克	水分/%	蛋白质/%	脂肪/%	灰分/%
初生	81.7	11.5	0.8	—
15	70.4	16.0	9.5	3.7
20	69.6	16.4	10.1	3.6
40	65.7	16.5	14.1	3.5
60	61.8	16.2	18.5	3.3

续表

体重/千克	水分/%	蛋白质/%	脂肪/%	灰分/%
80	58.0	15.6	23.2	3.1
100	54.2	14.9	27.9	2.9
120	50.4	14.1	32.7	2.9

2.饲料营养组成

猪饲料原料绝大部分来自植物，少数来自动物和矿物。饲料中凡能被动物用以维持生命、生产产品的物质，称为营养物质，简称养分。饲料中的养分分为六大类，即水分、粗蛋白质、粗脂肪、粗纤维、矿物质和无氮浸出物。常规饲料分析法是对这六类养分测定常用的分析方法，被称为"概略养分分析法"。概略养分与饲料养分间的关系见图2-1，此法概括性强，简单、实用，但也存在一些局限性，尤其是粗纤维分析方法正逐步地被"中性、酸性洗涤纤维"和"膳食性纤维分析"所替代。

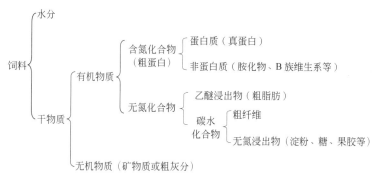

图2-1 概略养分与饲料养分之间的关系

3.各种营养物质的功能

（1）水分 水是一种容易为人们忽视而对维持猪体生命活动却极为重要的营养物质。水能溶解营养物质，然后运送到全身；能将体内废物排到体外，调节体温和渗透压，使细胞和组织保持正常状态。猪体内大多数水分来自饮水和饲料中的水，少量的来自营养素在体内转化形成的代谢水。猪体内如果缺乏水分或饮水不足会导致血液循环和分泌系统的功能失常，新陈代谢活动紊乱，生产力下降，当猪体脱水5%时会感到口渴不适，食欲减退，脱水10%时导致严重代谢紊乱，脱水达到20%时即可造成死亡。

（2）蛋白质　蛋白质作为构成猪体的结构物质和功能物质，是生命活动的参与者和体现者，其基本功能如下：① 猪体的结构成分；② 猪体必需的营养成分；③ 参与机体的新陈代谢；④ 参与机体生理功能的调节；⑤ 参与机体免疫调控。

（3）脂肪　粗脂肪是对饲料中所有脂溶性物质的总称，包括简单脂类、复合脂类、固醇类及其他脂溶性物质。简单脂类是猪体含量最多的脂，主要是甘油三酯；复合脂类包括卵磷脂、鞘脂、糖脂和脂蛋白等。脂类的主要生理功能如下。

① 供能贮能。脂类是含能最高，热增耗最低的营养素，它的供能作用仅次于碳水化合物。

② 代谢水的重要来源。

③ 组织生长的原料。

④ 促进其他营养素的消化吸收。

⑤ 转变为多种重要代谢产物。

（4）碳水化合物　常规分析法将碳水化合物分为易消化的无氮浸出物和不易消化的粗纤维两大类。前者又称为可溶性碳水化合物，包括单糖、双糖和多糖（淀粉）等物质；后者是植物细胞壁的主要组成成分，包括纤维素、半纤维素、木质素和角质素等成分。碳水化合物的主要作用如下。

① 猪体组成。

② 供能贮能作用。

③ 能源储备。

④ 调节肠道微生物区系的组成。

⑤ 参与各种生理功能。

（5）能量　能量是一个抽象概念，可以理解为饲料中所蕴含的热量，也可理解为动物的所有活动（如呼吸、心跳、血液循环、肌肉活动、神经活动、生长、生产产品和使役等）所消耗的热量。饲料能量浓度直接影响动物采食量，其主要储存于碳水化合物、脂肪和蛋白质中，以化学能的形式存在。碳水化合物在猪常用的植物性饲料中含量最高，来源丰富，是猪饲料能量的最主要来源。脂肪的有效能值约为碳水化合物的2.25倍，但在饲料中含量较少，不是猪饲料主要的能量来源。蛋白质用作能源的利用效率比较低，并且蛋白质在动物体内不能完全氧化，氨基酸脱氨产生的氨过多，对动物机体有害，因而蛋白质不宜作能源物质使用。饲料来源的能量难以满足机体需要时，也可依次动用体内贮存的糖原、脂肪和蛋白质来供能，以应不时之需。但是，这种由体组织先合成后降解的供能方式，其效率低于直接用饲料供能的效率。

（6）矿物质　矿物元素是动物营养中的一大类无机营养素。现已确认动物体组织中含有的矿物元素约45种。但是并非动物体内的所有矿物元素都在体内起营养代谢作用。目前证明动物一般都需要钙、磷、钠、钾、氯、镁、硫、铁、铜、锰、锌、碘、硒、钼、钴、铬、氟、硅、硼19种矿物元素。虽然日粮提供了各种有机营养物质，但如果缺乏矿物质，仍不能维持动物的正常发育与繁殖，严重时甚至可导致动物死亡。矿物质在动物体内的作用如下。

① 参与体组织结构组成。

② 维持正常的生理环境。

③ 参与体内物质代谢。

④ 参与体内代谢调节。

（7）维生素　维生素是维持健康和促进生长所不可缺少的有机物质。动物对维生素需要量很少，通常以毫克计，既不是动物的能源物质，又不是结构物质，但却是机体物质代谢过程的必须参加者，属于调节剂，每种维生素都有其特殊的作用，相互间不可替代。目前已确定的维生素有14种，按其溶解性可分为脂溶性维生素和水溶性维生素两大类。脂溶性维生素有维生素A、维生素D、维生素E、维生素K；水溶性维生素有B族维生素和维生素C。

动物缺乏维生素会发生代谢障碍性疾病，统称维生素不足症或缺乏症，数种维生素同时缺乏引起的疾病，称为多维缺乏症。在养殖业中，常由于动物饲料中供给的维生素不足或是由于消化道吸收不良或是由于特殊生理状态（妊娠、哺乳等）及慢性或急性疾病等原因，引起各种症状。某些维生素在体内有贮备，短期内缺少不会很快表现出临床症状和对生产力发生影响，随着缺少的程度加重和体内消耗不断增加逐渐表现出各种症状。为了预防或治疗维生素缺乏症，也为了促进生长或繁殖，增强免疫力及抗应激能力，提高动物产品产量和质量，饲料中应适量添加维生素。

二、猪的营养生理特点

1. 猪的消化过程

猪的消化器官由一条长的消化管和与消化管相连的一些消化腺组成。消化管起始于口腔，向后依次为咽、食管、胃、小肠（十二指肠、空肠和回肠）、大肠（盲肠、结肠和直肠），最后终止于肛门（图2-2）。

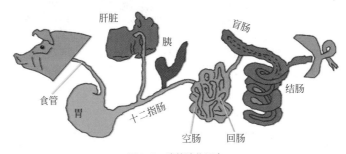

肝脏　　胰　　盲肠

食管　　胃　　十二指肠　　空肠　　回肠　　结肠

图2-2　猪的消化器官

猪是杂食动物，人工饲养的猪采食的饲料主要以植物性饲料为主。猪采食的饲料首先在口腔内经牙齿咀嚼磨碎，并与唾液充分混合，然后吞咽，经食管由胸腔被推送到胃内与胃液充分混合，使食团变成半流体的食糜，后经幽门进入肠道（小肠和大肠）进行消化和吸收，最后剩余的残渣形成粪便从肛门被排出。

2. 猪对饲料的消化方式

猪对饲料的消化方式分为物理消化、化学消化和微生物消化。

（1）物理消化　物理消化是靠动物的牙齿和消化道管壁的肌肉运动把饲料压扁、撕碎、磨烂，从而增加饲料的表面积，易于与消化液充分混合，并把食糜从消化道的一个部位运送到另一个部位。物理性消化后食物只是颗粒变小，没有化学性变化，其消化产物不能吸收，但它为化学消化与微生物消化做好了准备。猪口腔内牙齿对饲料咀嚼比较细致，咀嚼时间长短与饲料的柔软程度和动物年龄有关。一般粗硬的饲料咀嚼时间长，随年龄的增加咀嚼时间相应缩短。生产上猪饲料宜适当粉碎以减少咀嚼的能量消耗，同时又有助于胃、肠中酶的消化。

（2）化学消化　猪对饲料的化学消化主要是酶消化，这些酶主要存在于唾液、胃液、胰液和肠液中。饲料中的各种养分通过酶解，由大分子物质变成小分子物质，如蛋白质酶解成小肽和氨基酸，多糖酶解成单糖，核酸酶解成核苷酸等。

（3）微生物消化　猪消化液中不含分解纤维素的酶类，猪对饲料粗纤维的消化几乎完全依靠盲肠和结肠内的微生物发酵作用，消化能力较弱。猪肠道内的微生物能分泌蛋白酶、半纤维素酶和纤维素酶等，将饲料中糖类和蛋白质充分分解成挥发性脂肪酸、胺类等物质，以及甲烷和二氧化碳等气体。因此，微生物消化作用使猪能一定程度地利用粗饲料，但也造成了一定量营养物质的发酵损失。

3.猪的吸收特点

饲料被消化后，其分解产物经消化道黏膜上皮细胞进入血液或淋巴液的过程称为吸收。动物营养研究中，把消化吸收了的营养物质视为可消化营养物质。猪胃的吸收有限，只能吸收少量水分和无机盐。小肠是各种动物吸收营养物质的主要场所，其吸收面积最大，吸收的营养物质也最多。

三、消化力与可消化性

饲料被动物消化的性质或程度称为饲料的可消化性；动物消化饲料中营养物质的能力称为动物的消化力。饲料的可消化性和动物的消化力是营养物质消化过程不可分割的两个方面。消化率是衡量饲料可消化性和动物消化力这两个方面的统一指标，它是饲料中可消化养分占总养分的百分比，计算公式如下。

$$饲料中可消化养分 = 食入饲料中养分 - 粪中养分$$

$$饲料某养分消化率(\%) = \frac{食入饲料中某养分 - 粪中某养分}{食入饲料中某养分} \times 100$$

因粪中所含各种养分并非全部来自饲料，有少量来自消化道分泌的消化液、肠道脱落细胞、肠道微生物等内源性产物，故上述公式计算的消化率为表观消化率。饲料中蛋白质的表观消化率小于真实消化率，因为表观消化率计算中把来源于消化道的代谢蛋白质、消化酶和肠道微生物等视为未消化的饲料蛋白质，造成计算的粪中排出蛋白质的量与真实情况不符。饲料脂肪含量少，测定表观消化率易受代谢来源的脂肪和分析误差掩盖，测定值有波动。饲料矿物质的消化率，更易受消化道来源的代谢矿物质循环利用的影响，所以，矿物质应采用真实消化率。同一种饲料在猪的不同生理阶段，消化率不同。不同种饲料，即使在猪的同一生理阶段，消化率也不同。

四、不同阶段猪的营养需求

1.保育猪

仔猪从断奶至70日龄为保育阶段，是仔猪生长发育的重要阶段之一，其生理特点是生长发育速度快，各项器官、系统的发育还不健全，其中消化系统的发育还不完善，免疫系统还不健全，却还需要面对多种应激，如断奶应激、消化功能应激、环境变化应激、管理变化应激等。如不能及时缓解这些应激因素，必将对仔猪的健康和生产性能造成持久的影响。

根据以上生理特点，在生产过程中，要尽可能为仔猪提供营养浓度和消化率均较高的饲料，尽量减少饲料中过敏因子和抗原成分，在兼具性价比的情况下，使其配比合理且营养丰富。保育猪的日增重主要取决于能量饲料的供给水平。日增重随能量摄入的增加而提高，饲料的转化率也能得到明显改善。5～10千克阶段仔猪的消化能和代谢能摄入量分别为4.87兆焦/天和4.68兆焦/天，5～11千克荣昌烤乳猪适宜的代谢能水平为15.07兆焦/千克饲料，断奶藏香仔猪适宜的代谢能水平为12.55兆焦/千克饲料。仔猪对蛋白质的需要也与饲料的能量水平有关。能量应作为断奶仔猪饲料的优先考虑因素，而不应该过分强调蛋白质的作用。

2.生长育肥猪

体重在20～60千克为生长期，此阶段猪的生长发育特点是以组织、器官的生长发育为主，脂肪的增长较为缓慢；体重在60千克以上一直到出栏为育肥期，此阶段的特点是各组织、器官的发育基本完成，功能也逐渐完善，消化系统的发育较为完全，可以消化各种类型的饲料，对外界环境的抵抗能力也增强，生长速度变慢，但脂肪沉积加快。

由于生长育肥猪在不同时期表现不同生长特点，故不同阶段的营养需要也有区别。在生长育肥前期，应特别重视蛋白质与矿物质（特别是钙、磷）的供应，以保证其骨骼与肌肉充分生长，后期则应提高能量供应，并适当降低饲料蛋白质与钙、磷水平，为保证胴体品质，能量水平也不宜过高。

3.种公猪

（1）后备种公猪　对后备种公猪来说，能量和蛋白质对其影响主要体现在生殖系统的发育和达到性成熟的时间。公猪断奶后持续饲喂低水平能量和蛋白质日粮会引起后备公猪睾丸和机体发育迟缓，影响睾丸细胞的发育和精子的生成。后备公猪生长发育迅速，钙和磷需求旺盛，钙、磷通过影响公猪的掌骨和股骨的强度进而影响其成熟后的使用年限。

（2）生产种公猪　公猪的繁殖力主要体现在性欲、精子的生成、精子质量和受胎率。目前的研究认为，在低交配率情况下，能量、蛋白质和氨基酸对公猪性欲和精液质量影响不显著，仅在长期营养不良情况下公猪性欲才会受到影响；但经高交配率后，公猪饲料中添加氨基酸（尤其是蛋氨酸）可以显著增加精子生成量，表明繁殖活动频繁的时期，种公猪对含硫氨基酸的需要量增加。因此，在生产上应该根据不同使用强度情况确定适宜的营养水平。

除了长时间营养不良会影响公猪性欲外，高营养水平日粮也是造成公猪性欲下降的原因。高能量水平日粮容易导致公猪体形变大，脂肪增多而且倦怠，没有爬跨的体能。目前，一些公猪站为保证公猪旺盛的性欲和减少成功爬跨时间，而给公猪饲喂高蛋白日粮（超过推荐量5%～10%）。这种情况下，公猪长时间处于超负荷状态，对其持续发挥最佳生产性能有很大危害。

4.种母猪

（1）后备母猪　后备母猪是指2月龄到初配前留为种用的母猪。后备母猪的营养水平影响其机体发育及未来的繁殖性能，过肥或过瘦均会降低母猪繁殖力。能量水平和采食量影响后备母猪的生长速度，而后备母猪保持适宜生长速度非常重要。虽然，后备母猪的营养需要与生长育肥猪不同，但相关的研究很少，一般的饲养标准也没有后备猪的标准。

近年来，围绕后备母猪能量水平及来源开展的研究工作发现，适量增加饲粮中能量水平可以提高后备母猪对能量的利用效率，有利于母猪初情期的启动，将消化能摄入量从35.59兆焦/天提高至45.85兆焦/天可增加母猪背膘厚度和发情率（蒋宗勇等，2015）。

除繁殖障碍外，腿病或跛行是引起经产母猪淘汰的第二大原因。目前以母猪终身生产性能来评估钙、磷需要量的研究，尤其是评估后备母猪骨骼发育标准的研究尚未见报道。NRC（2012）中的钙、磷建议添加量并不一定能满足后备母猪的需要，为使骨骼强度和灰分含量最大，钙、磷需要量应在最高生长所需基础上提高10%。

（2）妊娠母猪　妊娠母猪是指从配种妊娠开始至分娩这一生理阶段的母猪。母猪的妊娠期为114天，这一时期，母猪摄入的营养物质除用于自身维持与生长需要外，主要用于胎儿正常生长发育。妊娠期营养物质的供应非常重要，适宜的营养水平能保证胚胎的正常发育，提高仔猪的初生重、断奶成活率和日增重，并能使母猪分娩后有较高的泌乳力。

妊娠母猪的能量需要量因妊娠所处时期、自身体重、妊娠期目标增重、管理和环境因素而异。母猪妊娠期营养水平过低则总产仔数、仔猪初生重降低，过高则导致母猪体况过肥，易难产，产后瘫痪及肢蹄病的发病率提高。就妊娠全期而言，应限制能量摄入量，但能量摄入量过低时，则会导致母猪断奶后发情延迟，降低了母猪使用年限。因此，妊娠期母猪需提供适宜的营养水平以保证母猪的体况及胎儿正常发育，但妊娠后期应提供高营养水平，因为胎儿的增重主要在后期。

（3）哺乳母猪　哺乳期只占母猪生产周期的15%～20%，但它是代谢需求最大的生产阶段。母猪哺乳期常常会动用体脂肪和体蛋白储备，造成泌乳期失重及背膘损失，延长发情间隔。母猪泌乳量和仔猪生长速度在泌乳早期处于较低水平，随着泌乳期延长不断增加，泌乳7～10天后，乳汁分泌已不能满足仔猪的最大生长需要，只有提高母猪泌乳量才能保证哺乳仔猪的生长性能。因此，泌乳阶段的营养目的是保证母猪有充足的养分，提高母猪的泌乳性能，分泌足够的乳汁以提高断奶仔猪断奶重和成活率，同时降低母猪体重损失。

泌乳期能量需要量随着母猪带仔数的增加而增加，产奶占泌乳母猪能量需要的65%～80%，能量要在分娩第1周内增加3倍。如果能量摄入不能满足母猪的需求，母猪将处于负能量平衡状态，会优先分解体储备来维持产奶。日粮中补充脂肪可以增加能量摄入，在高温条件下，可提高泌乳期母猪采食量，提高总能量的摄入和消化率，减少母猪热应激，提高母猪的生产性能；在非高温条件下，日粮高油脂添加水平对母猪泌乳期的采食量可能会有负面影响，因为能量水平可能会降低母猪的采食量。

在哺乳期母猪对蛋白质的需求较高，日粮蛋白的70%用于乳蛋白的合成，氨基酸需要量大幅度增加，充足的蛋白质供给和均衡的必需氨基酸摄入是母猪和仔猪健康的重要保证。因此，哺乳母猪粗蛋白质水平不能过低。

第二节　猪的饲料原料

一、饲料原料的分类

饲料原料是指用来加工饲料的原料，包括植物、动物、微生物或矿物质以及人工合成和半合成的饲料添加剂。饲料原料种类很多，分布甚广，各种饲料的营养特点与利用价值各异。

国际饲料分类法根据饲料的营养特性将饲料原料分为粗饲料、青绿饲料、青贮饲料、能量饲料、蛋白质饲料、矿物质饲料、维生素饲料和饲料添加剂8大类，并对每类饲料冠以6位数的国际饲料编码，首位数代表归属的类别，后5位则按饲料的属性给定编码。我国饲料原料分类方法是在国际饲料分类法的基础上将饲料分为8大类，然后结合我国传统饲料分类习惯分为17亚类，两者组合，迄今出现的类别有37亚类。该饲料编码共7位数，首位数为分类编码，2～3位数为亚类编码，4～7位数为饲料属性信息的编码，例如玉米的编码为4-07-0279，说明玉米为第4大类能量饲料，07表示属第7亚类谷实类，0279为该玉米属性编码。

二、猪常用的饲料原料

以往农村养猪多为散养，利用田间地头的粗饲料、青绿多汁饲料以及青贮饲料较多。随着养猪的集中化、规模化和科学化发展，现在的养殖户都使用精饲料，也就是有能量饲料、蛋白质饲料、矿物质、维生素和各种添加剂配制而成的配合饲料。一些养殖户会选择购买商品配合饲料，一些养殖户也会选择购买蛋白浓缩料或饲料原料后自行配制。因此，以下就猪常用的饲料原料作简单介绍。

1.能量饲料

能量饲料是指在绝对干物质中，粗纤维含量低于18%，粗蛋白含量低于20%的饲料。一般每千克干物质消化能在10.46兆焦以上的饲料均属能量饲料。能量饲料主要包括谷实类，糠麸类，块根、块茎、瓜果类和其他类（油脂、糖蜜、乳清粉等）。这类饲料富含淀粉、糖类和纤维素，是猪饲料的主要组成部分，用量通常占日粮的60%左右。

谷实类饲料的特点是：① 淀粉含量高，粗纤维含量低，可利用能量高。谷实类饲料中的无氮浸出物占干物质的71.6%～80.3%（燕麦为66%），而且其中主要是淀粉，占无氮浸出物的82%～92%，消化率很高。谷实类饲料中的玉米、高粱、小麦的粗纤维含量在5%以内，燕麦、带壳大麦、稻谷的粗纤维含量在10%左右。② 蛋白质含量低、品质较差。谷实类饲料中的粗蛋白约为10%，且品质不佳，氨基酸组成不平衡，赖氨酸和蛋氨酸较少，尤其是玉米中含色氨酸低，麦类中苏氨酸含量低。③ 脂肪含量少。玉米、高粱含脂肪3.5%左右，且以不饱和脂肪酸为主，亚油酸和亚麻酸的比例较高；其他谷实饲料含脂肪少。④ 矿物质中钙、磷比例极不合理。谷实类饲料钙的含量在0.2%以下，而磷含量在0.31%～0.45%，钙磷比过低的同时，磷主要以植酸磷形式存在，猪对其利用率低。⑤ 维生素含量低。谷实类饲料中的黄色玉米含胡萝卜素较为丰富，其他谷实饲料中含量极微；谷实饲料富含维生素B_1和维生素E，但维生素B_2、维生素C和维生素D的含量少。

糠麸类饲料是谷实类加工的副产物，制米的副产物称作糠，制粉的副产物则为麸。与对应的谷物籽实相比，糠麸类饲料的粗纤维、粗脂肪、粗蛋白质、矿物质和维生素含量高，无氮浸出物则低得多，营养价值随加工方法而异。糠麸类饲料的特点如下：① 蛋白质的数量与质量均高于禾本科籽实，介于豆科与禾本科籽实之间，粗蛋白含量10%～15%，且必需氨基酸含量也较高。② 无氮浸出物少，能量水平低；粗纤维含量比籽实高，约占10%。③ B族维生素含量丰富，尤其是维生素 B_1、维生素 B_3、维生素 B_5 及维生素 E 含量较丰富，其他维生素均较少。④ 物理结构疏松，容积大，具有轻泻性，是母猪的常用饲料，可作为载体、稀释剂和吸附剂，亦可作为发酵饲料原料。⑤ 矿物质中磷多钙少，磷多以植酸磷形式存在，不利于猪的吸收。⑥ 糠麸类饲料有吸水性，容易发霉变质；米糠中粗脂肪含量达15%，其中不饱和脂肪酸高，容易酸败，难以贮存。

块根、块茎及瓜果类饲料包括甘薯、马铃薯、胡萝卜、饲用甜菜、南瓜等，它们不仅种类不同，而且化学成分各异，但也有一些共同的营养特性。这类饲料最大的特点是具有多汁性，适口性好，容易消化，水分含量高达75%～90%，相对干物质很少，单位重量鲜饲料中所含的营养成分低。就干物质而言，它们的粗纤维含量较低，占3%～10%，无氮浸出物含量很高，达60%～80%，且大多是易消化的糖、淀粉等，每千克干物质含有13～16兆焦的消化能，可以归属于能量饲料。但它们也具有能量饲料的一般缺点，其中有些甚于谷实类，如粗蛋白质含量低，仅为5%～10%，矿物质含量低，仅为0.8%～1.8%；维生素方面，南瓜中核黄素含量高达13.1毫克/千克，甘薯和南瓜中含有胡萝卜素，特别是胡萝卜中胡萝卜素含量能达430毫克/千克，其他维生素缺乏。此外，块根、块茎类饲料中富含钾盐。

能量饲料还包括油脂、乳清粉、糖蜜、干燥的甜菜渣和甘蔗渣等。动物脂肪需经高温处理后方能使用，其代谢能达到35兆焦/千克，约为玉米的2.5倍。猪日粮中添加动物脂肪可以提高适口性，减少粉料的粉尘，提高能量水平，降低体增热，缓解热应激，在日粮中的占比可以达到6%～8%。植物油与动物脂肪相比有效能值略高（37兆焦/千克），且含有较多的不饱和脂肪酸。乳清粉是乳品加工生产乳制品（奶酪、酪蛋白）的液体副产物喷雾干燥后的产品。乳清粉可分为甜乳清粉和酸乳清粉，前者是从生产硬质干酪、半硬质干酪、软干酪和凝乳酶干酪素获得的副产物，其pH值为5.9～6.6，主要用于猪饲料，后者是盐酸法沉淀制造干酪素而制得的乳清，其pH为4.3～4.6。典型的乳清粉含有70%作用的乳糖，12%左右的蛋白质，对早期断奶仔猪，乳清粉具有较高的饲用价值，其他阶段不会使用。

糖蜜、甜菜渣和甘蔗渣是制糖时产生的副产品，可以作为家畜饲料使用。糖蜜是甘蔗汁或甜菜汁经浓缩处理和结晶后的残余物，其特点是含无氮浸出物和粗灰分的含量高，不含粗纤维，粗蛋白质含量也比较低。因含糖量高、能量高，糖蜜作为能量饲料使用适口性好；因黏性高，糖蜜还可以用作饲料载体和黏结剂。糖渣是翻糖原料经压榨或浸出液汁后的残渣，其饲用价值因制糖原料不同而不同。以甘蔗为原料所得残渣为甘蔗糖渣，其粗纤维素含量高达45%左右，是质地粗硬的粗饲料，不适合喂猪。以甜菜为原料所得的残渣为甜菜糖渣，与甘蔗渣相比，其粗纤维含量低、蛋白质含量高，且质地柔软，适口性和饲用价值都优于甘蔗糖渣，可以喂猪。

2.蛋白质饲料

蛋白质饲料是指饲料干物质蛋白含量不低于20%而粗纤维含量低于18%的饲料原料，主要包括植物性蛋白质饲料、动物性蛋白质饲料、糟渣类、单细胞蛋白饲料以及工业副产物等。

植物性蛋白质饲料主要包括豆类籽实（如大豆、蚕豆、豌豆等）及其加工副产品［如豆饼（粕）、花生饼（粕）等］；某些谷类籽实的加工副产品（如玉米蛋白粉等）；各种油料作物的籽实及其油饼（粕）等，如葵花子饼、棉籽（仁）饼、菜籽饼、胡麻油饼、茶油饼等。

动物性蛋白质饲料主要有鱼粉、肉粉、水解蛋白及其动物副产品等。其主要营养特点是粗蛋白含量高（50%～80%），必需氨基酸齐全，比例接近畜禽的需要；灰分含量高，特别是钙、磷含量很高，而且钙磷比适当；B族维生素含量高，特别是核黄素，维生素B_{12}等的含量相当高，还含有一定量的脂溶性维生素，如维生素D、维生素A等以及未知生长因子；碳水化合物含量低，基本不含粗纤维。

糟渣类饲料原料属于蛋白质饲料原料，是工业和食品生产原料经过提取碳水化合物后剩余的残渣，具有以下特点：① 水分含量30%～80%，其中啤酒糟的含水量高达80%，易酸败发霉；② 营养价值低，由于在加工过程中能量物质被大量提取，剩余少量粗蛋白和粗脂肪以及大量粗纤维等。

玉米副产品包括玉米蛋白粉、玉米喷浆蛋白、玉米胚芽饼粕等。玉米蛋白粉也被称为玉米麸质粉，是玉米生产淀粉或酿酒后的副产品，是一种高能量高蛋白的饲料资源，但因氨基酸含量不平衡、溶解性差、口感粗糙，畜禽对其粗蛋白质的利用率相对较低。玉米喷浆蛋白也称玉米麸，或玉米纤维饲料，是对玉米生产淀粉及胚芽后的副产品进行加工，把含蛋白质、氨基酸的玉米浆喷上去，使其蛋白质、能量、氨基酸含量增加，干燥后即成玉米喷浆蛋白，其主要成分为玉米皮。玉米喷浆蛋白颜色呈黄色，适口性好，蛋白质含量变化大（14%～27%），能量含量低，富含非蛋白氮，容易霉菌毒素超标。玉米胚芽饼粕是玉米胚芽经提脂肪后的副产物，粗蛋白质含量为14%～29%。其氨基酸组成较差，赖氨酸含量为0.75%，蛋氨酸和色氨酸含量较低，钙少磷多，钙磷比例不平衡，品质不稳定，易变质。

单细胞蛋白是指工厂化大规模培养的，作为动物饲料的蛋白质来源的酵母、细菌、放线菌、霉菌、藻类和高等真菌等微生物的干细胞。单细胞蛋白质含量高（16%～85%），营养丰富，富含畜禽生长发育所必需的氨基酸，其中赖氨酸含量高达7.0%以上，色氨酸、苏氨酸、异亮氨酸含量也比较丰富。单细胞蛋白质富含维生素，特别是B族维生素，其中硫胺素、核黄素、泛酸、胆碱、尼克酸的含量超过鱼粉。此外，单细胞蛋白还含有较为丰富的微量元素，包括磷、铁、锰、锌、铜、硒等，尤以无机磷较多，有利于有机物在动物体内代谢。目前，单细胞蛋白质主要来自饲料酵母工业。饲料酵母是一种营养价值很高的蛋白质饲料，是食品工业和饲料工业的重要蛋白质来源。

3.青绿饲料及青贮饲料

青绿饲料是一类来源广、含水量大、营养价值比较全面的饲料，因富含叶绿素而得名。青绿饲料的种类繁多，主要包括各种牧草、作物的块茎叶、各种蔬菜瓜果及农副产品类等。青绿饲料具有产量高、青绿多汁、质地柔软松脆、适口性好、消化率高、轻泻止渴等特点。在生猪饲养中，可以将青绿饲料特别是叶菜类、块根、块茎类青绿饲料切碎或打浆，再混以适当精饲料，不但可以提高畜禽适口性，还可补充许多营养物质，满足猪的福利要求。其营养特性如下：① 含水量高，含水分一般都在60%以上，水生青绿饲料的含水量可以达到95%；② 蛋白质含量较高，按干物质计，禾本科牧草和蔬菜类青绿饲料粗蛋白含量13% ～ 15%，豆科青绿饲料粗蛋白含量18% ～ 24%，高于禾本科和豆科籽实类饲料的粗蛋白含量。③ 碳水化合物组成变化大，青绿饲料的粗纤维含量比粗饲料少，尤其是幼嫩的青绿饲料中粗纤维含量较少，木质素含量低，无氮浸出物含量较高，如以干物质计算，青绿饲料粗纤维不超过30%，叶菜类不超过15%，无氮浸出物含量40% ～ 50%。随着植物的成熟，粗纤维和木质素含量不断增加，饲料消化率显著下降。④ 矿物质含量高，钙磷比例合适。⑤ 维生素含量丰富。大部分B族维生素、维生素C、维生素E及维生素K含量都比较丰富，特别是胡萝卜素的含量更是丰富。不足之处是青绿饲料中缺乏维生素B_6和维生素D_3，在饲料添加剂中应适当给予补充。

给猪饲喂青绿饲料时应注意以下几点。

（1）适时刈割，力求新鲜　不同植物不同时期营养价值不同。一般来说，青绿饲料生长到一定阶段后其营养价值会逐渐下降。根据植物品种、利用方法、饲喂对象等决定最佳利用时间。禾本科一般在孕穗期，豆科则在盛花期。青贮时可适当推迟，喂猪可适当提前。直接饲喂畜禽的青绿饲料越新鲜，其营养价值越高。青绿饲料长时间存放容易腐烂，不但影响适口性，还可引起中毒。

（2）合理搭配，适宜青贮　不能长时间单喂同一种青绿饲料，应将几类青绿饲料合理搭配或搭配精料饲喂，避免因饲料单一而影响猪生产性能的发挥。对于适口性较差或粗纤维较多的青绿饲料，最好通过青贮发酵等处理后再喂。

（3）防范农残　在饲喂青绿饲料时要注意防止农药、亚硝酸盐和氢氰酸或氰化物等中毒。蔬菜园、棉花地、水稻田刚喷过农药后，及其临近的杂草或蔬菜不能用作饲料，等下过雨后或隔1个月后再割草利用，谨防引起农药中毒。青绿饲料（如蔬菜、饲用甜菜、萝卜叶、油菜叶等）中均含有硝酸盐，硝酸盐本身无毒或毒性很低，但当青绿饲料堆放时间过长，发霉腐败，或者在锅里加热或煮后焖在锅或缸里过夜，都会促使硝酸盐还原为亚硝酸盐。饲料中一般不含氰化物，但在高粱苗、玉米苗、马铃薯幼苗、木薯、南瓜蔓中含有氢苷配糖体。含氢苷配糖体的饲料经过堆放发霉或霜冻枯萎，在植物体内特殊酶的作用下氢苷配糖体被水解生成氢氰酸。氢氰酸的中毒症状为腹痛腹胀，呼吸困难而且快，呼出的气体有苦杏仁味，行走时站立不稳，可见黏膜由红色变为白色、肌肉痉挛，牙关紧闭，瞳孔放大，最后卧地不起，四肢划动，呼吸麻痹而死。草木樨本身不含有毒物质，但含有香豆素，当草木樨发霉腐败时，在细菌的作用下，可使香豆素变为双香豆素，其结构与维生素K相似，会影响维生素K的吸收。注意饲喂草木樨时应逐渐增加喂量，不能突然大量饲喂，不要喂发霉变质的草木樨和苜蓿。

青贮是以新鲜的青绿饲料为原料，在密闭条件下，借助植物表面自然附生的微生物，通过厌氧发酵，将植物可溶性碳水化合物转化为乳酸、乙酸等有机酸，并使饲料pH值迅速降低，以抑制腐败菌群的生长繁殖，从而保持作物营养。青贮饲料颜色黄绿，气味酸香，柔软多汁，适口性好，能刺激家畜消化液分泌和肠道蠕动，增强其食欲，从而增强消化功能，促进了家畜对精料和粗饲料营养物质的更好利用，极大地提高了饲料品质，扩大了饲料来源。在畜牧业生产中青贮饲料主要用于反刍动物饲养，用于饲喂猪只能作为饲料的补充。从常规营养成分含量看，青贮饲料尤其是低水分青贮饲料，含水量远低于同种青饲料。因而单位鲜重青贮饲料的营养物质含量并不比青绿饲料逊色。如按干物质中各种营养成分含量计算，青贮前后饲料的碳水化合物组分变化最大，其可溶性单糖被发酵分解所剩无几，纤维素和木质素因不能被微生物分解，相对含量增加，粗蛋白含量变化不大，但蛋白被降解成铵盐和胺类物质。高水分青贮时，钙、磷、镁等矿物质损失可达20%以上，而半干青贮几乎无损失。维生素中的胡萝卜素大部分被保留，微生物发酵还可能产生少量B族维生素。

4.粗饲料

粗饲料是指干物质中粗纤维含量在18%以上的饲料，包括秸秆、秕壳和甘草等。这类饲料的特点是含粗纤维多，质地粗硬，适口性差，不易消化，可利用营养少，饲喂效果不及青绿饲料。某些粗饲料经加工制粉，亦可用作猪饲料。猪是单胃动物，仅盲肠微生物可少量降解纤维素，因而对粗饲料的利用能力很低，消化率仅3%～25%。试验表明，饲料中粗纤维含量增加会降低营养物质的消化率，日粮粗纤维每增加1%，干物质消化率降低1.68%。

粗饲料的种类很多，各种粗饲料的营养价值差异很大。衡量粗饲料质量的主要指标，首先是粗纤维含量的多少和木质化程度，其次才是其他营养物质的数量和质量。一般来说，豆科粗饲料优于禾本科粗饲料，嫩的优于老的，绿色的优于枯黄的，叶片多的优于叶片少的。如苜蓿等豆科干草、野生青干草、花生秧、大豆叶、甘薯藤等，粗纤维含量较低，一般为18%～30%，木质化程度低，并富含蛋白质、矿物质和维生素，营养全面，适口性好，较易消化，在肉猪及种猪饲料中适当搭配，具有良好的效果。而秸秆、秕壳饲料（如小麦秸秆、稻草、稻壳、花生壳等）粗纤维含量极高（30%～65%），木质化程度高，质地粗硬，猪难以消化，一般不宜使用。

5.矿物质饲料

猪日粮中的基础饲料是植物性饲料，其矿物质含量和比例均不能满足猪的营养需要，必须额外补充。目前猪日粮中添加的矿物质饲料有食盐、钙和磷，以及微量元素。

（1）食盐　食盐不仅可以补充氯和钠，还可以提高饲料适口性，一般占日粮的0.2%～0.5%，过多可发生食盐中毒。

（2）含钙矿物质饲料　主要用天然矿石、蛋壳及贝壳等加工制成。含钙的天然矿石以石灰石应用最广，其主要成分为碳酸钙，含钙量38%左右。凡是铅、砷、氟、汞等重金属不超标的石灰石均可用作矿物饲料。猪用的石灰石粉要求粒度较细，应通过32～36目筛，仔猪添加量0.5%～1.5%，种猪和生长育肥猪添加量1%～2%。除石灰石外其他天然矿石（如大理石、白垩石、方解石、白云石等）均可作为钙源。贝壳粉是各种贝壳经高温消毒、粉碎、过筛制成，一般碳酸钙含量90%以上，钙含量35%左右。蛋壳粉的钙含量约24%，并含有一定量的蛋白质（12%）。加工制作蛋壳粉的原料要求新鲜、清洁，并经加热消毒，以免蛋白质腐败及传播疾病。

（3）含磷矿物质饲料　含磷矿物质饲料主要成分为磷酸盐，这类饲料往往同时含有钙或钠。成分是以畜骨为原料制成的粉状产品，主要成分是磷酸三钙、骨胶和脂肪。煮骨法通过煮沸杀死病菌，去除油脂；蒸骨法则用高压锅高温高压处理杀死病菌、去除油脂，常见的含磷矿物质饲料营养成分见表2-2。使用含磷矿物质饲料必须注意其中重金属含量是否超标。

表2-2 含磷矿物质饲料营养成分

名称	磷/%	钙/%	钠/%	备注
磷酸氢钠	25.8	—	19.5	
磷酸氢二钠	21.81	—	32.40	
无水磷酸氢钙	29.46	22.79	—	
二水磷酸氢钙	23.29	18.01	—	
过磷酸钙	17.12	26.45	—	
沉淀磷酸钙	11.35	28.77		以骨为原料
煮骨粉	10.95	24.55	—	
蒸骨粉	12.86	30.71	—	

（4）其他矿物质饲料　除了上述几种常见的矿物质饲料外，还有沸石、麦饭石、蒙脱石、海泡石等矿物质饲料。这些矿物质饲料除了供给猪生长发育所需的微量元素外，还具有独特的物理微观结构和某些物理化学性质，可以吸收肠道过量的氨、机会致病菌以及霉菌毒素等。

三、猪常用的饲料添加剂

饲料添加剂是在配合饲料中特别加入的各种少量或微量成分。其主要作用是改善饲料的营养，提高饲料的利用效率，促进畜禽生长，预防疾病，减少饲料在贮存过程中的损失，改进畜禽产品品质。饲料添加剂是配合饲料中不可缺少的成分，虽然只占配合饲料的4%左右，但却占配合饲料总成本的30%以上。

在畜牧业发达的国家，饲料添加剂几乎用于各种动物的全部饲养过程。饲料添加剂的使用不仅关系到养殖业的安全生产，也关系到人类的健康和生存环境。世界各国对饲料添加剂的管理都有专门机构来执行，并都制定了具有法律效力的"饲料法规"，对饲料添加剂的生产、销售和使用等都有严格而具体的规定和管理条例。

随着中国社会经济的发展，中国政府和社会也高度重视饲料安全问题，1999年5月农业部发布了《饲料和饲料添加剂管理条例》，又先后于2001年、2016年进行重新修订并推行。为加强新饲料、新饲料添加剂管理，2012年5月2日农业部公布了《新饲料和新饲料添加剂管理办法》，同时废止了农业部2000年8月17日发布的《新饲料和新饲料添加剂管理办法》。

饲料添加剂的种类很多，一般分为两大类，一类是给畜禽提供营养成分的物质，称为营养性添加剂，包括氨基酸添加剂、微量矿物添加剂、维生素添加剂；另一类是促进动物生长、保健及保护饲料营养成分的物质，称为非营养性添加剂，主要包括生长促进剂（微生态制剂、酶制剂、酸化剂及中草药饲料添加剂）；驱虫保健剂；饲料保藏剂（抗氧化剂、防霉剂等）；品质改良剂（饲料风味剂等）以及缓冲剂、吸水剂、防尘剂、抗静电剂等。

（1）氨基酸添加剂　蛋白质营养的基础是氨基酸营养，其核心是氨基酸之间的平衡，即各种氨基酸之间的最佳比例。当饲料中某种氨基酸含量过低时就会影响其他氨基酸的吸收和利用，就如一个木桶少一块就装不满水。植物性饲料的氨基酸含量差异大，几乎都不平衡，需人工合成的氨基酸添加剂进行补充。目前，已经商业化的氨基酸产品有赖氨酸、蛋氨酸、色氨酸、苏氨酸、缬氨酸等。其中，赖氨酸和蛋氨酸分别是猪的第一和第二限制性氨基酸，需优先考虑。

（2）微量矿物添加剂　猪必需微量矿物元素有铁、铜、锌、锰、钴、碘、硒、钼等。这些微量元素除为动物提供必需的养分外，还能激活或抑制某些维生素、激素和酶，对保证动物的正常生理功能和物质代谢有着极其重要的作用。作为猪饲用微量元素添加剂的原料要有较高的生物效价，含杂质少，有毒有害物质在允许范围内，有可靠的货源，成本低，物理化学稳定性好，便于加工、贮藏和使用。当前的微量矿物元素添加剂的原料基本上使用饲料级微量元素盐，不采用化工级或试剂级产品。

微量元素添加剂的产品形态，已逐步从第一代无机微量元素产品向第二代有机酸-微量元素配位化合物发展，常用的有机酸有醋酸、乳酸、柠檬酸、丙酸、延胡索酸、琥珀酸、葡萄糖酸等。作为微量元素有机酸配位化合物的有醋酸钴、醋酸锰、醋酸锌、葡萄糖锰、葡萄糖酸铁、柠檬酸铁、柠檬酸锰等。目前，第三代氨基酸-金属元素配位化合物或以金属元素与部分水解蛋白质（包括二肽、三肽和多肽）螯合的复合物发展也十分迅速。作为饲料添加剂的氨基酸盐主要有蛋氨酸锌、蛋氨酸锰、蛋氨酸铁、蛋氨酸铜、蛋氨酸硒、赖氨酸铜、赖氨酸锌、甘氨酸铜、甘氨酸铁、胱氨酸硒等。蛋白质-金属螯合物包括二肽、三肽和多肽与金属的螯合物有钴-蛋白化合物、铜-蛋白化合物、碘-蛋白化合物、锌-蛋白化合物和铬-蛋白化合物等。有机微量元素与无机微量元素相比虽然价格较为昂贵，但由于其具有更高的生物学价值应用越来越广泛。

（3）维生素添加剂　在实际生产中因严重缺乏某种维生素而产生特异缺乏症是很少见的，经常遇到的是因维生素不足而出现的非特异状态。例如，皮肤变粗、生长缓慢和生产水平下降、抗病力减弱等。在饲料工业中，维生素不是按传统作用来治疗某种维生素缺乏症，而是作为饲料中营养的补充，增加动物抗病或抗应激反应的能力，或是促进生长、提高某种畜产品的产量和质量而添加的。维生素添加剂是指经过加工提取的浓缩维生素产品或直接化学合成的维生素产品。市场上销售的维生素产品有两大类：复合维生素制剂和单项维生素制剂。

维生素的化学性质一般不稳定，在光、热、空气、潮湿以及微量矿物元素和酸败脂肪存在的条件下容易氧化或失效，应在避光、干燥、阴凉、低温环境条件下分类贮藏。在确定维生素用量时应考虑维生素的稳定性及使用时实存的效价，在预混合饲料加工过程（尤其是制粒）中的损失，成品饲料在贮存中的损失以及炎热环境可能引起的额外损失。维生素在维生素预混料（不含氯化胆碱）中的稳定性比在维生素-矿物元素预混料中的稳定性高。有高剂量矿物元素、氯化胆碱及高水分存在时，维生素添加剂易被破坏。因此，氯化胆碱宜制成单一的预混剂。多种微量元素为氧化还原剂（如碘和铁），添加抗氧化剂可以延长维生素的氧化诱导期，减少维生素在贮存期（4～8周）中的氧化损失。

（4）微生态制剂　微生态制剂是利用正常微生物或促进微生物生长的物质制成的活的微生物制剂，是一种用于均衡动物体内菌类平衡的制剂，它对动物本身和食用肉制品的人群均不会造成影响，是一种无害且有利的制剂。微生态制剂的作用是使肠道内微生物组成达到平衡，为动物肠胃提供益生菌，从根本上对动物的消化吸收作保障。从性质上微生态制剂可以分为益生菌、益生元与合生素三类。

益生菌是指改善肠道菌群生态平衡发挥重要作用的菌类，可提高禽畜的健康水平和消化功能。我国农业部2045号文件将益生素种类由最初的12种增加至现有的34种饲料级益生素添加剂。最常用的益生素有乳酸菌类（嗜乳酸杆菌、双歧杆菌等）、酵母类真菌（酿酒酵母、石油酵母等）、芽孢杆菌类（芽孢杆菌、枯草芽孢杆菌等）等。

益生元是指一些不被宿主消化吸收却能够选择性地促进体内有益菌的代谢和增殖，从而改善宿主健康的有机物质。成功的益生元应是在通过上消化道时，大部分不被消化而能被肠道菌群所发酵的，且它能选择性刺激有益菌群的生长，而不刺激有潜在致病性或腐败活性的有害细菌。最基本的益生元为碳水化合物，但从定义上来讲并不排除被用作益生元的非碳水化合物。目前，常用的益生元有低聚糖类，包括低聚果糖、低聚半乳糖、低聚木糖、低聚异麦芽糖、大豆低聚糖、菊粉等，此外蛋白质水解物（如酪蛋白的水解物，α-乳清蛋白，乳铁蛋白等）以及天然植物中的蔬菜、中草药、野生植物等也能作为益生元使用。

合生素又称合生元，是益生菌和益生元的联合制剂，有发挥益生菌和益生元双重作用的特征。合生素中的益生菌可以进入肠道存活和定殖，同时其中的益生元可以选择性地刺激一种或几种益生菌的活力和增殖，因而合生素最终可以联合发挥益生菌和益生元的健康促进作用。目前，对合生素的研究和生产工艺等方面仍存在一些问题，如益生菌与益生元的最佳配伍以及合生素在储存制粒和酸性环境下的稳定性和有效性等问题都有待解决。

（5）酶制剂　酶是一类具有生物催化性的蛋白质。饲用酶制剂按其特性及作用主要分为三大类：第一类是外源性消化酶，包括蛋白酶、脂肪酶和淀粉酶等，这类酶畜禽消化道能够合成与分泌，主要功能是补充幼年动物体内消化酶分泌不足，促进饲料中营养物质的消化与吸收。第二类是外源性降解酶，包括植酸酶和非淀粉多糖酶。这类酶的主要功能是降解动物难以消化或完全不能消化的物质或抗营养物质，提高饲料营养物质的利用率，同时可为开发新的饲料资源开辟新途径。还有一类是可以把饲料中特定成分释放出来或者产生特殊物质，例如葡萄糖氧化酶可以产生过氧化氢和葡萄糖酸。酶制剂有单一酶制剂和复合酶制剂，一般情况下，复合酶制剂的使用效果要远远高于单一酶制剂。在以玉米、豆粕和小麦混合而成的日粮中，需要添加适量的果胶酶、半乳糖酶以及纤维素酶。但是在豆粕的日粮中添加半乳糖酶β-葡萄糖苷酶以及蛋白酶的复合制剂的使用效果要比单独添加半乳糖酶更好。

（6）酸化剂　幼龄动物消化系统的发育尚未完善，胃酸分泌不足，消化酶活性低下，胃肠道pH值高于酶活性和有益微生物生长的适宜范围。猪用酸化剂pH值1.3左右，多用于乳猪及仔猪饲料，弥补断乳仔猪胃酸分泌的不足，降低猪胃内pH值，激活胃蛋白酶原转化为胃蛋白酶，增进胃内其他多种消化酶的活性，促进蛋白质的降解和吸收。此外，酸化剂还被用于抗应激和饮水添加。目前应用于猪饲料的酸化剂产品可分为：有机酸及其钠盐、钾盐和钙盐；无机酸；复合酸。复合酸目前在猪饲料生产上应用也较广，其组合方式一般为几种有机酸或有机酸与无机酸的混合物。

（7）中草药饲料添加剂　中草药饲料添加剂是指以植物类、动物类、矿物类为等原料，应用我国传统的中兽医理论和中草药的物性、物味及物间关系，辅以动物营养和饲料工业等现代科学理论技术而制成的在饲料加工、制作和使用过程中添加的纯天然物质。中草药饲料添加剂来源广泛、种类多，不产生药物残留和抗药性。根据中草药药理、药性及作用功效，可以把中草药饲料添加剂分为：① 免疫增强类，如枸杞子、杜仲、黄精、黄芩、党参、刺五加、山豆根、黄连、金银花等，可以提高、促进畜禽的非特异性免疫功能，增强免疫力和抗病能力。② 激素样类，如香附、当归、淫阳藿、人参、甘草、丹参、虫草、银杏、肉苁蓉等，调节机体激素的分泌、释放，影响畜禽的机体功能。③ 抗应激类，如酸枣仁、柏子仁、远志、合欢皮、生地黄、丹皮、赤芍、龙胆草、川芎等，可以缓和糖皮质激素和肾上腺素对机体的影响，预防应激综合征。④ 防治保健类，如百部、红花、贯众、陈皮等，起防治疾病、抗菌驱虫、增食催肥等作用。

（8）抗氧化剂　抗氧化剂主要用于含有高脂肪的饲料，以防止脂肪氧化酸败变质，也常用于含维生素的预混料中，它可防止维生素的氧化失效。乙氧基喹啉是目前应用最广泛的一种抗氧化剂，国外大量用于原料鱼粉中，其他常用的还有二丁基羟基甲苯和丁基羟基茴香醚。在配合饲料或某些原料中添加抗氧化剂可防止饲料中的脂肪和某些维生素被氧化变质，添加量0.01%～0.05%。

（9）防霉剂　防霉剂的种类较多，包括丙酸及丙酸盐、山梨酸及山梨酸钾、甲酸、富马酸及富马酸二甲酯等。防霉剂主要使用的是苯甲酸及其盐、山梨酸、丙酸与丙酸钙。由于苯甲酸存在叠加性中毒，有些国家和地区已禁用。丙酸及其盐是公认的经济有效的防霉剂。防霉剂的发展趋势是由单一型转向复合型，如复合型丙酸盐的防霉效果优于单一型丙酸钙。

（10）饲料风味剂　饲料风味剂主要有香料（调整饲料气味）与调味剂（调整饲料的口味）两大类。饲料风味剂不仅可改善饲料适口性，增加动物采食量，而且可促进动物消化吸收，提高饲料利用率。畜禽生产中常用的饲用香料有人工合成品，也有天然产物（如从植物的根、茎、花、果等中提取的浓缩物），目前广泛使用的有酯类、醚类、酮类、脂肪酸类、脂肪族高级醇类、脂肪族高级醛类、脂肪族高级烃类、酚醚类、酚类、芳香族醇类、芳香族醛类及内酯类等中的1种或2种以上化合物所构成的芳香物质。如香草醛（3-甲氧基-4-羟基苯丙醛）、丁香醛（丁香子醛）和茴香醛（对甲氧基苯甲醛）等。常用的调味剂有甜味剂（如甘草和甘草酸二钠等天然甜味剂，糖精、糖山梨醇和甘素等人工合成品）和酸味剂（主要有柠檬酸和乳酸）。

第三节　猪的配合饲料

一、猪饲料产品的分类

配合饲料按营养成分和用途可分为全价配合饲料、浓缩饲料和添加剂预混料，按形状可分为粉料、颗粒料以及液体饲料。粉料和颗粒饲料是常见的饲料形态，而液体饲料在国内很少见。

1.全价配合饲料

全价配合饲料即完全配合饲料，其产品直接饲喂动物。通常按饲喂对象（动物种类、年龄、生产用途等）划分为各种型号。此种饲料可以全面满足饲喂对象的营养需要，用户不必另外添加任何营养性饲用物质，但必须注意选择与饲喂对象、体重阶段相符合的全价配合饲料。

全价配合饲料中，组分比例最大的是能量饲料，占总量的55%～75%；其次是蛋白质饲料，占总量的20%～30%；再次是矿物质营养物质，除蛋禽外，一般不高于5%，其他如氨基酸、维生素类和非营养性添加物质（保健药、着色剂、防霉剂等）一般不高于0.5%。

2.浓缩饲料

浓缩饲料是指全价饲料中除去能量饲料的剩余部分，又称平衡用配合饲料。浓缩饲料主要由三部分原料构成，即蛋白质饲料、常量矿物质饲料（钙、磷、食盐）和添加剂预混合饲料，它一般占全价配合饲料的20%～30%。用户可以根据厂家的建议加入一定的能量饲料后组成全价饲料饲喂动物。

3.添加剂预混料

指由一种或多种微量组分（各种维生素、微量矿物元素、合成氨基酸、某些药物等添加剂）与稀释剂或载体按要求配比均匀混合构成的中间型配合饲料产品。实际上它只是全价配合饲料的一种重要组分，它不能直接用于饲喂动物。添加剂预混合饲料的生产目的是使加量极微的添加剂经过稀释扩大，从而使其中的有效成分均匀分散在配合饲料中。

二、猪饲料的配制原则

配制饲料是用多种原料按不同比例配制而成的饲料。它具有营养全面、消化利用率高的优点，可完全满足猪的营养需要和生理特点要求。用配制饲料喂猪可大大缩短饲养周期，提高饲料转化率，降低生产成本，大大提高养猪的生产效率和经济效益。

（1）满足重要养分而不是全部养分的需要　目前已确认猪营养物质中起作用的有60多种养分，饲养标准中一般只规定40余种养分的需要量。饲料配制时不可能也没有必要满足全部养分的需要，只需考虑重要养分，只要这些重要养分得到满足，其他养分也容易解决。通常需考虑的重要养分有干物质、能量、粗纤维、蛋白质、钙磷、维生素和微量元素。

（2）考虑品质和生理特点，确定饲料种类和用量范围　为了使配制饲料适应猪的生理特点，配制饲料时所用饲料种类和用量应保持适当。对于仔猪，高纤维性饲料（如统糠）或适口性差、含有毒素的饲料（如菜籽粕、棉籽粕等）最好不用或限量使用。

（3）饲料养分含量与需要量偏差不能过大　配料过程一般难以做到使配出的饲料养分含量与需要量完全一致。各种养分均允许有不同程度的偏离需要量，但这种偏离必须在可接受的范围内。各种养分的供给量低于最低需要量时，差值不可超过最低需要量的3%。自由采食条件下，干物质供给量不可高于需要量的3%。能量供给量超过需要量的值不可高于5%，特别是对于种猪。蛋白质供给量高于5%～10%为宜，以提高实际蛋白质含量低于营养标准的饲料的保险系数。钙、磷供给量首先应保证比例在（1～2）∶1范围内，然后做到基本平衡。

（4）把好饲料成本关　饲料成本占养猪成本的70%左右，提高养猪效益首先应从降低饲料成本着手。配制猪饲料时，既要考虑成本，又要考虑饲料的营养价值和可利用率，不能盲目追求低价，而忽略了饲料质量对猪的健康和生产性能的影响。尽量使用本地饲料原料，各地的饲料原料资源不同，有些廉价的饲料原料（如豆腐渣等）都可以利用，以降低养殖成本。

三、猪饲料配制的数据来源

猪饲料配制离不开饲养标准和饲料原料中各养分含量的数据。前者是以营养科学的理论为基础，以科学试验和生产实践的结果为依据，对所需要的各种营养物质的定额作出的规定；后者可以利用概略养分分析法实测或在饲料原料数据库查找。

中国饲料数据库由中国农业科学院北京畜牧兽医研究所中国饲料数据库情报网中心创建，网址http://www.chinafeeddata.org.cn/。该网站不仅是我国饲料加工行业及畜禽养殖业唯一的发布"饲料成分表"的官方网站，还为用户提供动物需要量查询和饲料资源查询服务（图2-3）。中国饲料数据综合考虑了饲料原料的有效能值、从可利用到可代谢蛋白质、氨基酸及矿物质的评价方法及评价指标的演进，制定了16类中国饲料原料属性数据标准；分类构建了涉及731项属性数据的79个核心数据集，建成了标准化的"中国饲料样本数据库"及"中国饲料实体数据库"。网络化贮存管理5971种饲料实体及62万套以上不同年代及种次的、具有饲料描述及属性数据的饲料原料样本；结合饲料原料营养成大样本分析数据，构建了352套单一及分类饲料原料的有效养分预测模型，包括105种单一饲料总能、35套消化能、33套代谢能、45套净能及其他132套养分预测模型。

图2-3　中国饲料数据库网站首页

四、猪的典型饲料配方

以下列举一些猪的典型饲料配方（杨在宾和李祥明，2003），见表2-3～表2-6。

1.保育猪

表2-3　5～10千克仔猪饲料配方　　　　单位：千克

饲料	北京正大	杭州	上海	北京	吉林
玉米	493	590	599.5	604.2	534.3
麸皮	116	50	—	—	—
豆饼	318	230	233	309.5	370
石粉	7	10	10	—	16.4
磷酸氢钙	11	10	4	20.5	21.2
食盐	3	—	3.5	2.5	5
鱼粉	20	50	50	—	—

续表

饲料	北京正大	杭州	上海	北京	吉林
酵母	—	—	—	—	—
乳清粉	—	50	100	—	—
柠檬酸	20	—	—	20	20
油脂	—	—	—	28.9	20
添加剂	12	10	10	14.4	13.1

表2-4 5～10千克仔猪饲料配方

饲料	配方1	配方2	配方3	配方4	配方5
玉米/%	50	52.3	56	50	45
小麦/%	10	10	10	10	15
麸皮/%	3	2	—	2.5	2.5
豆饼/%	27	20	25	24	20
花生粕/%	—	5	5.4	—	—
菜籽粕/%	—	2	—	—	4
膨化大豆/%	5	5	—	10	10
鱼粉/%	2	—	—	—	—
石粉/%	1.07	1.08	1.16	1.19	1.15
磷酸氢钙/%	0.55	1	0.8	0.8	0.8
食盐/%	0.3	0.32	0.32	0.32	0.32
盐酸赖氨酸/%	0.8	0.3	0.32	0.19	0.23
添加剂预混料/%	1	1	1	1	1
代谢能/（兆焦/千克）	13.71	13.63	13.67	13.86	13.71
粗蛋白/%	20.9	20	19.9	20.2	20
钙/%	0.68	0.71	0.68	0.7	0.71
有效磷/%	0.33	0.36	0.31	0.32	0.34
赖氨酸/%	1.1	1.1	1.1	1.12	1.11
蛋氨酸+胱氨酸/%	0.7	0.64	0.63	0.66	0.67
蛋氨酸/%	0.35	0.31	0.31	0.32	0.32
苏氨酸/%	0.82	0.73	0.73	0.78	0.77
色氨酸/%	0.28	0.25	0.25	0.27	0.27
异亮氨酸/%	0.79	0.7	0.69	0.75	0.74

2.生长育肥猪

表2-5　生长育肥猪饲料配方

饲料	20～35千克猪			35～60千克猪			60～90千克猪		
	配方1	配方2	配方3	配方1	配方2	配方3	配方1	配方2	配方3
玉米/%	59.2	61	48.7	63.3	68.5	56.7	66.2	65.4	54.4
麸皮/%	21.8	18	17.9	24.2	11.4	10.3	23.5	24.9	22
豆粕/%	17.3	12.1	10.7	10.9	10.2	7.1	3.8	7.8	1
棉籽粕/%	—	2.2	3	—	—	3	—	—	3
菜籽粕/%	—	5	3	—	5	3	5	—	3
小麦/%	—	—	15	—	—	15	—	—	15
石粉/%	0.8	0.8	0.76	0.7	0.38	0.32	0.51	—	0.65
磷酸氢钙/%	0.1	0.1	0.1	0.1	0.1	0.1	0.1	1.07	—
沸石粉/%	—	—	—	—	3.6	3.6	—	—	—
盐酸赖氨酸/%	—	—	—	0.04	—	0.02	0.08	0.09	0.15
食盐/%	0.3	0.3	0.3	0.3	0.3	0.3	0.3	0.3	0.3
添加剂/%	0.5	0.5	0.5	0.5	0.5	0.5	0.5	0.5	0.5
代谢能/（兆焦/千克）	12.05	12.05	12.05	12.09	12.09	12.09	12.09	12.09	12.09
粗蛋白/%	16	16	16	14	14	14	13	13	13
钙/%	0.55	0.55	0.55	0.5	0.5	0.5	0.46	0.46	0.46
有效磷/%	0.27	0.27	0.27	0.25	0.23	0.23	0.26	0.44	0.26
赖氨酸/%	0.69	0.64	0.64	0.56	0.56	0.56	0.52	0.52	0.52
蛋氨酸+胱氨酸/%	0.53	0.55	0.54	0.48	0.51	0.49	0.46	0.45	0.45

3.种用猪

表2-6　种用猪饲料配方

饲料	怀孕前期				怀孕后期		哺乳期		种公猪	
	配方1	配方2	配方3	配方4	配方1	配方2	配方1	配方2	配方1	配方2
玉米/%	64.1	60.3	62	52	50	43.3	57.6	49.4	64.8	56.7
麸皮/%	32.3	27.3	23.9	27	47	43.5	30.5	30.1	21.3	20.9
豆粕/%	1	3.4	—	—	1	—	9.8	8.3	11.7	10.2
小麦/%	—	—	—	10	—	10	—	10	—	10
棉籽粕/%	—	—	5	2.8	—	—	—	—	—	—
磷酸氢钙/%	1.78	0.13	0.24	—	—	0.1	0.07	0.06	0.42	0.41
石粉/%	—	0.45	0.44	0.5	1.18	0.95	1.13	1.2	0.93	0.94
食盐/%	0.32	0.32	0.32	0.3	0.32	0.32	0.4	0.44	0.35	0.35
添加剂/%	0.5	0.5	0.5	0.5	0.5	0.5	0.5	0.5	0.5	0.5
沸石粉/%	—	7.6	7.7	6.9	—	1.23	—	—	—	—
代谢能/(兆焦/千克)	11.72	11.09	11.09	11.09	11.09	11.09	11.72	11.72	12.13	12.13
粗蛋白/%	11	11	11	11.2	12	12	14	14	14	14
钙/%	0.61	0.61	0.61	0.61	0.61	0.61	0.64	0.64	0.66	0.66
有效磷/%	0.57	0.24	0.24	0.24	0.3	0.3	0.28	0.28	0.32	0.32
赖氨酸/%	0.36	0.39	0.36	0.35	0.41	0.39	0.55	0.53	0.57	0.54
蛋氨酸+胱氨酸/%	0.38	0.38	0.38	0.38	0.38	0.38	0.46	0.46	0.48	0.48

五、猪饲料的生产工艺

　　浓缩料和配合饲料的生产过程通常需要经过以下基本加工环节，如原料接收清理、饲料粉碎、配料计量、混合、制粒、冷却、筛分、打包运输等。饲料加工的环节、顺序（即流程）以及是否选用某些特殊加工工艺可根据饲料厂的设备条件、饲料产品的要求而定。

生产规模较大且以生产配方原料中能量饲料所占比重较大的全价配合饲料，多采用先粉后配式生产工艺。该工艺是将各种原料根据要求分别进行粉碎后放入配料仓进行配料计量，然后放入混合机充分混合均匀，从而生产粉状饲料或全价颗粒的过程，其生产工艺流程见图2-4。这种工艺流程的优点是：粉碎机每次粉碎的物料种类单一，加之不同原料可选择不同类型粉碎机，所以可根据配方要求将不同原料粉碎为不同粒度，且粉碎颗粒均匀度好，同时粉碎机工作稳定，负荷量大；另外可充分发挥各种类型粉碎机的特性，降低能耗，提高产品质量，使粉碎机的粉碎效率达到最佳。此外，该工艺也便于粉碎机的操作和管理，因单一原料流动性好、不易结块，所以粉碎机易于控制进料量，有利于粉碎机平稳工作。该工艺的缺点是：由于配合饲料原料种类较多，需配制较多的配料仓，因此建厂投资大；当配方原料更换或增加时，原有配料仓的数量可能会制约饲料原料的种类，所以不利于饲料原料的变化；粉碎后的物料在配料仓易于结块，因此增加了配料仓的管理难度。

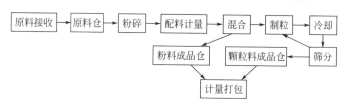

图2-4 先粉后配式生产工艺流程

生产规模较小、建厂投资有限的饲料厂可采用先配后粉式生产工艺。该工艺是按照饲料配方比例，先将所有配料且需粉碎的原料逐一称重并混合在一起进行粉碎后，再按比例称量无需粉碎的原料与之充分混合均匀，生产出全价粉料或颗粒料的过程，其工艺流程见图2-5。这种工艺流程的优点是：工艺流程简单，不需要配料仓，从而减少了建厂投资，缩小了厂地面积；对原料种类的变化适应性强，在生产过程中极易更改配方；当配方中需粉碎的饲料原料种类少、比例小时，该工艺流程的连续性更好，操作更方便。该工艺流程的缺点：由于粉碎机每次要粉碎多种物料，而被粉碎的饲料原料的特性不稳定，因此粉碎机工作不稳定，耗电量增加，不同原料粉碎均匀度差，同时在混合过程中粒度、容重不同的物料又极易造成分级现象，产品质量难以得到保证。

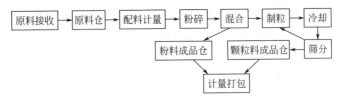

图2-5 先配后粉式生产工艺流程

第四节 猪饲料营养的新技术

一、低蛋白氨基酸平衡日粮

低蛋白日粮相对于我国的国家标准和NRC标准中饲料中粗蛋白的推荐水平。低蛋白日粮不是简单地减少蛋白饲料原料的添加量，其理论基础是理想氨基酸比例平衡，物质基础是越来越多的必需氨基酸可以工业合成。所谓低蛋白日粮，就是在配制日粮时根据理想蛋白设定必需氨基酸水平，通过添加多种工业氨基酸，在满足动物的各种必需氨基酸需要的前提下，降低饲料粗蛋白水平，减少非必需氨基酸的浪费，提高饲料蛋白利用效率。

赖氨酸是猪的第一限制氨基酸，因此，在配制低蛋白日粮时，首先要确定赖氨酸水平不能低于饲料标准，然后尽量使其他必需氨基酸和赖氨酸的比例达到理想蛋白的标准，这样才能保证动物的生产性能不受负面影响。邓敦等（2007）报道，在低蛋白日粮中添加赖氨酸、蛋氨酸和苏氨酸，可使生长猪日粮蛋白水平从18.2%降至14.5%，且大幅度降低氮排泄量而不影响其生产性能。谭新和方热军（2008）报道，日粮蛋白质水平比NRC（1998）推荐水平低4个百分点，同时满足赖氨酸、蛋氨酸、色氨酸和苏氨酸的需要，猪的生产性能不受影响。随着饲用赖氨酸、蛋氨酸、苏氨酸及色氨酸的工业化生产，生产中降低2%～4%的蛋白水平已经十分普遍。当蛋白水平降低4%以上时，生长性能得不到很好的保障，需要进一步考虑电解质平衡以及缬氨酸、异亮氨酸等必需氨基酸的添加，甚至某些非必需氨基酸（如谷氨酰胺，特别对于断奶仔猪）。

日粮能量浓度与蛋白质需要量有着密切关系。低蛋白日粮改变了能量蛋白比和采食量，减少了消化蛋白产生的体增热，相当于变相提高了日粮的能量水平。猪日粮蛋白从17.8%降低到15.3%，能量沉积增加了5.1%～11.2%；日粮的粗蛋白水平降低1%，采食量为1千克/天的猪每天可多摄105千焦的净能用于生长，这相当于变相提高了日粮的能量水平。尹慧红（2008）在20～50千克的生长猪日粮中，降低4%的蛋白水平，补充合适的必需氨基酸后，净能（代谢能扣除体增热后，完全用来维持动物生命活动和生产产品的能量）水平降低到9.45兆焦/千克时，并不影响猪的生长性能和营养物质表观消化率（尹慧红，2008）。

二、微生物发酵饲料

近年来，随着饲料禁止添加促生长抗生素以及包括非洲猪瘟在内的生物安全风险的不断加剧，发酵饲料的研究与应用不断增加。微生物发酵饲料的定义是在人为可控制的条件下，以植物性农副产品为主要原料，通过微生物的代谢作用，降解部分多糖、蛋白质和脂肪等大分子物质，生成有机酸、可溶性多肽等小分子物质，形成营养丰富、适口性好、活菌含量高的生物饲料或饲料原料（陆文清，2011）。

生物发酵饲料的主要优点是有天然的发酵香味，能显著提高动物的采食量；发酵饲料的pH值较低，在4.5左右，含有较多的乳酸和乙酸；其中不但含有大量有益菌，而且有害菌（以大肠杆菌、沙门菌和金黄色葡萄球菌为典型代表）数量极低（每克不超过一万个）。

上海市农业科学院畜牧所营养课题组的试验表明，发酵饲料非常适合用于保育猪、育肥猪和泌乳母猪。特别是在仔猪断奶后和母猪分娩后，采食量低，在饲料中添加5%～10%的发酵饲料可以显著地促进采食，加快仔猪的生长速度。由于发酵饲料中的豆粕经微生物发酵后，易导致仔猪腹泻的大分子蛋白被微生物降解，发酵产生的以乳酸为主的各种有机酸不但可以改善适口性还可以促进仔猪的肠道健康，断奶后仔猪的采食量显著增加，营养性腹泻明显改善，生长速度显著提高。该课题组曾经将常规饲料中添加5%豆粕玉米为主要原料的发酵饲料进行了为期三周的保育猪试验，结果显示采食量提高了8.14%，平均日增重提高了13.35%，试验结束时每头猪多增重0.52千克，死淘率降低了3.12%；在母猪分娩前开始添加5%以豆粕玉米为主要原料的发酵饲料，结果显示仔猪21日龄平均断奶体重增加了0.46千克，比对照组提高了8.10%。

在生长育肥阶段，生物发酵饲料的应用目的主要是提高猪肉品质和改善猪舍空气质量，增强猪的群体抗病能力。有研究表明，饲喂发酵饲料的处理组屠宰猪肉的45分钟pH、2小时pH、红度值和肌内脂肪显著高于对照组；处理组屠宰猪肉的滴水损失和剪切力显著低于对照组，说明饲喂发酵饲料可增加猪肉肉色评分及嫩度，改善肉品质。也有研究表明，饲喂发酵饲料可以降低猪舍内以氨气为代表的有害气体浓度；饲喂发酵饲料改变了猪粪的微生物区系，猪粪中吲哚、粪臭素以及挥发性脂肪酸的含量降低，对甲酚含量升高。在育肥期饲喂生物发酵饲料也可以促进采食和生长，但通常对料肉比没有显著影响，甚至当生物发酵饲料使用较多时还可能会因为发酵饲料含水率高，营养素被稀释，从而引起料肉比增加。

三、猪用纤维饲料原料的应用

纤维饲料原料尚未进行单独分类，生产实际中习惯将粗纤维含量较高的饲料原料统称为纤维饲料原料。而关于日粮纤维的定义也一直存在争议，这是因为日粮纤维既不是单一的化合物，也不是一组具有相关性的化合物，且不同的纤维类型可能对动物的生理功能和健康产生不同的作用。2001年，美国谷物化学家协会将纤维定义为植物中可以被食用的或者类似的碳水化合物，其不能被小肠消化和吸收，但完全或者部分在大肠发酵。这一定义包括木质素、非淀粉多糖、不能被消化的寡聚糖和抗性淀粉等。2009年，国际食品法典委员会最终确定了日粮纤维定义，即"含有10个或更多单价单元的不被内源酶水解的碳水化合物聚合物的总和"。此定义包括了植物碳水化合物中的非淀粉多糖与木质素部分（植物细胞壁的主要成分），但并未包括非碳水化合物类化合物，如木单宁和角蛋白等。

纤维可根据其初始来源、化学结构、溶水性、黏性和可发酵性等进行分类，溶水性好的称为可溶性纤维，如寡聚糖、抗性淀粉和果胶等；不易溶于水的为不可溶性纤维，如纤维素、半纤维素和木质素等。现有的研究报告中，断奶仔猪共涉及21种纤维原料，其中可溶性纤维原料10种，其应用效果见表2-7（代发文等，2021）。从表2-7可以发现，断奶仔猪日粮中添加可溶性纤维或不可溶性纤维原料应用效果不一致，具体哪一类纤维更好尚无定论。不同来源纤维原料在纤维组成和纤维特性方面存在差异，在仔猪生理状态和日粮可发酵纤维水平不确定的情况下，这种差异可能进一步导致应用效果差异增加，这可能也是不同应用研究报道效果不一致的原因。

表2-7　断奶仔猪纤维营养研究中常用纤维原料

编号	纤维原料	纤维分类	应用效果
1	果寡糖	寡聚糖；可溶性纤维	+
2	阿拉伯木聚糖寡糖	寡聚糖；可溶性纤维	+
3	低聚木糖	寡聚糖；可溶性纤维	+
4	褐藻糖胶	寡聚糖；可溶性纤维	+
5	膨化壳聚糖	寡聚糖；可溶性纤维	+
6	葡聚糖	寡聚糖；可溶性纤维	−
7	菊粉	寡聚糖；可溶性纤维	+
8	小麦纤维	寡聚糖；可溶性纤维	+
9	果胶	果胶；可溶性纤维	n
10	柑橘渣	果胶；可溶性纤维	+
11	发酵车前草	纤维素和半纤维素；不可溶性纤维	−
12	发酵构树	纤维素和半纤维素；不可溶性纤维	+
13	发酵菊苣	纤维素和半纤维素；不可溶性纤维	+
14	麸皮	纤维素和半纤维素；不可溶性纤维	+
15	苜蓿草粉	纤维素和半纤维素；不可溶性纤维	+
16	燕麦糠壳	纤维素和半纤维素；不可溶性纤维	+
17	甜菜渣和大豆皮混合物	纤维素和半纤维素；不可溶性纤维	+

续表

编号	纤维原料	纤维分类	应用效果
18	玉米纤维	纤维素和半纤维素；不可溶性纤维	+
19	大豆纤维	纤维素和半纤维素；不可溶性纤维	n
20	不溶性纤维浓缩物	纤维素和半纤维素；不可溶性纤维	+
21	纯化纤维素	纤维素和半纤维素；不可溶性纤维	n

注：+表示正效应，n表示无效果，-表示负效应。

生长育肥猪添加适宜的纤维水平可改善肉品质，过量添加可能对生产性能产生负面影响。研究显示，以甜菜粕为纤维源，日粮粗纤维含量从2.5%提高到12.5%显著提高育肥猪的胴体斜长和眼肌面积、显著降低背膘厚和板油比例、显著增加背最长肌肌肉的粗蛋白质含量、显著降低肌内脂肪含量、显著提高盲肠内容物乙酸含量和显著降低丙酸含量。以苜蓿草为纤维源的动物试验结果显示，添加10%苜蓿草粉有改善日增重和料肉比趋势、显著提高眼肌面积、显著提高肌内脂肪含量、显著提高肌肉中必需氨基酸和风味氨基酸含量、显著降低猪肌肉中硬脂酸含量（代发文等，2020）。

纤维调控母猪繁殖性能的机制研究报道较多，综合认为主要有以下几点：① 改善便秘，减少内毒素蓄积，增进母猪机体健康；② 增加饱感，减少规癖行为（又称为刻板症、古板症），改善胚胎发育，提高产活仔数；③ 调控生殖激素分泌，改善胚胎发育，提高产活仔数；④ 调控乳腺发育，提高泌乳量，提高断奶重；⑤ 调控脂肪代谢，改善母乳质量，促进仔猪生长。

四、猪饲料中铜、锌等微量元素减量

由于环境污染和食品安全等原因，饲料中铜、锌等微量元素开始被限制使用，且会要求越来越严格。我国农业部2625号公告规定，仔猪（体重小于或等于5千克）配合饲料中锌元素最高限量为110毫克/千克（以锌元素计），在仔猪断奶后前两周特定阶段，允许在此基础上使用氧化锌或碱式氯化锌至1600毫克/千克；《饲料添加剂安全使用规范》

规定仔猪（≤25千克）在日粮中铜的最高限量为125毫克/千克，其他阶段最高限量为25毫克/千克。但是国外对微量元素的使用限定量远远低于我国的使用限定量。欧盟规定代乳料中铜允许量为170毫克/千克，锌为200毫克/千克；加拿大、美国饲料协会也规定饲粮中铜和锌最大限量分别为125毫克/千克和500毫克/千克。因此，我国未来对限制使用微量元素的规定有可能会更加严格。

直接减少微量元素的添加量会造成猪生产性能下降，但结合不同途径和技术手段在不影响生产性能的基础上减少微量元素的添加还是切实可行的。目前减少猪日粮铜、铁、锰、锌添加量的途径有以下几种。

（1）改变微量元素的来源　微量元素营养主要有三类：第一类是无机微量元素，如硫酸亚铁、硫酸铜、碱式氯化铜和氧化锌等；第二类是有机酸盐，如富马酸亚铁、柠檬酸锌等；第三类是以氨基酸、多糖及其衍生物、肽及蛋白质为配位体形成的微量元素螯合物或络合物，如蛋氨酸螯合锌、赖氨酸螯合铁等。有研究表明，碱式氯化铜较硫酸铜具有更高生物学效价，可增加仔猪肝铜和铜蓝蛋白含量，降低十二指肠氧化应激水平，但碱式氯化铜并不能改善仔猪生产性能和降低饲料铜添加水平。由此可见，简单地降低无机铜（硫酸铜）添加量很难保证动物生产性能不降低。从机理上说，有机微量元素在络合或螯合状态下利用配位体进行转运，避免了金属离子在肠道吸收时的竞争拮抗，提高吸收效率和生物利用率。动物试验表明，采用30毫克/千克和60毫克/千克甘氨酸铜替代120毫克/千克硫酸铜并未降低仔猪生产性能和养分消化率，但仔猪粪铜含量减少了69.44%和49.07%。大量研究也表明，有机微量元素在猪上具有稳定性好、生物效价高、易消化吸收、适口性好、毒性低和抗干扰性强，还可以提高抗病及抗应激能力、增强免疫力、抗氧化力、提高繁殖性能及减少环境污染等特点。

（2）提高饲料原料中的微量元素利用率　饲料原料中的微量元素很多以植酸盐的形式存在，吸收利用率低，在做配方时常常忽略。使用植酸酶可以释放出微量元素，这也是目前饲料中经常使用的添加剂。超量添加植酸酶（大于1500单位/千克）分解植酸，可显著改善仔猪体内铁营养状况、提高饲料转化率和生长速度。通过搭建模型预测，1000单位的植酸酶等于在饲料中加入（17.8±3.0）毫克/千克的硫酸锌。动物试验表明，添加700单位植酸酶提高饲料锌的生物学效价，可将仔猪饲料锌的最低添加量降低32～43毫克/千克。由此可见，过量添加植酸酶相当于添加铁、锌的量。而我们发现，在使用植酸酶时，适当地降低铜的添加量有利于植酸酶提高饲料消化率这方面作用的发挥。

（3）添加可以促进机体健康的生物制剂以及提高饲料的配制水平

高铜高锌在养猪生产中的广泛应用主要是基于其抗腹泻、促生长作用，并非基于动物本身的营养需求。研究表明，低蛋白氨基酸平衡日粮及添加酶制剂、酸化剂、益生菌等功能性添加剂可以提高仔猪生产性能、保障动物健康。因此，在养猪生产中，通过配制出更加精准的低蛋白氨基酸平衡日粮，通过优化复配酸化剂、益生菌等功能性生物制剂保障动物健康和生产性能不降低是成功实现饲料铜锌减量化的关键。

上述的三种途径并非完全独立，三者结合才能实现不影响动物生产性能的同时减少微量元素的用量。

第三章
优质猪肉生产

▶▶▶

第一节 优质猪肉的概念及要求

一、优质猪肉的概念

1.优质猪肉的基本概念

我国是全球最大的猪肉生产和消费国，猪肉产量约占全世界的50%，猪肉产品在中国居民肉类消费占比最大。据国家统计局数据显示，2021年末我国生猪存栏、能繁母猪存栏比上年末分别增长10.5%、4.0%，我国猪肉产量5296万吨，增长28.8%。随着我国人民生活水平的提高，伴随人口老龄化逐渐加剧，我国人民对猪肉消费的需求已从单纯对数量的需求转为对品质和安全的需求。因此，优质猪肉是我国猪肉消费的主要发展方向。当前，我国养猪业开始进入优质猪肉生产和发展的新阶段，"优质猪肉"及其生产逐渐成为高频词汇，是生猪企业走高质量发展道路的关键所在。

随着时代的进步发展和新需求的变化，"优质猪肉"基本概念的时代内涵已经得到扩展和深化，不再仅局限于安全无害，如非注水猪肉、非病猪肉或非死猪肉等，猪肉生产质量的层次进一步提高。"优质猪肉"在安全的基础上，更突出和强调猪肉的品质优、口感佳。"优质猪肉"

图3-1 雪花猪肉

的内涵主要包括以下三个方面：一是指猪肉品质佳，猪肉的肉色、pH值、肌内脂肪含量、嫩度、系水力、肌纤维粗细等各项肉质指标要符合标准、符合老百姓的消费需求；二是指猪肉安全无毒，猪肉中各种有毒有害物残留必须控制在一定的安全标准范围以内；三是猪肉卫生无污染，符合无公害猪肉的安全指标要求（图3-1）。与普通猪肉相比，优质猪肉必须不仅要求健康安全，还要肉品优质。在健康安全方面，优质猪肉在原料、感官品质、理化指标、污染物限量、农药残留限量和兽药残留限量等方面必须符合GB 2707—2016《食品安全国家标准 鲜（冻）畜、禽产品》中的相关规定，同时严格按照国家规定使用饲料添加剂和兽药，并严格按规定执行停药期。

从市场供应和营销角度出发，"优质猪肉"是一个整体产品概念，是由核心产品、形式产品和延伸产品构成的价值整体。一是核心产品，猪肉的使用价值和核心利益所在，包括安全、卫生、风味和营养等要素，通过猪肉的自然属性满足消费者需求，是消费者购买的真正目的所在；二是形式产品，是核心产品的实现形式，是消费者可以感受到的产品实体，主要包括品种、品质、包装、品牌和商标等要素，形式产品承载着核心产品；三是延伸产品，是消费者购买形式产品的同时获得的附加利益，包括质量承诺、信息传递、产品说明、物流配送和安全溯源信息等要素（图3-2）（孙世民等，2004）。从市场供应和营销的角度，优质猪肉的安全质量标准包括感官指标、理化指标、微生物指标、品类指标、营销指标等。品类指标是指根据消费者需求和购买行为的理解而对猪肉分类的类别指标，优良的品类指标能精准切合消费者需求，产品品种划分科学合理，能有效反映猪肉产品特性。营销指标是产品供应给消费者中体现出来的特性指标，包括品牌、包装和商标等，优质猪肉的品牌标识应能体现产品或企业核心价值、有效辨识猪肉产品、体现优良信誉，包装便于商品生产和流通，方便大众需求，商标特征易于辨认，受法律认可和保护。

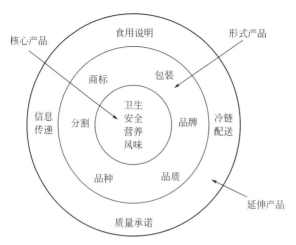

图3-2　优质猪肉整体产品示意图（孙世民等，2004）

因此，安全优质猪肉最核心的内涵应是具有良好的营养、保健、安全卫生及感官品质的猪肉。同时，从消费者角度来说，安全优质猪肉产品应从品类指标和营销指标有与产品质量匹配的完善的产品分类系统、溯源系统、包装、品牌和商标标识等。

2.优质猪肉的要求

在生猪产业链的不同环节，从监管者、生产者、加工者和消费者不同的角度，对于"优质猪肉"的要求和猪肉品质的评价都有所区别。

从监管者角度，优质猪肉主要侧重于定性、定量、定级，建立统一的标准和规范。我国目前关于猪肉品质的标准主要有GB/T 42069—2022《瘦肉型猪肉质量分级》、NY/T 1759—2009《猪肉等级规格》和NY/T 3380—2018《猪肉分级》，分别针对胴体和分割肉分级。我国还没有"优质猪肉"的国家或行业标准；已经有一些相关地方标准被发布，如山西省质量技术监督局发布了《优质猪肉生产技术标准》地方标准（DB14/T 1476—2017），将优质猪肉定义为根据国家生猪饲养与屠宰规范，生产达到国家猪肉卫生质量标准、符合居民消费习惯的、特定部位的高品质猪肉，其中质量指标主要包括感官理化指标、卫生指标、背膘厚、肉色、系水力、嫩度和大理石花纹等。还有一些具有地方品种特色的地方标准、团体标准相继发布。

从消费者的角度来说，目前我国主要以肉色、pH值和系水力、肌内脂肪含量及剪切力来表征肉类产品的品质，基本满足了消费者对猪肉色、香、味、品质的要求。一般来说，优质猪肉应符合以下要求：① 肉色在3～4分（分级计分制）（图3-3）；② 肌肉的pH值在6.0～7.0；③ 肌肉的保水力在70%以上；④ 肌内脂肪含量在3.5分以上（图3-4）；⑤ 肌肉的嫩度在2.6千克力以下；⑥ 肉猪体重90千克时，胴体瘦肉率在56%～58%（沈婷等，2020）。

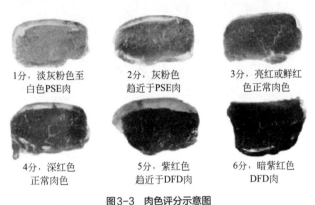

1分，淡灰粉色至白色PSE肉　　2分，灰粉色趋近于PSE肉　　3分，亮红或鲜红色正常肉色

4分，深红色正常肉色　　5分，紫红色趋近于DFD肉　　6分，暗紫红色DFD肉

图3-3　肉色评分示意图

从加工者的角度来说，原料肉的品质最受关注，包括保水性、pH值、蛋白质变性程度、脂肪氧化程度、结缔组织含量、脂肪含量等。结缔组织含量和脂肪含量是猪肉的基本品质，蛋白质变性程度和脂肪氧化程度主要受宰后因素的影响。pH值是最应关注的猪肉品质指标，影响猪肉的肉色、嫩度、保水性及加工肉制品的特性等。保水性则是影响肉的经济价值的最直接因素，还影响猪肉的风味、多汁性、营养成分、嫩度和色泽等重要指标（沈婷等，2020）。

3. 优质猪肉的影响因素

遗传是决定猪肉品质的第一大关键因素。然而，猪肉品质受产业链多种因素的影响，环境因素、屠宰前和屠宰期间以及屠宰后因素的影响，占猪肉品质性状变化的60%～70%。这些因素更容易影响猪肉品质，若被忽略会直接影响遗传潜力的发挥。PIC猪肉品质蓝图将农场、运输、屠宰环节等各方面影响猪肉品质的因素进行了梳理，可以参考这些关键因素进行改善，以生产优质猪肉产品（图3-5）（沈婷等，2020）。猪肉品质管控的措施主要包括以下几个方面。

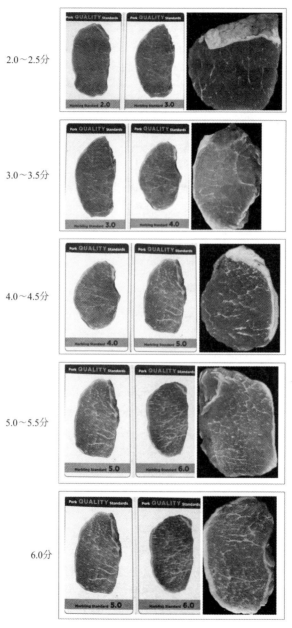

图3-4 肌内脂肪含量评分示意图

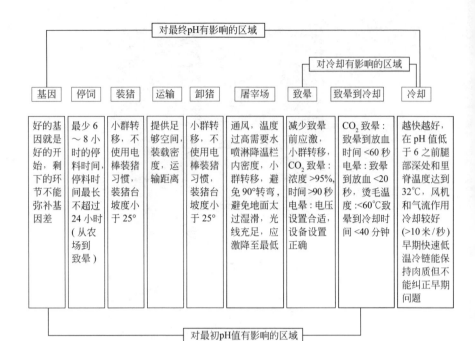

图3-5　PIC猪肉品质蓝图

（1）停饲　运输前停饲可以为生产商节省饲料开支，降低漏肠和到场死亡的发生率，并提升猪肉色泽和系水力（取决于屠宰后更高的pH值）。理想的停饲时间在12～18小时，期间供水照常。推荐的最短停饲时间为6～8小时，最长为24小时（从农场到致晕），避免胴体重量损失。

（2）装车应激　应激会在猪体内引发一系列快速而复杂的神经激素反应，并导致"肾上腺素冲击"效应，使心率上升、血压升高、肌肉收缩加剧。肌肉活动增加导致的直接影响就是肌肉内代谢产生过量乳酸，使pH值急剧下降，降低猪肉品质。下述操作方式可控制此类应激反应：以小批次为单位进行装猪，便于管理；避免把不同栏位的猪混合在一起；装猪时禁止使用电子设备，赶猪操作保证一直适合猪的运动行为；装猪台的角度不得大于25°，因为通过过于陡峭的装猪台会造成猪蹄系部扭伤，造成猪的疼痛而拒绝前行；装载坡道的两侧应当安装防护栏和防滑板。

（3）运输应激 运输过程产生的应激同样需要控制到最小。运猪过程中，环境状况是最重要的影响因素。一旦出现天气状况不佳（太热/太冷），都需要对猪群密度进行调整。拖车上应该有足够的空间让猪躺下或自然站立。不同国家、地区推荐的装载密度之间差异很大，但是运输密度越高有可能导致猪受伤和死亡率升高。

（4）卸车应激 猪的运输过程非常重要，而屠宰场卸猪是其中的最后一环。卸猪过程需要遵守与装猪相似的操作规范，卸猪要尽可能减少等待时间。

（5）屠宰场入栏和移动 要确保良好的猪肉品质，合理的宰前处理措施至关重要。猪群入栏可确保屠宰所需数量准确，同时恢复猪只正常的代谢并给予足够的休息时间以减少应激。每个屠宰场的围栏大小不尽相同，但是应当有足够的空间让猪自由活动，并获得新鲜的饮水。理想情况下，各围栏应当容纳同一卡车的猪只，这样就能避免陌生猪只混合入栏。无论运输路程多远，推荐的最低休息时间应当不低于3小时。入栏过程中，需要始终保证操作和移动过程的冷静、平和，尽可能减少噪声。

（6）致晕阶段处理 为获得优质猪肉，二氧化碳（CO_2）致晕更佳，这种方法可以进行群体移动。电击晕过程中，猪必须以单一纵列前进，但是即使以最佳的操作方式依旧会给猪群带来应激。新的二氧化碳致晕法可以进行群体移动（5～6头/次），这样造成的应激更小，对肉质更为有利，同时也能确保良好的动物福利。

（7）致晕到冷却处理 从致晕到放血的用时越短越好，这对于保障良好的猪肉品质至关重要。猪的腿部开始踢蹬（肌肉痉挛）之前，必须完成放血。对于电击晕而言这段时间一般在20秒内，对于二氧化碳致晕而言一般在60秒内。浸烫之前至少需要花费5分钟完成放血。浸烫水温不得高于60℃，且花费时间应当不超过6分钟。致晕到冷却的时间同样越短越好（最好少于40分钟）。导致猪肉品质降低的一大共性问题是胴体冷却过慢。通常使用更快速的冷却系统，例如急速冷却系统−30℃，以8～10米/秒的风速冷却约100分钟来加快冷却进程，提升肉质（如pH值和肉色）。如需获得理想的猪肉肉质，建议在冷却刚开始的1～1.5小时里脊部位的内部温度达到30℃以下，冷却5小时之后达到15℃。通常而言，完成冷却需要花费16～24小时，这可以确保所有胴体部位的内部温度达到5℃以下。

二、猪肉安全卫生限量指标及要求

目前，猪肉安全生产尚待解决的难题主要包括重金属、兽药残留、微生物污染及其他有毒有害物质的污染。猪肉生产强调"从土地到餐桌"全程的质量控制，详细指标见表3-1。

表3-1 安全优质猪的主要安全卫生标准

项目	指标
致病菌（是指肠道致病菌及致病性球菌）	不得检出
挥发性盐肌氮/（毫克/100克）	≤15
砷（以As计）/（毫克/千克）	≤0.50
汞（以Hg计）/（毫克/千克）	≤0.05
铅（以Pb计）/（毫克/千克）	≤0.50
铬（以Cr计）/（毫克/千克）	≤1.00
镉（以Cd计）/（毫克/千克）	≤0.10
氟（以F计）/（毫克/千克）	≤2.00
铜（以Cu计）/（毫克/千克）	≤10.00
锌（以Zn计）/（毫克/千克）	≤100
亚硝酸盐/（毫克/千克）	≤3.00
六六六（以脂肪计）/（毫克/千克）	≤4.00
滴滴涕（以脂肪计）/（毫克/千克）	≤2.00
敌敌畏、乐果、马拉硫磷、对硫磷	不得检出
克伦特罗、秋水仙碱和己烯雌酚	不得检出
土霉素、金霉素、四环素、氯霉素	不得检出
呋喃唑酮、洛硝哒唑、甲硝唑、二甲硝咪唑	不得检出
氯丙嗪、氨苯砜	不得检出

1.猪肉中重金属污染限量指标

有毒重金属环境污染源来自工业，影响农业生产和畜牧业，经饲料途径污染动物及动物性食品，人体摄入动物性食品又会对机体造成急性或慢性损害。有毒重金属污染具有隐性、不易察觉的特点，待发现时危害已经十分严重，广受社会关注和重视。

无公害猪肉生产，应严格控制重金属污染，主要包括砷、汞、镉、铅、铬和铜等。当前重金属在猪肉中的残留限量标准主要依据GB 2762—2017《食品安全国家标准　食品中污染物限量》中的规定。

2.猪肉中兽药残留限量指标

畜牧生产中，一些养殖企业为了单纯追求生产效益，广泛使用或滥用抗菌药物、驱虫药物、激素类生长促进剂等，造成动物性食品中存在不同程度的药物残留，长期食用会带来变态反应与过敏反应、细菌耐药性、"三致"作用及激素样作用等严重后果。猪肉中兽药残留限量指标只要依据GB 31650—2019《食品安全国家标准　食品中兽药最大残留限量》中的规定，农药残留限量标准主要参照GB 2763—2021《食品安全国家标准　食品中农药最大残留限量》中的规定。

3.猪肉中微生物污染限量指标

猪肉产品在饲养、生产、加工、运输、贮藏、销售及食用等整个产业链环节中，都有可能被各种微生物所污染，污染食品的微生物包括人畜共患传染病和寄生虫病的病原体及以食品为传播媒介的致病菌，如炭疽杆菌、结核分枝杆菌、布鲁菌、痢疾杆菌、猪囊尾蚴、旋毛虫、弓形虫和住肉孢子虫等；引起食物中毒的微生物及其毒素，如沙门杆菌、葡萄球菌、副溶血弧菌、变形杆菌、肉毒毒素、黄曲霉毒素等；此外，还包括大量引起食品腐败变质的微生物。目前，依据GB/T 9959.2—2008《分割鲜冻猪瘦肉》中规定的限量要求，微生物指标主要包括菌落总数、大肠菌群和沙门菌等。

4.猪肉中其他有毒有害物质限量指标

（1）β-激动剂　苯乙胺类药物（PEAs）是天然的儿茶酚胺类化学合成的衍生物，克伦特罗是本类药物的典型代表，可选择性作用于β_2

受体，引起交感神经兴奋。PEAs多数属于β_2-肾上腺素受体激动剂（简称β-激动剂）。主要有莱克多巴胺、克伦特罗（克喘素，俗称瘦肉精）、沙丁胺醇（舒喘宁）、塞曼特罗（息喘宁）、吡啶甲醇类等10余种。

β-激动剂虽然能促进动物生长，提高胴体瘦肉率，但其对动物生理、胴体品质产生严重副作用，同时在动物性食品中残留而危害人体健康，出现心跳加快、头晕、心悸、呼吸困难、肌肉震颤、头痛等中毒症状。同时还可通过胎盘屏障进入胎儿体内蓄积，从而对子代产生严重危害。因此，我国已禁止将β-激动剂用于食用动物。

（2）霉菌毒素残留　据联合国粮农组织估计，全世界每年有5%～7%的粮食、饲料等农作物产品受霉菌侵蚀。饲料受多种霉菌毒素的污染，其中黄曲霉毒素对饲料的污染最严重。用黄曲霉毒素污染的饲料喂畜禽，毒素便在畜禽组织中蓄积，从而污染畜禽产品。当人们经常地食入含有黄曲霉毒素的食品，可引起原发性肝癌，对人类健康有很大的威胁。因此严禁饲喂发霉饲料。

三、优质猪肉质量指标要求

1.猪肉的分类

当前市场上流通的猪肉产品主要分为普通猪肉产品、无公害猪肉产品、绿色猪肉产品和有机猪肉产品四类。

（1）普通猪肉产品　普通猪肉产品是没有经过认证及生产限定的猪肉产品。

（2）无公害猪肉产品　无公害猪肉产品是指产地环境、生产过程和产品质量均符合国家有关标准和规范的要求，经认证合格获得认证证书并允许使用无公害农产品标志的未经加工或者初加工的猪肉产品。无公害农产品是对农产品的基本要求。严格地说，一般农产品都应达到这个要求。20世纪80年代后期，部分省、市开始推出无公害农产品。2001年农业部提出"无公害食品行动计划"，并在北京、上海、天津、深圳4个城市进行试点，2002年"无公害食品行动计划"在全国范围内展开。无公害农产品产生的背景与绿色食品产生的背景大致相同，侧重于解决农产品中农药残留、其他有毒有害物质等已成为公害的问题。

（3）绿色猪肉产品　绿色农产品是指遵循可持续发展原则、按照特定生产方式生产、经专门机构认定许可使用绿色食品标志的无污染的猪肉产品。可持续发展原则的要求是生产的投入量和产出量保持平衡，既要满足当代人的需要，又要满足后代人同等发展的需要。绿色农产品在生产方式上对农业以外的能源采取适当的限制，以更多地发挥生态功能的作用。

我国的绿色食品分为A级和AA级两种。其中A级绿色食品生产中允许限量使用化学合成生产资料，AA级绿色食品则较为严格地要求在生产过程中不使用化学合成的肥料、农药、兽药、饲料添加剂、食品添加剂和其他有害于环境和健康的物质。按照农业部发布的行业标准，AA级绿色食品等同于有机食品。

绿色猪肉产品是指按特定生产方式生产不含对人体健康有害的物质或因素，经有关主管部门严格检测合格并经专门机构认定、许可使用"绿色食品"标志的猪肉产品。其特征如下：① 强调猪肉生产最佳生态环境；② 对猪肉生产实行全程质量控制；③ 对猪肉产品依法实行标志管理。

由此可见，绿色猪肉是从生猪的环境、猪种、饲料、饲养、防疫、屠宰、加工、包装、贮运、销售全过程进行监控，是营养、卫生、无污染的优质猪肉。

（4）有机猪肉产品　有机农产品是指根据有机农业原则和有机农产品生产方式及标准生产、加工出来的，并通过有机食品认证机构认证的农产品。有机农业的原则是在农业能量的封闭循环状态下生产，全部过程都利用农业资源，而不是利用农业以外的能源（化肥、农药、生产调节剂和添加剂等）影响和改变农业的能量循环。有机农业生产方式是利用动物、植物、微生物和土壤4种生产因素的有效循环，不打破生物循环链的生产方式。有机农产品是纯天然、无污染、安全营养的食品，也可称为"生态食品"。

有机农产品与其他农产品的区别主要有3个方面：其一，有机农产品在生产加工过程中禁止使用农药、化肥、激素等人工合成物质，并且不允许使用基因工程技术；其他农产品则允许有限使用这些物质，并且不禁止使用基因工程技术。其二，有机农产品在土地生产转型方面有严格规定。考虑到某些物质在环境中会残留相当一段时间，土地从生产其他农产品到生产有机农产品需要2～3年的转换期，而生产绿色农产品和无公害农产品则没有土地转换期的要求。其三，有机农产品在数量上须进行严格控制，要求定地块、定产量，其他农产品没有如此严格的要求。

2.优质猪肉的感官指标

目前，我国消费的猪肉主要是鲜肉和冷冻猪肉，其色泽、组织形态、黏度、气味、煮沸后肉汤等感官要求见表3-2。

表3-2　鲜（冷却）猪肉、冻猪肉感官指标

项目	鲜（冷却）猪肉	冻猪肉
色泽	肌肉有光泽，红色均匀，脂肪乳白色	肌肉有光泽，红色或稍暗，脂肪白色
组织状态	纤维清晰，有坚韧性，指压后凹陷立即恢复	肉质紧密，有坚韧性，解冻后指压凹陷恢复较慢
黏度	外表微干或微湿润，不粘手	外表湿润，切面有渗出液，不粘手
气味	具有鲜猪肉固有的气味，无异味	解冻后具有鲜猪肉固有的气味，无异味
煮沸后肉汤	澄清透明，脂肪团聚于表面	澄清透明或稍有浑浊，脂肪团聚于表面

3.优质猪肉的质量标准

安全优质猪肉的基本要求：一是猪肉中不存在各种有毒、有害物质的残留或降到一定限度，符合食品卫生标准要求；二是猪肉的品质好，特别是肉的色泽、pH值、肌间脂肪含量、嫩度、风味要好，猪肉色泽要鲜红、pH值6.1～6.4、大理石纹可见，肌纤维要细，肉的嫩度好，鲜美多汁，口感好，优质猪胴体品质要求见表3-3。

表3-3　优质猪胴体品质要求

品质	要求
第10根肋骨处腰肌上的脂肪厚度（包括皮）	最厚不超过3.3厘米
眼肌面积（LMA）	最小不小于29.00平方厘米

续表

品质	要求
用肉眼观察所得出的肌肉发育程度	要达到中等（即得分要大于1）
胴体长度	最小不短于74.95厘米
修整后的热胴体重	最小不低于68.04千克
肌肉颜色	得分2、3或4
肌肉坚韧性和含水量	得分3、4或5
大理石花纹含量	得分2、3或4

第二节 优质肉猪品种

猪肉肉质是高度遗传的性状，不同的猪品种，相同猪品种的不同品系以及猪不同品种的杂交组合都会存在肉质差别。一般来说，我国地方品种的肉质要优于外来品种。因此为了提供优质猪肉，最重要的就是选择肉质优秀的品种、品系与杂交组合。

一、肉质优秀的地方猪品种

枫泾猪，因核心产区上海市金山区枫泾镇而得名，以枫泾猪猪蹄制作的"丁蹄"是枫泾猪传统卤制品，曾获得莱比锡博览会金奖。枫泾猪被毛和鬃毛为黑色、皮肤为白色、腹部为浅红色。枫泾猪繁殖性能好、肉质鲜美，研究显示枫泾猪背最长肌肉色（亮度）为44.42±3.05、肉色（红度）为0.28±1.21、肉色（黄度）为8.94±1.71、系水率为（9.41±1.53）%、嫩度为（5.90±1.23）kgf、肌内脂肪为（3.20±1.24）%，明显优于杜×（长·大）三元商品猪（陆雪林等，2020）。

梅山猪，核心产区位于长江下游沿江沿海地区，由当地"大花脸"猪演变而来，分为大梅山猪、中梅山猪和小梅山猪，目前大梅山猪已经绝迹。梅山猪以高繁殖性能享誉全球、肉质也十分鲜美，研究显示梅山猪背最长肌肉色（亮度）为44.07±2.56、肉色（红度）为0.85±1.43、肉色（黄度）为9.37±1.79、系水率为（10.07±2.45）%、嫩度为（5.60±1.34）kgf、肌内脂肪为（3.44±1.33）%，明显优于杜×（长·大）三元商品猪。

沙乌头猪，核心产区位于江苏省启东市（1928年前成为外沙，今属于上海市崇明区），并且头部大、耳下垂，形似黄砂茶壶而得名。沙乌头猪被毛黑偏淡、鬃毛乌黑、皮肤白色、鼻端、系部、尾梢有白毛，部分猪全身黑毛。沙乌头猪产仔性能强、耐粗饲且肉质鲜美，研究显示，沙乌头猪背最长肌肉色（亮度）为46.04±2.77、肉色（红度）为0.14±1.32、肉色（黄度）为9.49±1.49、系水率为（9.51±1.96）%、嫩度为（5.08±1.27）kgf、肌内脂肪为（3.38±0.95）%。

浦东白猪，核心产区位于上海市浦东新区的川沙镇和祝桥镇，曾有三种类型，分别为长头型、短头型和中间型，目前中间型为保存的主要类型。浦东白猪全身被毛白色，额面多皱纹，形似"寿"字。浦东白猪繁殖性能好、耐粗饲、肉质风味优秀，研究显示，浦东白猪背最长肌肉色（亮度）为44.12±2.51、肉色（红度）为0.41±0.92、肉色（黄度）为8.94±1.23、系水率为（11.13±3.39）%、嫩度为（6.26±1.43）kgf、肌内脂肪为（2.80±0.65）%。

岔路黑猪，核心产区位于浙江省宁波市宁海县的岔路镇、桑洲镇、前童镇一带，目前有"金钱型""兰花型"和"公字型"三种头型。岔路黑猪全身被毛为黑色，鬃毛粗而明显竖起。岔路黑猪繁殖能力强、耐粗饲且肉质细嫩鲜美，研究显示，岔路黑猪背最长肌pH值为5.22～5.5、肉色评分2.2～3.4分、肌内脂肪4.5%。

金华猪，因原产于金华市而得名，该品种头部和尾部为黑皮黑毛、中间胸腹部和四肢为白皮白毛，俗称"两头乌"。由于金华地区多山，造成交通不便，猪肉向外地运输销售困难，因此本地尝试利用金华猪制作火腿，并造就了知名的金华火腿。火腿产业的兴旺也推动了金华猪的选育，并形成了这一肉质优秀的地方品种。研究显示，金华猪背最长肌肉色为3.43±0.12、大理石纹评分为3.47±0.26、肌内脂肪含量为（5.07±1.45）%、嫩度为（16.2±0.92）kgf、失水率为（16.37±0.76）%，各项指标均显著优于大约克猪。

乌金猪，是云南、贵州和四川省交界乌蒙山和金沙江地区地方猪种的总称，乌金猪在不同地区都有地方名称。例如，产于四川省的称为凉山猪，产于云南昭通市的称为昭通猪，产于贵州省赫章县的称为柯乐猪。乌金猪毛色有黑色和棕黄色两种，耐粗饲且肉质鲜嫩，是著名云南宣威火腿、贵州威宁火腿的原料猪。研究显示，邵通黑毛乌金猪肉色评分为4.33 ± 0.58，大理石纹评分为3.33 ± 0.58、熟肉率为（61.65 ± 1.68）%、失水率为（14.88 ± 2.60）%、滴水损失为（2.38 ± 0.88）%（杨凯等，2021）。

二、肉质优秀的培育品种

上海白猪，由上海市农业科学研究院畜牧兽医研究所、上海县（现上海市闵行区）种畜场、宝山县（现上海市宝山区）种畜场共同培育而成，其育种材料为历史上侨民和海员将国外猪种与上海本地猪（梅山猪、枫泾猪等）杂交产生的白色猪群。经过育种工作组的定向培育，上海白猪于1978年通过上海市品种审定。上海白猪全身被毛白色，具有产仔数高、生长速度快、瘦肉率高的特点，研究显示，上海白猪肉色评分为2.95，大理石纹评分为2.71，系水力为88.34%，熟肉率为65.94%。

山西黑猪，由山西农业大学、大同市种猪场和原平种猪场共同培育而成，其培育亲本为内江猪、巴克夏猪和本地马身猪。山西黑猪于1983年通过山西省科学技术委员会的品种鉴定，核心产区位于山西中北部的大同与忻州地区，并逐步分布山西全省。山西黑猪全身被毛黑色，具有生长速度快、抗逆性强、肉色鲜美的特点。

鲁莱黑猪，是莱芜猪与大约克猪经过杂交、横交与选育形成的培育品种，并于2006年6月通过国家品种审定。鲁莱黑猪的核心产区位于山东省莱芜市，并已经推广至河南、福建和广东等省市地区。鲁莱黑猪具有耐粗饲、抗病力强、肌内脂肪高等特点，是生产优质猪肉的优良品种。

松辽黑猪，是以丹系长白猪为第一父本、美系杜洛克为第二父本、吉林本地猪为母本，经过杂交选育形成的培育品种，并于2009年11月通过国家品种审定。松辽黑猪的核心产区位于吉林省四平市，并逐步扩散至辽宁、黑龙江、内蒙古等省市。松辽黑猪全身被毛黑色，具有耐寒、耐粗饲、肉质优秀等特点。

三、营养调控

饲料的营养成分不仅影响猪肉食品安全，它对猪肉肉质也具有十分关键的作用。根据中华人民共和国农业农村部第194号公告规定，自2020年1月1日起，退除中药外的所有促生长类药物饲料添加剂品种；自2020年7月1日起，饲料生产企业停止生产含有促生长类药物饲料添加剂（中药类除外）的商品饲料。因此，通过添加天然植物成分来生产优质猪肉，将是未来的主流生产思路。

1.添加经济作物

我国经济植物种类丰富、种植广泛且价格低廉，通过向饲料日粮中添加特定的经济植物，可以从多个方面改善猪肉品质，目前已经得到了广泛研究。例如，南瓜富含南瓜多糖和多种矿物元素，并且在我国种植地域广泛且价格低廉，研究报道，在猪日粮中添加鲜南瓜可以改善猪肉肉色并提高大理石纹评分。我国是茶叶生产大国，在生产过程中会产生大量茶渣，有研究发现，在育肥猪饲料中添加茶叶粉末可以改善猪肉滴水损失、肉色、大理石纹评分、嫩度等多项肉质指标，是一种理想的饲料添加剂。桑叶也是一种营养丰富的经济植物，具有产量大、价格低的特点，研究发现，在育肥猪日粮中添加6%的桑叶粉可以显著降低猪肉的失水率和剪切力，并增加猪肉的挥发性风味；而在育肥猪饲料中添加6%发酵桑叶可以提高猪肉的氨基酸含量和不饱和脂肪酸含量，降低饱和脂肪酸含量（王亚男等，2019）。紫花苜蓿是一种产量大、易消化且营养丰富的豆科牧草，研究发现，在苏山猪日粮中添加10%苜蓿草粉可以显著改善猪肉的颜色、嫩度、鲜味氨基酸和单不饱和脂肪酸等多种肉质指标。苎麻叶是一种在我国广泛种植的高蛋白经济植物，研究发现，在湘村黑猪饲料中添加苎麻粉末可以改善猪肉剪切力，但添加量不应该超过9%，以免对生长性能造成负面影响。元宝枫叶富含蛋白质、总黄酮、绿原酸等多种营养成分，研究发现，在育肥猪饲料添加发酵元宝枫叶可以改善猪肉系水力和肉色，增加单不饱和脂肪酸和多不饱和脂肪酸含量，并降低饱和脂肪酸含量。综上研究，多种经济植物都可以改善猪肉品质，但在实际生产中，生产者还是需要结合本地实际情况，选择量大、价廉且易于取得的经济植物用于生产。

2.添加中草药

中药作为我国传统医学瑰宝，具有成分天然、绿色环保、无耐药性、无残留等众多优点，农业农村部第194号公告特别规定中草药可以作为饲料添加剂。因此，通过在饲料中添加中草药来生产优质猪肉必将成为今后重要的发展方向。

杜仲是一种具有抗氧化、降血压、强筋健骨功能的传统中药，研究发现，在杜×（长·大）三元杂交育肥猪饲料中添加杜仲皮粉可以提高猪肉蛋白和矿物质含量、降低胆固醇，并且可以提高猪肉系水力、嫩度和抗氧化能力。川陈皮素是一种从芸香科柑橘属橘子皮中提取的化合物，它具有抗炎、抗病毒、抗氧化、降低胆固醇等多种药用价值，研究发现，在育肥猪饲料中添加川陈皮素可以提高猪肉中肌苷酸、亚油酸、花生酸等风味物质的含量，川陈皮素在饲料中合适的添加量为0.5‰。金荞麦又名苦荞麦，它不仅富含蛋白质、矿物质、膳食纤维、维生素等多种营养成分，还具有降血糖、降血脂和增强免疫力的作用。研究发现，在育肥猪饲料中添加金荞麦茎叶粉可以改善猪肉剪切力、肉色和滴水损失，合适的添加量为3%。

除了将单一中草药作为饲料添加剂用于生产优质猪肉以外，通过将多种中草药组成复方添加剂来提高猪肉肉质也得到了很多研究证实。例如，有研究发现，在山西黑猪饲料中添加0.5%白术、党参、陈皮、苏子、神曲或白术、党参、木香、半夏、茯苓、甘草的复方超微粉剂可以提高猪肉的肉色和呈味氨基酸含量，猪肉的眼肌面积增大但肌内脂肪有所降低。另有研究发现，在育肥猪饲料中添加黄芪、板蓝根、益母草、党参、山楂、当归、金银花、杜仲、柴胡、何首乌超微粉复方制剂可以显著改善猪肉剪切力和失水率，合适的添加量为1%。还有研究发现，将黄芪、金银花、菊芋配制成的添加剂加入育肥猪饲料可以降低猪肉的蒸煮损失并增加猪肉的肌内脂肪和粗蛋白含量，综合实验确定合适的中药复方制剂添加量为0.2%。

为了方便在养猪生产中添加使用，直接在饲料中使用中草药提取物也是一种方便有效的方式。在川藏黑猪育肥猪饲料中添加0.1‰枸杞和黄芪提取物，结果显示川藏黑猪大理石纹显著增多，猪肉中必需氨基酸、总不饱和脂肪酸、总脂肪酸也显著增加。在宁乡猪饲料中添加1500毫克/千克杜仲提取物，结果发现杜仲提取物可以提高宁乡猪猪肉肌内脂肪含量，并降低猪肉中多不饱和脂肪酸含量。牛至是一种具有抗氧化、抗菌、抗炎作用的中草药，有研究发现，在育肥猪饲料中添加500毫克/千克牛至提取物可以降低猪肉滴水损失、提高肌苷酸含量并改善肉色和屠宰后的pH值。黄连素具有抗氧化和抗菌的作用，黄连是黄连素的重要来源，有研究发现，在育肥猪饲料中添加黄连提取物可以增加猪肉中不饱和脂肪酸含量，降低饱和脂肪酸和胆固醇含量。紫苏是一种重要的中草药，有研究发现，在育肥猪饲料中添加200毫克/千克紫苏籽提取物可以提高猪肉肌内脂肪含量、肉色和肌苷酸含量，并降低滴水损失。

综上研究，在育肥猪饲料中添加合适的经济植物、单一中草药、复方中草药或中草药提取物都可以有效改善猪肉肉质指标，有利于生产优质猪肉。

四、饲养方式

在遗传因素和营养因素以外，饲养方式也会影响猪肉肉质。不同饲养方式（包括圈养和放养）的猪在生长过程中拥有不同的活动空间、运动量和食物来源，这都将影响肌肉发育和脂肪沉积，并最终影响猪肉品质。在西班牙，为了保证伊比利亚黑猪的肉质，在最后的育肥阶段，会将伊比利亚黑猪会放牧于树林中，期间充分运动并只吃橡木子和嫩草，直到达到最终上市体重。并且为了保证伊比利亚黑猪有足够的橡木子可以食用，放牧密度也会严格限定，每公顷林地一般只养一头猪。这种叫Dehesa的生态放牧系统充分保证了伊比利亚黑猪的肉质，也造成了稀缺的产量并限制了生产时间（图3-6）。

图3-6　伊比利亚黑猪生态放牧系统
（Dehesa）

在国内，也有很多学者就不同饲养条件对猪肉品质的影响开展了很多研究。例如，有研究发现，放养的松辽黑猪相比圈养组日增重提高、料肉比降低，并且背最长肌粗脂肪增加、非必需氨基酸和风味氨基酸增加、油酸和总脂肪酸含量增加，说明放养对松辽黑猪肉质改善效果非常明显。而通过对淮南猪进行散养和圈养试验对比，研究发现，散养的淮南猪猪肉鲜味氨基酸、维生素 B_1、钙和钾含量更高，滴水损失和肌内脂肪含量降低，这说明散养提高了淮南猪猪肉鲜味并降低了脂肪沉积。另有研究发现，在西藏对藏猪进行圈养可以提高猪肉的眼肌面积、肌内脂肪、pH值、剪切力和滴水损失，这说明对藏猪进行圈养有利于脂肪沉积，但降低了猪肉的嫩度和系水力。但在湖南对藏香猪进行放养和圈养试验，结果显示，放养可以提高藏香猪猪肉的肉色、大理石纹、亚油酸甲酯、二十碳五烯酸、蛋氨酸和赖氨酸含量，但降低了熟肉率。这两项研究说明在不同环境下，放养对藏猪的肉质改善效果存在一定差异。而针对贵州宗地花猪，研究显示，放养的宗地花猪胴体重和屠宰率降低，而放养组肉质指标与圈养组差异不显著，说明圈养方式更加适合宗地花猪。综上研究，放养对不同猪种的肉质改善效果存在差异，可能是由于放养的同时会改变猪的饲料组成，因此在实际生产中，应结合自身养殖品种和当地放养环境条件，并综合考虑饲养成本后灵活选择饲养方式。

五、影响肉质的其他因素

从运输到屠宰过程中，猪离开了熟悉的生活环境，经过驱赶进入运输车辆，在运输车辆中重新混群，并且运输过程中无法正常进食、饮水和休息，还需要忍受运输过程中的环境温度变化，这一系列过程会对猪造成巨大的应激，并最终影响肉质。我国幅员辽阔，由于不同地区猪价存在价差，因此长期以来一直存在长距离跨区域运输生猪的情况。而运输时间是运输应激的主要影响因素，过长的运输时间不仅会使猪丢失体重，还会对屠宰后的肉质造成负面影响。研究发现，猪在经过8小时、16小时和24小时运输后，体重分别减少了2.7%、4.3%和6.8%。并且，长距离运输会影响猪肉的pH值、肉色、嫩度等多项指标。因此，为了减轻长途运输对猪肉肉质的负面影响，应积极从运猪向运肉转变，尽可能减少运输时长。从2021年4月1日起，农业农村部《非洲猪瘟防控强化措施指引》要求逐步限制活猪调运，除种猪仔猪外，其他活猪原则上不出大区。大区内调运生猪除了有利于防控非洲猪瘟疫情，还将大幅减少生猪运输时间，有利于保证猪肉品质。猪在经过长时间运输到达屠宰场后，还应该让猪在安静环境中进行休息静养，研究显示，生猪宰前静养12～24小时也有助于缓解运输应激并提升最终猪肉肉质。

在运输过程中，不合理的运输密度会让猪无法自由躺卧或站立，并增加猪皮肤损伤的风险。研究显示，3小时内运输过程中，0.35平方米/100千克或0.5平方米/100千克并不会对猪肉质产生明显的影响。但需要注意的是，有研究指出，运输密度从0.5平方米/100千克增加到0.37平方米/100千克可以降低猪11%DFD（dark，firm，dry）肉的发生概率。这是由于运输车辆在运输过程中会有很多意外动作，过度的空间会让猪在车里意外受伤，导致DFD肉。同时，若运输车辆没有温控措施，运输密度也会影响猪的散热，因此需要结合环境温度共同考虑。2018年12月1日起施行的农业农村部公告第79号规定，我国生猪运输车辆中每栏生猪的数量不能超过15头，装载密度不能超过265千克/平方米。

由于猪汗腺不发达，因此猪对高温环境尤其敏感。研究显示，当运输温度高于20℃，猪运输死亡率会大幅升高；当运输温度低于5℃，也会大幅增加无法站立行走的猪只比例。我国幅员辽阔，很多地区夏季会经历35℃以上高温，因此在夏天运输生猪应定时喷水降温，并尽量在相对凉爽的夜间运输。我国北方地区冬季温度远低于0℃，在冬季运输时也应该封闭车厢并增加稻草等保暖措施。目前，新一代生猪运输车辆已经配备饮水及温度控制系统，可以防止运输过程极端温度对猪的负面影响，可以按自身需求进行购置（图3-7）。

图3-7　具备温控系统的运猪车辆

第三节　优质猪养殖过程的生产管理

一、后备母猪的饲养管理

主要的目标是减少引种时疫病的传入，降低母猪因繁殖疾病和腿病而引起的淘汰，提高母猪的终身产仔数。关键控制点包括适应驯化，实施短期优饲，控制初配日龄和体重三个方面。主推技术有短期优饲技术和适应驯化技术。

1.短期优饲技术

后备母猪转入空怀舍后就开始诱情或放养促情，并记录第一次发情准确时间，在配种前7～10天增加能量摄入量进而刺激卵泡的生长，有望能多排出1个或1.5个卵泡。即在配种前7～10天的短期内增加日采食量，日喂量至少3千克，又称催情补饲。

如果后备母猪进入繁育群时又瘦又轻，那么"短期优饲"特别有价值。对于排卵率处于中低水平的后备母猪，"短期优饲"可以改善这种状况，反之效果有可能不明显。后备母猪在转入时日龄越小、体重越轻，越需要进行短期优饲。

具体方法：记录第一次、第二次发情的准确时间，在达到初配的体重和初配的日龄两个条件时，即在第三次发情前的7～10天每天增加饲料喂量，如果后备母猪在转群后2～3周体重还较轻或者很瘦，那么在配种前10～14天就要增加能量摄入量，增加日喂量至3.0～3.5千克，有的可以达到3.75千克/天。但注意不同的环境条件可以改变食欲和采食量，应灵活控制。典型的后备母猪短期优饲方案如图3-8所示。

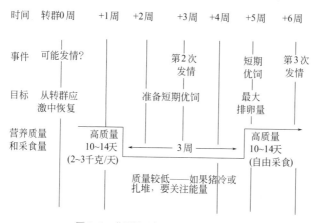

图3-8 典型的后备母猪短期优饲方案

2.适应驯化技术

新引进的种猪可能感染疾病，在运输和环境适应的双重应激中造成免疫力低而形成疫情威胁，为防止新猪群发生新的疾病和引发原有猪群的老疫病，必须进行适应管理，进行隔离驯化。在引进后两周，自留后备种母猪在180日龄时，就可以用本场经产母猪的粪便或垫料，放入引进的种猪群内。产房的粪便或垫料，有传染钩端螺旋体病的可能性，建议慎用。特别注意的是，对发生过痢疾的猪不适用。

做好此阶段技术的关键控制点是控制接触感染的比例和数量。具体做法：选取3～5头准备淘汰的健康老龄母猪用作后备母猪适应的接触猪；中午将一头预淘汰老母猪赶入一个后备母猪栏中，混群2～3小时后赶出；选取的淘汰母猪最多使用两周，然后再从准备淘汰的断奶母猪中选留，并重复上述操作；在接触适应的同时，使用灯光和公猪对后备母猪进行刺激，每天查情两次并做好查情记录；配种前10天左右，将后备母猪赶到限位栏做优饲，结束适应（图3-9）。

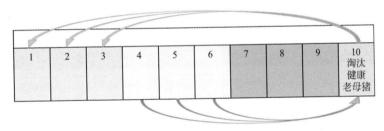

图3-9　后备母猪适应示意图

目前，通过延长驯化适应期以防止感染，尤其对许多尚无有效疫苗的病毒时更有意义，具体的驯化适应方法见图3-10所示。

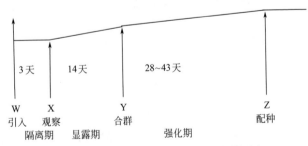

图3-10　新的驯化适应方法（针对目前的病毒）

3.规范培育管理

（1）种猪引入　有效合理地引入优秀的后备母猪是很关键的。采取正确的管理方式对种猪第一胎及终生的生产性能将产生深远影响。自从发现猪生殖与呼吸综合征后，这点就变得更加重要。所以，后备母猪的引入取决于猪场的规模、管理经验和健康因素，然而，所有的后备母猪都应是质量最好的产品。引入后备母猪体重应在30～50千克，此时购入最大的好处是离配种时间长，隔离适应期可延长。生产者可适度控制生长速度和初情时间。此阶段技术的关键控制点是控制引入后备母猪的体重。引种成功的关键是选择种猪要以遗传品质和健康状况为基础。购买时，来源应单一，只有在征求兽医意见后方可改变。

（2）隔离　尽管在许多种猪场都做全面的健康预防，但还是不可能确保种猪没有疾病，这是因为有些病可能在潜伏期中或感染于运输过程中。为此，建议那些没有远离主场区隔离舍的猪场，应尽可能辟出独立的棚舍作为临时隔离观察舍，商品猪场也应如此。推荐隔离8周，以便每天都可观察引进的母猪感染疾病的症状。在此期间，还应观察原猪群的健康状况及传染病症状。此阶段技术的关键控制点是建立独立的隔离观察舍。

（3）驯化　适应驯化的目的是控制接触感染的比例和数量。尽管猪场几乎不可能通过对引进猪群的隔离来防止原有猪群感染新的疾病，但生产者可以对引进种猪实施适应性管理，以便防止新猪群发生新的疾病和引发原有猪群的老疫病。适应管理应在隔离舍进行，新引进的种猪应在运输后至少隔离2周后才开始。在此期间新引进的种猪会有机会从运输和环境的双重应激中恢复，并当接触有控制的病菌刺激时，建立起完全的免疫能力。如果隔离适应设施不采用"全进全出"，前一批引进种猪所带的致病菌即可对刚引进的、正经受运输应激、免疫力低的种猪形成威胁，其潜伏的临床疾病常常容易在原猪群中暴发。在引进后2周，就可以用本场经产母猪的粪便或垫料，放入引进的种猪群内。然而对发生过痢疾的猪不适用。用产房的粪便或垫料，有传染钩端螺旋体病的可能性，建议慎用。此阶段技术的关键控制点是控制接触感染的比例和数量。

（4）混群　在混群时采取正确的管理方式对种猪第一胎及终生生产性能将产生深远影响。在引进后第4周，可选择淘汰母猪或商品猪与之混养适应，或选择原有种猪进行鼻对鼻接触，这种接触取决于猪场类型。在安排混群计划时应采纳兽医的建议。在全程饲养猪场，可选择淘汰母猪和商品猪来进行适应管理，理想的引进种猪和原有种猪的比例，自繁自养场1∶3，育种场1∶5。混群的目标包括保护原猪群健康状况，使引进猪适应新猪场的病原体，制定引进计划以保持有效的群体规模和生产量。此阶段技术的关键控制点是要有正确程序。正确程序是指控制混群数量。正常混群的程序应为引进种猪同原有猪群健康状况相似。隔离控制接触病原体可以确保引进猪产生免疫力，按照这一程序方可确保原猪群和引进猪的健康。

正确程序：控制混群——增强免疫力，如图3-11所示。

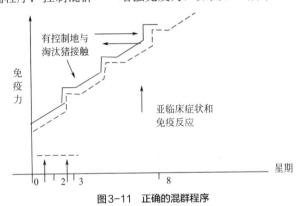

图3-11　正确的混群程序

不正确的程序是在引进猪群后最初大量接触、突然暴露和感染病原体，会产生临床症状。

不正确的程序：突然暴露于病原体，如图3-12所示。

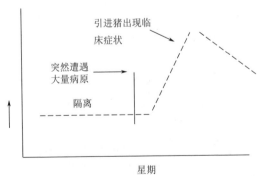

图3-12　不正确的混群程序

（5）免疫　建议新引入的种猪，防疫程序应和现有的猪群一样。在隔离适应期、混群期，应采纳兽医的建议。此阶段技术的关键控制点是及时全面免疫。

4.控制初配

瘦肉型高产后备母猪配种体重以135～145千克、日龄在210～245天为佳，不超过270日龄，平均230日龄为好，连续2～3次发情，最好在第三次发情时配种；适宜的配种期受许多因素的影响。

（1）初配目标　建议达到以下条件后进行初配：此阶段技术的关键控制点是控制初配体重和日龄、体况（活体背膘厚）、性成熟（发情期和发情次数），如表3-4所示。

表3-4　适宜的初配目标

初配条件	最小	目标
隔离和适应期/周	6	8
配种日龄/天	200～210	210～245
体重/千克	120	135～145
背膘厚/毫米	16	18～22
发情次数	2	3～4

（2）发情刺激　后备母猪发情刺激方案的目标是在发情前的几天内产生饮食刺激。这个操作重复2～3个循环到配种。对于大栏饲养的后备母猪的饲喂程序应该平均分配给各个栏位。配种后第一个月的后备母猪应该停止刺激和把饲料量调至所建议的标准喂料量是非常必要的。刺激后备母猪发情的饲养方案如图3-13所示。

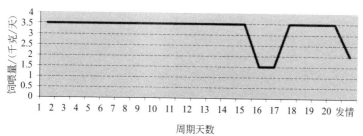

图3-13　刺激后备母猪发情的饲养方案

5.规范环境管理

（1）温度　温度对母猪生产力影响很大。母猪饲养在水泥地坪上，最低临界温度是14℃，平常温度应是18℃。

（2）风速　群养母猪舍的通风速度是16～100立方米/小时。

（3）饮水　供应清洁新鲜的水，饮水器水流最少应在1升/分钟，最多供8头猪饮用，饮水器放置于活动和排粪的地方，高度为0.7米。

（4）光照　室内光照，无论自然光还是人工光源，都应以让猪看得清楚为准。分娩舍的光照强度为50勒克斯。可用自然光和人工光照16小时。

6.规范饲养管理

母猪第一胎时的饲养管理，对母猪的繁殖能力和利用时间有重要作用。每2周随机称取至少6头后备母猪体重，对照表3-5给出的日龄与体重的关系，及时调整后备母猪的采食量；冬季采食量可在夏季基础上提高5%～10%。严格控制日龄、体重、日饲喂量三者关系；计划配种前10～14天，参照短期优饲的技术增加采食量进行优饲，日喂量至少3千克；配种后7天内，将饲喂量降低到1.8～2.0千克/天。后备母猪的简易饲喂方案可参照表3-6。

表3-5　日龄、体重、日饲喂量关系表

周龄/周	体重发育/千克活重	采食量/（千克/天）	饲料类型
9	25	自由采食	保育猪料
10	30	自由采食	保育猪料
11	36	自由采食	保育猪料
12	41	自由采食	保育猪料
13	46	自由采食	保育猪料
14	51	自由采食	保育猪料
15	56	1.85	育肥肉猪料
16	61	1.90	育肥肉猪料
17	66	1.95	育肥肉猪料

续表

周龄/周	体重发育/千克活重	采食量/（千克/天）	饲料类型
18	71	2.05	育肥肉猪料
19	76	2.10	育肥肉猪料
20	81	2.15	育肥肉猪料
21	85	2.20	后备母猪料
22	90	2.25	后备母猪料
23	94	2.30	后备母猪料
24	99	2.35	后备母猪料
25	103	2.40	后备母猪料
26	108	2.45	后备母猪料
27	113	2.50	后备母猪料
28	117	2.55	后备母猪料
29	122	2.60	后备母猪料
30	126	2.60	后备母猪料
31	131	3.00～3.50	催情补饲料

表3-6　后备母猪的简易饲喂方案

体重阶段	饲料品种	饲喂量
50千克前	保育猪料	自由采食
50～75千克	育肥肉猪料	自由采食
75千克～配种前10天	后备母猪料	2.20～2.60千克
配种前7～10天	催情补饲料	3.00～3.50千克

7.后备母猪培育工作检查记录

可根据表3-7后备母猪培育工作检查表进行打分，找出不足之处，从而不断改进和完善猪的生产管理。

表3-7　后备母猪培育工作检查表

项目	检查内容	检查标准	检查结果	
			评分	描述
现场检查	隔离驯化（10）	同批后备单栋隔离饲养45天以上才可并群饲养；进隔离舍先保健一周后开始免疫、两周后由轻到重开展驯化措施		
	分群饲养（10）	后备猪按相近月龄、体重、品种分栏饲养；瘦弱猪分开饲养或及时淘汰；栏舍内后备猪均匀度良好		
	喂料饮水（10）	严格执行喂料计划，饮水清洁充足，后备母猪长速、膘情适中		
	防疫保健（10）	严格执行防疫保健计划和消毒程序，记录齐全，猪群健康状况毛色良好、体表无疥螨		
	卫生（10）	按要求每天及时清扫、清粪，卫生良好、无蛛网、料槽清洁（照片）；劳动工具每天及时清洗、停放有序		
	现场记录表（10）	后备舍工作日记、后备喂料免疫计划等记录表格规范、及时、真实、完整填写，保持整洁		
内控措施检查	防疫保健记录（5）	后备舍工作日记、防疫保健计划的记录内容与场部免疫保健记录等、药库出库记录一致，与免疫监测报告结果吻合		
	喂料程序（5）	后备舍工作日记与喂料计划、统计发料日报一致		
	备案（5）	现场执行的喂料免疫计划与在场部备案的一致		
	查情记录（15）	后备查情诱情记录与配种员配种记录一致，后备培育成功率达标（90%以上）		
	场内后备检查记录（10）	场领导至少每周系统检查一次后备培育工作，有详细检查记录（包括周会、月会相关记录）		
总评得分：		总体描述：		
检查总结	可推广分享的后备培育措施与建议：			
	存在的主要不足与改进要求：			

检查人：　　　　　配种员：　　　　　场长：　　　　　检查日期：

二、空怀母猪和妊娠母猪的饲养管理

目标是产仔数最多化和仔猪初生体重最大化，预防流产，降低母猪产木乃伊胎、死胎的数量。关键控制点是配种时的饲养，妊娠后期攻胎。主推技术是阶段精细饲养技术，高产的母猪需要在妊娠期细心地控制体重和背膘变化，使母猪在哺乳期有高的采食量和最小的体重损失，缩短断奶到再次配种的间隔时间。妊娠期过量饲喂会导致哺乳期食欲减退。结果会使母体组织、脂肪和瘦肉损失增加。

1.营养

高营养水平有助于母猪产生尽可能多的健康卵子。断奶至发情这一阶段宜短期优饲催情，即保持饲料品质不变、保持饲料喂量不变，为每天3.5千克哺乳料。新母猪在第一次哺乳后，体况差的母猪断奶后饲养应是自由采食，湿拌料有助于增加采食量。有条件的场，每天投喂一定量的青绿饲料，如胡萝卜，没条件的场在饲料配制时额外添加维生素，满足母猪在繁殖期对维生素、微量元素的需要。例如，饲粮中缺乏胡萝卜素时，母猪性周期失常，不发情或流产多；长期缺乏钙、磷时，母猪不易受胎，产仔数减少；缺锰时，母猪不发情或发情微弱等。因此，充分满足维生素、矿物质、微量元素的需要，对其发情排卵有良好的促进作用。在配种前注射多种维生素（维生素A、维生素D、维生素E）对母猪有利。在断奶到配种期间母猪有问题的猪场，可在断奶前7天到配种时每天供给200克葡萄糖。

2.日喂量

所有母猪配种后按配种时间（周次）在妊娠定位栏编组排列。从断奶到配种、妊娠，各阶段按推荐标准饲喂。不喂发霉变质饲料，防止中毒；减少应激，防流保胎。对初胎母猪应注意怀孕中后期适当控料以防难产。可参照表3-8日喂量推荐表进行饲喂：母猪断奶后至发情配种后2天，保持饲料不变，日喂哺乳母猪料3.0～3.5千克，短期优饲促进母猪发情，提高母猪排卵能力。从配种后3天到妊娠30天，日喂1.8～2.2千克妊娠料，提高母猪着床率。从妊娠31天到妊娠84天，日喂2.0～2.5千克妊娠料，可满足母猪要求。妊娠85～100天日喂3.0～3.5

千克妊娠料，如用哺乳料时，日喂2.8～3.2千克；妊娠101～110天日喂3.5～4.0千克妊娠料，如用哺乳料时日喂3.2～3.5千克，防止胎儿的生长分解母体储存的能量和防止木乃伊胎的生成。111天后减为日喂2.0千克妊娠料到分娩，如用哺乳料时日喂1.8千克，以防止妊娠延长，将死胎数降到最低，也可减少乳腺炎、子宫炎、无乳综合征。

表3-8　日喂量推荐表　　　　　单位：千克/（天·头）

阶段	料别	
	妊娠料	哺乳料
断奶～配种后2天		3.0～3.5
妊娠3～30天	1.8～2.2	
妊娠31～84天	2.0～2.5	
妊娠85～100天	3.0～3.5	2.8～3.2
妊娠101～110天	3.5～4.0	3.2～3.5
妊娠111天～分娩	2.0	1.8

3.体况

建议根据母猪体况调整日粮饲喂量。断奶母猪膘情控制在3分，不低于2.5分。重胎期母猪的膘情控制在4分，不超过4.5分。此阶段技术的关键控制点：适时控料（图3-14）。

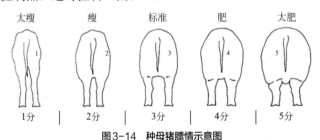

图3-14　种母猪膘情示意图

过瘦：明显露出臀部和背部骨。
稍瘦：不用力压很容易摸到臀部骨和背部骨。
良好：用力压才能摸到臀部骨和背部骨。
稍肥：摸不到臀部骨和背部骨。

过肥：臀部骨和背部骨深深地被覆盖。

4.充足饮水

妊娠期应保证供应充足的水。要保证饮水质量，当饮水中出现异色、杂质或沉淀时，应清洁水管。栏养用饮水器和食槽时，最好在每次喂料后人工加水，这样剩下的料易被吃掉。母猪多喝水，可减少膀胱炎和子宫炎发生的可能。栏养母猪在阴户上或阴户下发现白色的沉淀物，表明饮水不足。

5.光照

饲养区需要明亮的光照，至少350勒克斯，建议使用白色荧光灯。灯光需要照到母猪的眼部，延长照明时间，每天最多16小时光照，后备母猪可以14小时。

6.规范饲养管理

（1）断奶后饲养管理　目的是缩短断奶至再次配种的间隔时间，提高配种受胎率。

（2）分群　母猪在断奶之前，在产房把1胎、2胎和高胎龄（8胎以上）母猪做好记号，断奶时按大小、膘情分列，特别是群养时。有条件的场，最好把断奶母猪赶入运动场运动半天，保证充足饮水。发现有肢蹄病、不能混群与运动的母猪要求单独饲养并护理治疗。有计划地逐步淘汰8胎以上或生产性能低的母猪，确定淘汰猪最好在母猪断奶时进行。

（3）缩短断奶至再次配种的间隔时间　妊娠到哺乳的管理对母猪从断奶到再次配种的间隔时间有主要影响。母猪从断奶到再次配种的间隔是一个重要的过程，不但影响分娩率也影响产仔数。此阶段技术的关键控制点：断奶到配种的高采食量能减少断奶到配种的间隔时间，可以增加排卵数，增加怀孕率。特别是初产母猪。取得成功的关键是饲料不变，喂量不变。

（4）性刺激　有效刺激发情的方法是及时地与成熟公猪接触，看、听、闻就会产生很稳定的发情反应。此阶段技术的关键控制点：母猪与公猪直接接触。

7.妊娠早、中期的管理

目标是保护胚胎着床和成活率，调节母猪膘情，防止母猪早期流产。

（1）原栏饲养　配完种，母猪应尽保持安静和舒适。母猪最后一次配种结束，应立即赶到原栏内。减少应激反应，不然会导致早期胚胎吸收或流产。此阶段技术的关键控制点：母猪配种后7～30天不要赶动和再次混群。

（2）群养　相对而言，大栏饲养（4～6头）优于定位栏饲养。群养时，应把刚配完种的母猪放在一起组成新群，母猪间适当的追赶、爬跨活动能促进发情。但大栏饲养密度不宜过大，否则造成拥挤且打斗频繁，不利于发情。群养可增加性刺激，但可能造成伤害。要有足够的空间。群养系统还应遵循：最小饲养空间不少于2平方米/头。分群在断奶时依据母猪的体形和体况进行。尽可能提供有避难所的混合处。把一个成熟母猪与断奶母猪圈在一起1～2天，有助于合群。

（3）日喂量　配种后立即减少饲喂量，即在配后的3～30天阶段，每头母猪每天平均饲喂量为1.8～2.2千克，但从此时起还要注意母猪的体况。

视频1
母猪背膘测定

（4）膘情控制　每周对保胎舍的怀孕母猪进行一次膘情评估，记录并标记过胖和过瘦的母猪（过胖减料使用绿色，过瘦加料使用红色标记物）；并调节母猪饲喂量，如人工饲喂时，应告知饲养员进行调节。断奶母猪膘情控制在3分，不低于2.5分，不高于3.5分。具体方法可参考"视频1　母猪背膘测定"。

（5）妊娠诊断　在配后23～28天，用B型超声波进行妊娠检查，40～45天之间，做第二次诊断，看两次是否都呈阳性。

（6）及时淘汰　如果两次妊娠检查都是阴性，即为空怀母猪，最好是立即淘汰；那些流产的母猪，最好也淘汰，如果要继续重配，要在发现后14天群养，注射PG600（合成激素），7天后不发情的就要淘汰。在返情前，有些母猪子宫或阴道有炎症，应注射抗生素并要特殊照顾；如果分泌物是化脓的、难闻的，应予以淘汰。经产母猪二次返情就要予以淘汰，头胎母猪三次返情也要予以淘汰，当然这个评判标准是建立在熟练的配种技术和猪群健康基础上的。

8.妊娠后期的饲养管理

目标是降低木乃伊胎、死胎的产生，提高初生头重。

（1）日喂量 适当增加妊娠后期母猪的日饲喂量和饲料能量水平；因为胎儿体重的2/3是在这一阶段获得的，但也不能使母猪过肥。怀孕85天后，需要逐步增加饲喂量。怀孕85～100天日喂3.0～3.5千克妊娠料，如用哺乳期料时，日喂2.8～3.2千克。怀孕101～110天日喂3.5～4.0千克，如用哺乳期料时，日喂3.2～3.5千克，防止胎儿的生长分解母体储存的能量和防止木乃伊胎的生成。111天后减为日喂2.0千克妊娠料到分娩，如用哺乳期料时，日喂1.8千克，以防止妊娠延长，将死胎数降到最低。此阶段技术的关键控制点是攻胎，即后期增加饲料喂量。

（2）膘情控制 每周对妊娠后期母猪进行一次膘情评估，记录并标记过胖和过瘦的母猪（过胖减料使用绿色标记物，过瘦加料使用红色标记物）；并调节母猪饲喂量，如人工饲喂时，应告知饲养员进行调节。重胎期母猪的膘情控制在4分，不超过4.5分。

（3）减少应激 尽可能减少应激，特别是剧烈响声刺激和无目的的猪只调动，以防止早产及胎儿死亡。

（4）防暑降温 夏天防暑，冬天防寒。特别要注意在夏季的防暑降温工作，因为高温会导致初生仔猪体重减小，母猪产后恢复不好及无乳，甚至使母猪热应激而死亡。定位栏、水泥条、水泥地坪上的母猪，温度应保持在20℃；有稻草等垫料上的母猪，温度不低于15℃。

（5）卫生防疫 预防烈性传染病的发生，预防中暑，防止机械性流产。按《免疫程序》做好各种疫苗的免疫接种工作，免疫前后注意防应激。免疫注射在喂料后或天气凉爽时进行；做好《怀孕母猪免疫清单》记录工作。全场生产母猪每个月进行一次药物保健，每季度进行一次体内外驱虫。妊娠母猪临产前3～7天转入产房，转猪前彻底做好体外驱虫工作，同时要彻底消毒猪身，注意其双腿下方和腹部等部位；赶猪过程要有耐心，不得粗暴对待母猪；妊娠母猪转出后，原栏要彻底消毒。充足的清洁饮水，加强舍内卫生、湿度的控制。湿度过大易导致发情母猪子宫炎症，及时清理猪粪，粪便应提倡以铲、扫为主。定期清洗料槽，清洗时专人负责看猪，防止猪只吃入污物。

9.相关记录

（1）妊娠舍检查记录表　可根据表3-9进行打分，找出不足之处，加以改进。

表3-9　妊娠母猪工作检查表

项目	检查内容	检查标准	检查结果	
			评分	描述
现场检查	喂料饮水（20）	严格执行喂料计划，轻重胎区分有序排列，有膘情调控措施，妊娠母猪长速、膘情适中；饮水清洁及时充足		
	防疫保健（15）	严格执行防疫保健计划和消毒程序，记录齐全，猪群健康状况良好、毛色良好、体表无疥螨		
	卫生（10）	按要求每天及时清扫、清粪，卫生良好，无蛛网，料槽清洁；劳动工具每天及时清洗、停放有序		
	现场记录表（10）	妊娠舍工作日记、妊娠母猪喂料免疫计划、妊检工作记录等记录表格的填写规范、及时、真实、完整，保持整洁		
内控措施检查	防疫保健记录（5）	妊娠舍工作日记、防疫保健计划的记录内容与场部免疫保健记录、药库出库记录等一致，与免疫监测报告结果吻合		
	喂料程序（5）	妊娠舍工作日记与喂料计划、统计发料日报一致		
	备案（5）	现场执行的喂料免疫计划与在场部备案的一致		
	测孕记录（15）	按流程每周2次对配后母猪测孕并记录和处理，与配种员的妊检结果登记表、配种记录表一致		
	场内妊娠舍检查记录（15）	场领导至少每周系统检查一次妊娠舍工作，有详细检查记录（包括周会、月会相关记录）		
总评得分：	总体描述：			
检查总结	可推广分享的妊娠舍管理措施与建议：			
	存在的主要不足与改进要求：			

检查人：　　　　配种员：　　　　场长：　　　　检查日期：

（2）种猪死亡淘汰情况周报表 可根据表3-10进行打分，找出不足之处，加以改进。

表3-10 种猪死亡淘汰情况周报表

棚舍_____

死淘日期	耳号	品种	♂/♀	死亡原因	淘汰原因	去向

（3）怀孕母猪免疫清单 根据表3-11填写免疫清单，有利于疾病防控的追根溯源。

表3-11 怀孕母猪免疫清单

时间	免疫头数		母猪耳号	疫苗名称	剂量/头份	疫苗来源	批号	规格
	计划数	实免数						

三、哺乳母猪和哺乳仔猪的饲养管理

目标是哺乳仔猪育成率95%以上，断奶仔猪均匀度一致。关键控制点是接产护理，仔猪增温保暖。主推技术是产床增暖保温技术，保持哺乳仔猪健康的优先程序。

1.产床增暖保温技术

新生仔猪自身体温调节能力及保温能力较差，体脂仅占体重和体能储备的1%，体能储备的80%为储存在肝脏及肌肉中的糖原，且只有在怀孕的最后20天才能储备。要满足新生仔猪对较高环境温度的要求（即最低临界温度为34℃），同时也应考虑产仔母猪的临界温度，即15～20℃（图3-15）。新生仔猪第1周保温箱温度不低于35℃，以后每周下降2℃。注意昼夜温差不超过5℃。由此产生的技术关键点为：在靠近仔猪出生的位置使用加热灯，可以改善新生仔猪的环境条件。具体方法可见"视频2　仔猪如何保温"。产后24～48小时，仔猪会本能地靠近母猪乳房，因此在母猪的一侧给以加热灯和垫草会很有用。通过为仔猪提供垫草及保温灯，可使保温箱达到34℃。在实心地面，采用高质量的木屑及柔和的垫草是最合适的，而在漏缝地板则推荐使用碎纸屑。足够的垫草厚度对于防止仔猪与地面的热传导是必要的。当气温高于30℃或低于20℃时，开始采取降温或保温措施。

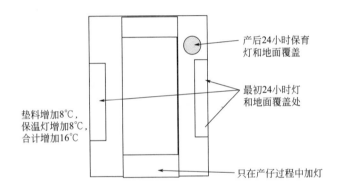

图3-15　仔猪区加热安排（产床18℃，保温箱和产仔区34℃）

　　仔猪保温调教非常重要。产仔期间较高的产房温度会使仔猪喜欢分散睡卧，或紧挨母猪睡觉。当所有母猪产仔后就要降低整个房间的温度，同时又要维持仔猪保温区的温度，可用垫草来创造一个更有吸引力的保温区来解决这个问题。然而尽管采取这些措施，仔猪仍有一个很强烈的倾向，即紧挨母猪躺卧，而存在被压死的危险。所以，在两次吮乳的间隔时间内，饲养员要对仔猪进行保温调教，及时将吃好奶水的仔猪赶入保温区，这是一个非常有效的管理方法，并要持续调教直到仔猪喜欢躺在保温区（保温箱）内。

2.保持哺乳仔猪健康的优先程序

　　对正在产仔的母猪进行监护很重要，以便在母猪发生问题时给予适当的帮助。在此关键时期的产仔护理，可明显降低死胎数及哺乳期仔猪的死亡。助产将确保多数母猪正常分娩，但只是一种简单的管理措施，只有在对分娩母猪精心管理时，才可作为降低仔猪死亡率的一种辅助手段。产仔时第一头与第二头之间有较长的间隔是很正常的（可长达2小时），但以后的产仔间隔若超过20分钟，则要进行仔细的检查，产道已开张但收缩无力时可使用催产素。检查记作死胎的仔猪是否确实是死胎；参照每头母猪的记录来确认处于危险状况的母猪；检查胎次，看造成死胎的主要原因是否为母猪群的年龄结构所致；确保产仔间的适宜环境——适宜的温度，舒适的分娩栏，无外界干扰；移走母猪可触及范围内的所有仔猪；安静地监督产仔、定期检查产仔过程。但在检查时要特别注意卫生——使用橡胶手套、产科润滑剂并根据兽医建议使用抗生素；小剂量（0.5毫升）的重复使用催产素比一次性的大剂量使用更好。分娩过程中，仔猪损失很多能量。出生晚的仔猪可能因缺氧而只有较低的能量储备。初乳可为仔猪提供抵抗农场现有病原微生物的抗体，也可为仔猪提供能量。因此，仔猪的存活很大程度上取决于仔猪消耗多少能量来及时寻找到乳头、吸食初乳的速度等因素，采取措施缩短产仔时间才可有效地提高初生仔猪活力，为保证哺乳仔猪的健康，要遵循以下管理程序：尽可能在母猪分娩仔猪时，有人在现场进行护理接产；及时保温（产仔区、保温箱温度34℃），防止新生仔猪受风寒的侵袭，如低温、穿堂风、贼风；用7%的碘酊液消毒仔猪脐带断口；仔猪出生后尽可能地剪掉犬齿，但要避免剪伤牙龈；及时吃足初乳；为防止仔猪贫血，对出生后3～4天的仔猪注射铁制剂；尽早阉割仔公猪，时间在3日龄～2周龄内，减少应激和其他可能的刺激。

3.规范生产管理

（1）产仔前的母猪管理　准确的配种记录对于良好的产仔管理是很重要的，有助于饲养员在适当的时候采取正确的措施。日常管理中，应按时间顺序考虑以下措施：重胎母猪产仔前20～30天应接种传染性胃肠炎、大肠杆菌等疫苗，以便提高初乳的抗体水平。怀孕第90～110天，妊娠母猪的采食量应增加到3.0～3.5千克，以避免胎儿的快速生长会分解母体的钙储存。怀孕第110天至产仔，应逐渐减少日粮至1.8～2.0千克，以缩短产仔时间，避免子宫炎、乳腺炎、无乳综合征的发生，减少死胎头数。母猪可能会感染蚧螨或肠道寄生虫，所以在产仔前7～10天，应对母猪进行体表用药、注射用药或饲料投药。母猪在转群至产房前应彻底清洗消毒，以便除去身上的粪便及虫卵。接收产仔母猪前，产房应彻底清洁消毒、保持干燥，并空置一段时间。断奶后应对产房采用高压冲洗并消毒。强烈推荐采用全进全出制，并采用正确的清扫及干燥程序。怀孕第108～110天时应将妊娠母猪轻柔地转至产房。尤其是首次经历产仔的初产母猪需一定的时间去适应新的环境。此外需强调的是：产房饲养员要非常准确地把握好产仔前母猪的低水平饲喂量。产仔前5～7天的理想室温为18～20℃，临产母猪还应避免热应激、贪食和嗜睡。母猪在18℃的室温产仔所遭遇的热应激较小，产仔较快，死胎较少。

（2）减少死胎　分娩是一个极具损伤的过程。分娩过程的迅速及顺利与否直接影响仔猪存活能力，每胎死胎、木乃伊胎占7%～8%，缺氧是造成死胎的主要原因。减少死胎采取措施的关键控制点是检查死胎。死胎的蹄端有完整的、像靴子一样的凝胶，对正在产仔的母猪进行检查很重要，以给予适当的助产。仔细检查产仔间隔时间。产第一头仔猪与第二头仔猪之间有一个较长的时间间隔时是很正常的（可长达2小时），但若以后的产仔间隔超过20分钟，应及时助产。

（3）提高仔猪成活率　新生仔猪自身体温调节能力及保温能力较差，体脂仅占体重和体能储备的1%，体能储备的80%为储存在肝脏及肌肉中的糖原，且只有在怀孕的最后20天才能储备。尽管50%的死亡发生在产后2～3天以内，但出生后最初几小时内的状况会关联到以后的死亡。仔猪的存活很大程度上取决于以下几个方面：分娩过程中，仔猪损失多少能量。出生晚的仔猪可能因缺氧而具有较低的能量储备。仔猪消耗了多少能量来寻找乳头。吸食初乳的速度有多快，初乳可为仔猪提供抵抗肠内现有病原微生物的抗体，也可为仔猪提供能量。新生仔猪对环境温度的要求较高，即最低临界温度为34℃，同时也应考虑产仔母猪的临界温度，即15～20℃。通过改进管理来避免新生仔猪过低的体温就必须在出生后30分钟内采取措施，可以通过使用保温灯、保温板、舒适的垫草改善分娩栏的环境条件。由此而产生的几个技术关键点：在靠近仔猪出生的位置使用加热灯，可以改善新生仔猪的环境条件。产后24～48小时，仔猪会本能地靠近母猪乳房，因此在母猪的一侧给以加热灯和垫草会很有用。通过为仔猪提供垫草及保温灯，可使保温箱达到较高的温度（34℃）。在实心地面，采用高质量的木屑及柔和的垫草是最合适的，而在漏缝地板则推荐使用碎纸屑。足够的垫草厚度对于防止仔猪与地面的热传导是必要的。不同系统的产仔舍建议温度参照表3-12。

表3-12 产仔舍建议的温度 单位：℃

生产阶段	消化能摄入量/兆焦	隔热地板系统			条板系统		
		LCT	UCT	建议	LCT	UCT	建议
产前5天～产仔	25	18	32	20	20	33	20
产后1～2天	35～42	14～18	29～32	20	17～20	30～33	20
产后3～7天	42～63	9～14	26～29	18	12～17	28～30	18
产后8～14天	70～112	7～9	20～25	18	4～10	22～27	16
产后14～25天	115～130	3～8	16～20	16	1～4	20～22	16

注：LCT表示最低临界温度；UCT表示最高临界温度。

4.接产管理

（1）吃足初乳 饲养员的任务就是确保新生仔猪迅速从胎衣中脱出、擦干并放到母猪乳房旁边吸食初乳。较大的仔猪和先出生的仔猪通常需要帮助才能寻找到奶头，并吃到至少50毫升的初乳。饲养员要帮助将奶头塞入到弱小仔猪嘴中并叼住，以提高这些弱小但有潜在价值的仔猪的存活率。固定原则是弱小仔猪固定在前面的奶头，强壮的仔猪固定到后面的奶头。仔猪一旦固定奶头后，一直到断奶前都不会再更换。这样有利于母猪泌乳，保证仔猪的发育能够均衡。分批吮乳技术在仔猪出生后2～3天内也值得使用。分批吮乳技术关键点：每批让5～7头仔猪每天多次、每次间隔约2小时接近母猪乳房，其余仔猪待在安全温暖的保温箱等待吮乳。

（2）断脐带 每头仔猪断脐带时应在离腹部约2厘米处钝性剪断，伤口碘酒消毒，剩下部分的脐带在康复后会自然脱落，具体操作参考"视频3 仔猪断脐带"。

（3）剪牙 剪牙通常在第一天做，钳掉犬齿可防

视频3
仔猪断脐带

视频4
仔猪剪牙

视频5
仔猪打耳号及断尾

止仔猪伤害母猪乳头或吮乳争抢时伤害同窝仔猪。应小心剪牙，尽可能接近牙床表面剪断，切勿伤及牙龈，一旦伤害牙床，不仅妨碍仔猪吮乳，而且受伤的牙床将成为潜在的感染点，具体操作参考"视频4　仔猪剪牙"。同样将碎牙小粒留在牙床会增加创面的感染和脓肿区域。

（4）打耳号及断尾　仔猪出生1～3天内要打耳号，给每只仔猪进行编号，方便记录仔猪的血缘关系、生产性能和疫苗防疫情况等。方法：用耳号钳在猪的左右耳朵的不同部位打上缺口，每一个缺口代表一个数据，把所有数据合起来，即是该猪的耳号（图3-16）。按固定长度剪尾以减少保育和生长阶段的咬尾事件。所有新生仔猪的猪尾一般预留大约2个手指的宽度，断尾处应用碘酒消毒（图3-17）。具体操作参考"视频5　仔猪打耳号及断尾"。

图3-16　仔猪打耳号

图3-17　仔猪断尾

（5）铁补剂　有稳定健康状况的猪场在第3～5天内进行补铁肯定会获得良好的效果。通常在颈部松弛皮肤处补1～2毫升的葡聚糖铁针剂。出生时就补铁会对仔猪产生负面影响，因为仔猪会产生严重的应激。

（6）仔猪寄养　营养不良和饥饿是仔猪死亡的主要原因。但在分析仔猪的死亡原因时，往往将其归结为母猪压死所致。将仔猪寄养给合适的母猪，对于减少营养不良和饥饿问题是非常有效的技术。需要寄养的主要原因：仔猪数量多于母猪的有效乳头数；同窝仔猪个体参差不齐；

母猪终止泌乳。本技术成功的关键控制原则：确保所有被寄养的仔猪已吸吮足够的初乳。这对将仔猪寄养给产后1～3天的母猪尤为重要。及时寄养，不要让仔猪在寄养前的状况恶化。寄养要有利于窝中最弱小的仔猪。假如弱小仔猪能在自己母亲那里生长得更好，那么强壮的仔猪应被寄养。若寄养给刚产一窝仔猪头数不多的母猪，弱小的仔猪会有更好的生存机会，那么可寄养弱小仔猪。根据仔猪能吮吸的母猪的有效乳头数来确定母猪的抚养能力。观察吮乳行为，确定哪些仔猪没有固定奶头，哪些仔猪的状况可能会恶化，仔猪应从寄养中受益。通过交叉寄养可减少一窝仔猪的出生重差异，提高弱小仔猪的存活率和生长速度。"调配寄养"可在有过多孤儿仔猪时采用，但取决于猪场的健康状况。越来越多的猪场不会在产房间转移仔猪，并将寄养限制在产后24小时内。营养不良的仔猪应被寄养到最近产仔的母猪，同样也要考虑健康状况。

（7）去势 若必须去势时，最好在3～14日龄去势，因为这时仔猪发育良好，能经受这种伤害，并且睾丸还没有大到使手术很费力的程度（图3-18）。有疝气的动物不要去势，因肠子通常会暴露出来。去势时的卫生条件非常重要。因为所有这些程序对于仔猪的健康都有潜在威胁，因此应严格消毒，刀片应锋利且时常更换。具体操作参考"视频6 仔猪去势"。

视频6
仔猪去势

图3-18 仔猪去势

5.适宜的环境

产仔舍的环境管理对母猪和仔猪的生产性能都有重要影响。在舍温高时，母猪采食量减少，背膘下降，且体重下降，从而导致仔猪死亡率升高、断奶体重减小。

（1）通风　哺乳母猪所要求的最低通风率为40平方米/小时，最大通风率为220平方米/小时。

视频7
圈舍消毒

（2）照明　应尽可能使用日光，要提供至少50勒克斯的光照。推荐在白天无论是自然光还是人造光都应保证能清楚地看到猪只，以便进行近距离的猪只检查和清洁程序。若使用保温灯，能提供猪只进行正常生理活动的光线。

（3）保持圈舍清洁　圈舍要保持清洁、干燥，要定期进行消毒，具体操作参考"视频7　圈舍消毒"。

6.哺乳期的饲养

目的是保证母猪整个哺乳期有充足的奶水。

（1）饲喂原则　正确的饲喂计划不是靠妊娠期的多喂来弥补哺乳期的身体损耗。在哺乳期，头两胎的饲喂最为关键，此时母猪的生长和维持需求很大，对母猪的繁育年限有决定作用。如果哺乳期采食不足或营养浓度不足，会使背膘和体重减少，影响母猪下一胎次的产仔性能。哺乳期的饲喂原则应遵循以产仔数为基础的泌乳曲线。母猪的泌乳曲线表明：从产仔到哺乳10～12天，母猪的泌乳量会逐渐增多，18～22天时达到高峰。就此，哺乳母猪的饲喂计划应是"前控中加后减"的原则，每天应分3～4次提供干净的、新鲜的饲料。哺乳期母猪的饲喂见表3-13。

表3-13　哺乳期母猪的日喂量（推荐28天断奶）　　单位：千克

周期	周一	周二	周三	周四	周五	周六	周日
第一周	1.0	2.0	3.0	4.0	5.0	6.0	7.0
第二周	7.0	7.0	7.0	≥7.0	≥7.0	≥7.0	≥7.0
第三周	≥7.0	≥7.0	≥7.0	≥7.0	≥7.0	≥7.0	≥7.0
第四周	≥7.0	7.0	7.0	6.5	5.5	4.5	3.5

（2）充足饮水　哺乳期使母猪最大化采食的关键是水。产仔时母猪损失了很多体液，即使它不饥饿但还是要饮用大量的水，因为这样会刺

激母猪采食大量的水而提高采食量。不幸的是，许多单位没有这样做，而且在整个哺乳期如果水的供应不足，这样将对泌乳、断奶重和母猪断奶体况产生有害影响。本技术的关键控制点：饮水器的流量至少是1升/分钟。即使安装了饮水器，还应在母猪食槽中加入大量的水，适度地刺激母猪站起，并喝上所需的水。

7. 对产仔母猪和仔猪的观察

产后3天内每天应多观察几次，以后每天也要观察并注意以下症状：母猪乳房是否有肿块、坚硬？母猪是否发生便秘？是否有不正常的阴道恶露排出（产后3～4天有恶露属正常的）？母猪是否不舒服、以腹部躺卧？母猪身躯、躺卧区是否有污水粪便？母猪是否凶狠，不放奶水或咬仔猪？母猪体温是否正常，有无高热、气喘等？仔猪是否饥饿，奶水吃到没有？仔猪肤色红润还是苍白？仔猪粪便是否正常，有没有腹泻现象？仔猪体表是否有机械损伤或其他的感染？针对以上问题应作出相应处理。早期检查和有效处理都是必需的。

8. 产房饲养管理检查记录表

根据表3-14进行打分，找出不足之处，加以改进和完善产房饲养管理的过程。

表3-14 产房饲养管理检查记录表

项目	检查内容	检查标准	检查结果	
			评分	描述
现场检查	母猪喂料（15）	有效执行产房母猪喂料程序（减、加、稳、敞），仔猪无黄白痢、母猪无过瘦现象；每次喂料后1.5～2小时清理料槽，余料供食欲旺盛的母猪，无霉变、无浪费		
	仔猪教槽（10）	仔猪7日龄内开始教槽，少加勤添，每天加料前清理料槽，确保饲料新鲜		
	接产（5）	产前做好工具和产床消毒、修剪指甲、保暖干燥物资准备，产中按接产流程操作，产后做好母仔护理，杜绝母猪分娩时无人接产看护		

续表

项目	检查内容	检查标准	检查结果	
			评分	描述
现场检查	卫生（10）	及时清扫清粪，猪舍无蛛网、产床猪体无积粪、料槽清洁，工具物资整理有序		
	消毒（10）	工具、器械用前消毒，人员手脚进舍前消毒；产房产床按流程做好上猪前消毒干燥、上母猪当天带猪消毒、产前产床消毒、产后每周两次温水配药消毒		
	抽查（10）	清点1～2棚猪头数，核对报表数据		
	现场记录表（10）	工作日记、批次免疫保健跟踪卡等记录规范、及时、真实、完整、整洁		
	防疫保健（10）	严格执行防疫保健计划，母猪产后护理措施执行良好，调养、阉割及时，猪群健康状况毛色良好、体表无疥螨		
内控措施检查	防疫保健记录（5）	产房工作日记、批次跟踪表与场部免疫保健计划、药库出库记录、免疫保健记录以及在场部备案的一致		
	喂料记录（5）	产房工作日记与喂料程序、统计发料日报、批次分析表一致		
	场内检查记录（10）	场领导至少每周系统检查一次产房工作，有详细检查记录（包括周会、月会相关记录）		
总评得分		总体描述：		
检查总结		可推广分享的产房管理措施与建议：		
		存在的主要不足与改进要求：		

检查人：　　　　技术员：　　　　场长：　　　　检查日期：

9.产仔舍生产管理流程（图3-19）

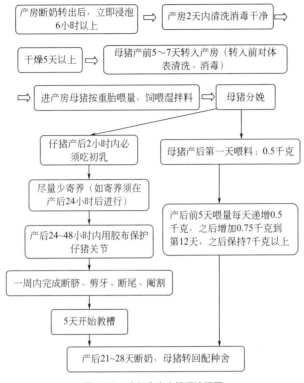

图3-19 产仔舍生产管理流程图

四、保育仔猪的饲养管理

目标是保育仔猪育成率95%以上，保育仔猪均匀度一致。关键控制点是少喂勤添，控制环境温度和有害气体浓度。主推技术是少喂勤添、逐步换料技术。断奶后，猪一般都体虚、脱水，分群后，许多猪会睡上几小时，然后才变得较活跃。用浅的饲料盘装水，对刚断奶的仔猪很有好处。工人要利用仔猪转入这个机会教仔猪找料、找水，最好是在转猪当天。断奶后5～6天内实行少喂多餐（一昼夜喂6～8次），在猪晚上睡觉前多喂几次料，每次少量。断奶后1～2周内继续喂饲仔猪前期料，待仔猪适应环境后逐渐改为仔猪后期料，过渡时按饲喂量的1/3逐步替换，每次替换过渡2天，一周内换完。技术目标是让断奶仔猪平稳度过断奶期并保持稳定的生长速度且死亡率很低。本技术操作的关键点是逐步适应换料过渡（5～7天过渡完成）；按猪日龄确定日喂次数，吃饱但不浪费，槽内无剩料。同一批猪中，大猪早点换料，小猪延时换料，提高均匀度。可参照表3-15。

表3-15　建议饲喂模式

体重	每天饲喂次数/（次/天）	建议料型
≤10千克	8次/天	粥料
10～20千克	6次/天	湿拌料
≥20千克	4次/天	颗粒料

1.规范生产管理

（1）分群与装栏　视一次断奶仔猪数量和保育栏的尺寸面积与数量，可按日龄或体重分群，建议以性别和体重分群，具体操作参考"视频8　仔猪断奶"和"视频9　仔猪转群"。弱小仔猪应放在屋内最暖的特殊栏内，并给予特殊照顾，留一个或几个栏作为弱、病猪栏。

（2）清洁和消毒　保育舍管理成功的关键是完善的卫生程序。为断奶仔猪提供干净而少菌的环境，有助于减少保育舍猪只被致病性微生物

视频8
仔猪断奶

视频9
仔猪转群

侵袭和感染。假如断奶仔猪断奶时首先面临的是上一批猪所遗留下的致病菌，那么要达到理想的生产性能是非常困难的。当猪圈和猪舍腾空后，应进行彻底的浸泡、冲洗和消毒等程序，包括天花板、风扇、通道的出入口和常用的圈舍设施设备。应仔细清洗料槽和饮水器，由于断奶仔猪必须适应新的饮水方式，因此断奶后的水质是极其重要的。在空栏后应对整个供水系统按产房所推荐的方法进行清洁消毒。清洗和消毒以后，保育舍应在进猪前彻底干燥和空栏。

（3）饲喂次数　哺乳期，猪习惯于少给勤添的饲喂制度，每小时都要吮乳一次。断奶后，由于群体和心理上的影响，猪只不再对生活感到有趣，定期引诱猪只到料槽能有效增加采食量，尽管常常只采食一点

点饲料。同样的，料槽类型对引诱仔猪也非常重要，当其看见或听见其他猪只从料槽中拱出一点饲料时就会受到引诱。突然变换饲料会暂时降低采食量，应逐渐变换饲料使猪只有一个逐渐适应的过程，大多数生产者在变换饲料时采用5～7天的适应期。

（4）料槽　自由采食的料槽会最大限度地减少饲料浪费。新的圆形料槽比长方形料槽更有利于猪只的同时采食和性能的提高。猪只会拱动调节装置来采食从料箱中出来的少量的新鲜饲料，采用圆形料槽会提高采食量。每天必须检查清洁所有料槽，及时清理沾有粪便、尿液的饲料。料槽中的剩余饲料会很快腐烂，因此每天都应该清除这些剩余饲料。同样料槽中的灰尘会使饲料不新鲜而降低采食，因此每天都应及时清理。保育仔猪智能化饲喂器是在原有圆形料槽的基础上，增加电脑控制系统对断奶仔猪进行个体精准饲养管理的新设施。保育仔猪的智能触碰感应下料功能，保证了饲粮的小分量下料，在投放饲料可以同时下水，边吃边下料，下水时间和料的稀稠度可以调节和控制，通过液态饲喂，充分激发仔猪觅食的欲望，帮助断奶仔猪快速渡过断奶难关。同时，在饲喂时段仔猪拱动感应系统，触发开关下料，当料槽内出现剩余饲料时，感应探头感应到信号，系统关闭，饲喂时段内不下料，直到剩余饲料被仔猪吃完，减少饲料浪费。

（5）饮水　保证充足饮水非常重要。在断奶仔猪逐渐适应陌生环境时，饮水不足危害很大。若发现脱水问题（初期临床症状为双眼深陷、耷拉耳朵、嗜睡等），要及时提供更多的饮水，如装满水槽或增加电解质溶液。然后更换饮水器的类型，使之便于使用。饮水器的数量、类型、位置和流量都会影响保育舍猪只的饮水和采食量。饮水器应按下述要求来安装，可参照表3-16。

表3-16　建议的饮水器安装

体重阶段/千克	用水量 /（升/天）	90°角饮水器 安装高度/毫米	45°角饮水器 安装高度/毫米	流速/（升/分钟）
5		275	300	0.5～0.8
7		300	350	0.5～0.8
15		350	450	0.8～1.2
20	1.0	400	500	0.8～1.2
30	3.4	450	550	0.8～1.2

（6）环境控制　断奶仔猪的健康和生产性能取决于适宜的环境。

① 温度。保育舍的温度应尽可能达到理想的设置，进猪后房间温度应快速维持稳定。保育舍的温度范围控制（表3-17）。

表3-17　保育舍适宜的温度

体重阶段/千克	日龄	温度/℃
7	25	26
9	32	24
12	39	22
15	46	21
19	53	21
23	60	21

② 通风率。通风在呼吸疾病的控制中扮演非常重要的角色。因喷嚏、咳嗽引起的易感微尘被其他猪只呼吸后会增加感染的可能性。在有呼吸疾病的猪场，通风率以不引起穿堂风或散热过多为最高水平。通风率的计算方法：最小通风率=0.375立方米/[小时·千克（体重）]，最大通风率=1.900立方米/[小时·千克（体重）]。

（7）长势不良的猪　尽管断奶很仔细，仍然有些猪会在断奶后长势不良。通常体重较轻的仔猪容易出问题，但有时非常强壮的猪也会受到影响。相同日龄的猪其消化系统的发育也不整齐，低水平消化酶的猪常常消化不良，大肠杆菌感染肠道后会降低猪在育成阶段的生产性能。帮助难以适应断奶猪的秘方在于迅速识别和有效治疗。包括观察仔猪的生长、活动、采食和粪便，发现病、弱、僵猪后并入另栏。保育舍中，健康但有不适应征兆的猪应与其他发育不良的猪饲喂在一起。猪在有效治疗的同时，还应提供舒适的地板和保育灯，同时，应饲喂高质量的饲料，饲喂开食料的时间比其他猪长，即饲料的更换应依据体重而不是日龄。湿喂对这些猪有利，补充维生素和铁剂也会有额外的帮助，一旦出现任何问题就用抗生素迅速治疗。

（8）免疫程序　在保育阶段进行的免疫程序应征询兽医的意见，并依据法规、猪群的健康状况和外部威胁来制定免疫程序。

2.保育舍饲养管理检查记录表

根据表3-18进行打分，找出不足之处，改进和完善保育舍饲养管理。

表3-18　保育舍饲养管理检查记录表

项目	检查内容	检查标准	检查结果	
			评分	描述
现场检查	喂料（15）	有效执行喂料计划和流程，及时换料和过渡，猪群膘情良好，无缺料、积料霉变、饲料浪费等现象		
	防疫保健（15）	严格执行防疫保健计划和消毒程序，合理调群，记录齐全，猪群健康状况毛色良好、各栏舍均匀度良好、体表无疥螨		
	卫生（15）	每天及时清扫清粪，卫生良好、无蛛网、料槽清洁、工具物资整理有序（照片）		
	现场记录表（15）	保育舍工作日记、批次免疫保健跟踪卡等记录规范、及时、真实、完整、整洁		
	抽查（10分）	清点1～2棚猪头数，检查有无漏阉割猪只		
内控措施检查	防疫保健记录（10）	保育舍工作日记、免疫保健跟踪卡记录与场部免疫保健计划、药库出库记录、免疫保健记录以及在场部备案的一致；与免疫监测报告结果吻合		
	喂料程序（10）	保育舍工作日记与喂料计划、统计发料日报、批次分析表一致		
	场内检查记录（10）	场领导至少每周系统检查一次保育工作，有详细检查记录（包括周会、月会记录）		
总评得分		总体描述：		
检查总结	可推广分享的保育舍管理措施与建议：			
	存在的主要不足与改进要求：			

检查人：　　　技术员：　　　场长：　　　检查日期：

五、生长育肥猪的饲养管理

目标是生长育肥猪育成率98%，饲料利用率高，生长速度快。关键控制点是关注猪群健康，控制棚舍饲养密度和空气质量。主推技术是分性别饲养技术、水帘风机降温技术。

1. 分性别饲养技术

小母猪和阉公猪相比生长较快，饲料转化率高，而且达到同样体重时胴体瘦肉率较高。小母猪在消耗较少饲料的同时，其赖氨酸的需要量与同样体重的阉割公猪相同。在35～55千克体重阶段，阉割公猪每天大约要多消耗100克饲料，所以如果用相同日粮的百分比来表示赖氨酸需要量，则阉公猪日粮需含0.83%的赖氨酸，而小母猪日粮中需含0.87%的赖氨酸，因此，如果满足了小母猪的营养需要，则阉公猪的营养会过剩；如果满足阉公猪的营养需要，则小母猪的营养会不足。不同性别的猪营养需要量在25千克以后差别很大，因在实际工作中，在不能迟于保育下床时就宜按性别分群，从而避免以后混群时发生应激反应。考虑到提高育成率，在保育条件较好的情况下，在断奶时按性别分群饲养更为理想。分性别饲养管理对提高上市猪的均匀度很有好处。考虑到实际操作中配合饲养品种比较单一，可以在25千克体重以后饲喂中、大猪料时，对小母猪换料的时间相对于阉公猪可推迟7～15天的简单方法来操作。

2. 水帘风机降温技术

当环境处于高温高湿时，猪体热平衡遭到破坏，体温升高，生长停滞，猪只昏迷，严重时发生中暑死亡现象。为了减少夏季高温对生长育肥猪生长性能的影响程度，有必要采取适宜的降温措施。水帘风机降温技术可有效降低猪舍内的温度，提高育成率和生长速度。

水帘风机降温系统由水帘、循环水路、抽风机和温度控制装置组成。在封闭式的猪舍内，一端安装负压风机向外抽风，风机功率的大小根据猪舍的有效面积来定；另一端安装水帘装置，水帘用波纹状纤维黏结而成。水泵将蓄水池中的水送至喷水管，在波纹状的纤维纸表面形成一层薄的水膜，另一端的风机向外抽风使猪舍内形成负压区，当室外的干热空气被风机抽吸穿过湿帘纸时，水膜中的水会吸收空气中的热量后蒸发，带走大量潜热，使经过湿帘纸的空气温度降低，猪舍内的热空气中的热量经风机排出室外，从而达到降温的目的，同时在冷却过程中，清除了室外空气中的粉尘废气、增加进气含氧量，使室内空气更为清新。本技术的关键点：按饲养密度和体积容量合理配置通风量。水帘风机降温系统的风机配置按照通风量的要求配置，通风量的配置方式主要有两种：一种是根据猪舍换气次数计算，夏季的换气次数为1次/分钟或者1次/2分钟；另一种是根据猪的头数和每头猪夏季所需通风量计算，夏季猪的通风需要量为0.6立方米/小时，过帘风速一般取1～2米/秒，湿帘的面积=通风量/过帘风速。水帘风机的距离以不超过50米为宜。

3.规范生产管理

猪只离开保育舍时，已经很健壮，很稳定了，比较容易管理。然而，在30～110千克这一阶段所消耗的饲料占猪只一生所耗饲料的85%，占全部生产成本的60%以上。这时，经营管理和饲养操作中的细微变化都将影响育肥期的育成率，产生极大的经济损失。

（1）全进全出 至少整个房间或整栋建筑实施全进全出，然后再进行彻底的冲洗和消毒。

（2）饲喂 育肥猪的饲喂体系是简易的，不同于先前所述的其他类型的猪。为增加采食量，要求所给饲料应是新鲜、清洁的。对于自由采食的料槽，则应允许猪只每周吃空1～2次料槽以减少陈料的堆积并减少饲料浪费，可提高4%的饲料报酬。另外，还应定期检查、清扫料槽，清空储存罐。

（3）供水 育肥猪也应保证供应新鲜、清洁的饮水，即使饲喂湿料，仍需保证供给充足的饮用水（表3-19）。

表3-19 育肥猪饮水器安装和流速

体重阶段/千克	用水量/（升/天）	90°角饮水器安装高度/毫米	45°角饮水器安装高度/毫米	流速/（升/分钟）
30	3.3	450	550	0.8～1.2
50	5.0	550	650	1.5
100	7.9	700	750	1.5

（4）温度控制　育肥舍的最适室温为18℃，这是一个介于最低临界温度和最高临界温度之间的温度。而在不能保持室温的时候，则须采取措施升温或降温，以避免采食量下降而影响生产。超过最高临界温度时推荐采取使用喷淋系统可以快速降温，以避免降低采食量和生长速度。在一些气候条件类型下及在可准确控制通风换气率的隔热良好的建筑中，冬季和夏季都可以较好地控制室温。

（5）科学通风　育肥舍的通风换气比保育舍更重要，并在呼吸道疾病的控制上起着重要作用。和保育舍相似的简易计算通风率：最小通风率0.375立方米/（小时·千克体重），最大通风率1.900立方米/（小时·千克体重）。猪只很难适应通风模式的经常变化和贼风的影响，气候寒冷时，必须改变冷空气的流动，减少冷空气对猪的影响。为达到比较好的通风效果，入风口的尺寸控制、风扇的控制是必不可少的重要环节。

（6）疫苗接种和日常管理　应在兽医指导下实施疫苗接种程序，并考虑猪群健康状况及外来疾病的威胁。饲养密度适中，1.0～1.2平方米/头，转入后1～3天内，做好吃、睡、拉三角定位调教工作，早、中、晚各一次做好日常定时检查。

（7）保证猪体健康措施　即使在育肥阶段，也有小部分猪会在同栏猪只间处于不利地位。偶尔会发现咬尾及其他受伤的猪，对这些猪需特别护理，有时需单圈饲养。此外，应将体形相似的猪饲喂在同一栏内，以利于这些猪更好地生长。生病的、受伤的猪需给予药物治疗或适时予以处死。许多掉队的猪很难具备应有的生长速度，最好尽早屠宰。技术关键点：对有疾病的猪进行隔离，单独优饲，集中加药。每周两次进行室内外及带猪消毒。定期进行体内外驱虫工作（30千克、50千克体重时各一次）。

病弱猪判定标准：现场进行综合鉴别，有明显瘦弱、腹式呼吸、关节脓肿、脱水、脑炎等，视为无饲养价值的猪；个体重在批次转出均重60%以下体重者，视为无饲养价值的猪；根据健康活力等情况决定是否继续饲养或直接淘汰。

4.育肥舍饲养管理检查记录

根据表3-20进行打分，找出不足之处，改进和完善育肥舍饲养管理。

表3-20 育肥舍饲养管理检查记录表

项目	检查内容	检查标准	检查结果	
			评分	描述
现场检查	喂料（15）	有效执行喂料计划和流程，及时换料和过渡，猪群膘情良好，无缺料、积料霉变、饲料浪费等现象		
	防疫保健（10）	严格执行防疫保健计划和消毒程序，合理调群，记录齐全，猪群健康状况毛色良好、各栏舍均匀度良好、体表无疥螨		
	卫生（10）	每天及时清扫清粪，卫生良好无积粪、无蛛网、料槽清洁、工具物资整理有序		
	栏舍调度（10）	栏舍调度及时有序，合理清群并棚保障栏舍利用效率		
	抽查（10）	清点1～2棚猪头数，检查有无漏阉割猪只		
	现场记录表（10）	育肥舍工作日记、批次免疫保健跟踪卡等记录规范、及时、真实、完整、整洁		
内控措施检查	防疫保健记录（10）	育肥舍工作日记、免疫保健跟踪卡记录与场部免疫保健计划、药库出库记录、免疫保健记录以及在场部备案的一致；与免疫监测报告结果吻合		
	喂料程序（10）	育肥舍工作日记与喂料计划、统计发料日报、批次分析表一致		
	场内检查记录（15）	场领导至少每周系统检查一次保育工作，有详细检查记录（包括周会、月会记录）		
总评得分		总体描述：		
检查总结	可推广分享的保育舍管理措施与建议：			
	存在的主要不足与改进要求：			

检查人： 技术员： 场长： 检查日期：

六、猪场的免疫

1.免疫程序

免疫接种是猪场预防控制猪瘟等疫病最为有效的措施，成功的免疫措施不仅需要合格、有效的疫苗制品，还需要规范的接种操作和科学适用的免疫程序，并建立可追溯的免疫标识和档案管理制度。疫苗应选择有农业农村部兽药批准文号，并由取得生产许可证的企业生产的疫苗。养猪场应根据免疫监测结果，结合当地传染病发生病种及规律和本场的实际情况，制定相应的免疫计划，要合理地安排各种疫苗的免疫间隔时间，不能随心所欲，千篇一律，更不能盲目照搬其他猪场的免疫程序，同时应根据各种疫苗的不同特性、质量、副作用和制苗工艺等，正确选用优质高效疫苗，合理确定各种疫苗的免疫方式和免疫剂量等，以取得最佳的免疫效果。以下推荐的上海规模猪场免疫程序仅供参考（表3-21）。

表3-21 上海规模猪场免疫程序（推荐）

病种	生产公母猪	肉猪	后备公母猪
猪瘟	生产公母猪一年3～4次普免	于35～40日龄首免，60～65日龄二免（也可免疫猪三联苗），如养130千克以上大猪可于140日龄再补免1次	后备公母猪于配种前免疫2次，间隔3周
口蹄疫	生产公母猪一年3次普免	于60日龄、90日龄、130日龄三次免疫	后备公母猪于配种前免疫2次，间隔3周
伪狂犬病	生产公母猪一年3～4次普免	高感染压力场：于1～3日龄滴鼻，55日龄二免，120日龄三免；低感染压力场：35～55日龄免疫1次	后备公母猪于配种前免疫2次，间隔3周
圆环病毒病	生产母猪于产前35～45天免疫；生产公猪一年2次免疫	于14日龄、35日龄两次免疫（国产疫苗）；于21日龄一次免疫（进口疫苗）	后备公母猪于配种前免疫2次，间隔3周

病种	生产公母猪	肉猪	后备公母猪
猪蓝耳病	生产公母猪一年3～4次普免	于14～21日龄免疫一次，也可于4个月后加强免疫一次	后备公母猪于配种前免疫2次，间隔3周
猪病毒性腹泻二联苗	生产母猪产前20～30天免疫；生产公猪每半年免疫1次	可视情况于断奶后7日龄内注射1次	后备公母猪于配种前免疫1～2次
猪气喘病	妊娠母猪产前2周进行免疫接种；生产公猪每半年免疫1次	仔猪于7日龄和21日龄各肌内注射免疫1次（灭活苗）；或于5～12日龄胸腔注射（弱毒苗）	后备公母猪于配种前免疫2次，间隔3周
猪细小病毒	3胎龄内生产母猪于配种前1个月免疫；生产公猪一年2次免疫		后备公母猪于配种前免疫2次，间隔3周
猪乙型脑炎	生产公母猪于3～4月份蚊子出没以前免疫		后备公母猪至180日龄以上免疫1次
猪链球菌病	生产母猪产前4周免疫；生产公猪每半年免疫1次	于30日龄首免，可于45日强化免疫1次	后备公母猪于配种前免疫2次，间隔3周
副猪嗜血杆菌病	生产母猪产前4～5周免疫；生产公猪每半年免疫1次	于2～3周龄首免，隔3周后二免	后备公母猪于配种前免疫2次，间隔3周
猪大肠杆菌疫苗（K88K99）	生产母猪产前3周免疫		

2.猪群免疫接种注意事项

（1）科学制定免疫程序　依据免疫监测结果，综合考虑当地猪的疫病流行情况及严重程度，制订出符合本场具体情况的免疫程序。

（2）选择优质疫苗　要选择通过药品生产质量管理规范（Good Manufacturing Practice of Medical Products，GMP）认证的厂家生产的有批准文号的疫苗，并在当地动物防疫部门或有证的生物制品供应商处购买疫苗。

视频10
仔猪打疫苗

（3）按要求运输、保存疫苗　必须使用装有冰块的疫苗专用运输箱，按要求运输、保存。

（4）免疫接种前无菌处理　将使用的器械（如注射器、针头、稀释疫苗瓶等）认真洗净，高压灭菌。免疫接种人员的指甲应剪短，用消毒液洗手，穿消毒工作服、鞋。具体操作参考"视频10　仔猪打疫苗"。

（5）选择最佳免疫接种时间　宜选择晴好天气，避开暴雨、大风、高温、气候突变等天气，夏季免疫时应避开高温，安排在上午10:00以前完成。此外，应注意相近时间安排注射的疫苗不相互影响效果，如接种猪瘟疫苗应间隔10天以上再注射伪狂犬弱毒苗、猪繁殖与呼吸综合征疫苗。

（6）免疫接种前必须详细阅读使用说明书　了解其用途、用法、用量及注意事项等。

（7）免疫接种过程中避免交叉污染和确保剂量准确　要求做到一猪一针头，针针消毒，严禁用给猪注射过疫苗的针头去吸取疫苗，防止疫苗污染。疫苗稀释后必须在规定时间内用完，最好在不断冷链的情况下4小时内用完。注射剂量要准确，不漏注，不空注，进针要稳，拔针宜速，不宜打"飞针"，确保疫苗液真正足量注入于肌内或皮下。

（8）选用合适的免疫接种方法　常用接种方法有肌内注射和皮下注射，其次是滴鼻和后海穴注射。如对出生3日龄内仔猪免疫预防伪狂犬病时，最好采用滴鼻接种，接种猪传染性胃肠炎和流行性腹泻的疫苗，最好采用后海穴注射。

（9）注射完疫苗后，一切器械与用具都要严格消毒，疫苗瓶集中消毒废弃，以免散毒污染猪场环境。同时做好疫苗空瓶和针头等医疗废物的收集工作，统一处置。

（10）观察接种后的反应　要加强饲养管理，减少应激。遇到应激时，可在饮水中加入抗应激剂，如电解多维、维生素C等，对反应严重的或发生过敏反应的可注射肾上腺素抢救。

（11）接种前后慎用药物　在免疫前后一周，不要用肾上腺皮质酮类等抑制免疫应答的药物或金刚烷胺等抗病毒药。

（12）定期检测与监测　了解本场抗体消长动态，及时微调免疫程序。

第四节　危害猪肉质量安全的关键环节及影响因子

一、危害分析与关键控制点概念

1.危害分析与关键控制点基本概念

HACCP（Hazard Analysis Critical Control Point，危害分析与关键控制点，就是通过识别对食品安全有威胁的特定危害物，并对其采取预防性的控制措施来减少生产有缺陷的食品和服务的风险，从而保证食品的安全。它是一个以预防食品危害为基础的食品安全生产质量控制的保证体系，由食品的危害分类（Hazard Analysis，HA）和关键控制点（Critical Control Point，CCP）两部分组成。

2.HACCP体系组成

HACCP体系由7个基本原理组成（表3-22）。

表3-22　HACCP体系的组成

序号	基本原理	基本内容
1	危害分析（Hazard Analysis，HA）	确定与食品生产有关的潜在危害及其程度，制定具体控制措施
2	确定关键控制点（Critical Control Point，CCP）	找出食品生产加工过程中可被控制的点、步骤或方法
3	确定CCP中的关键限值（Critical Limit，CL）	确定CCP相关的每个预防措施所必须满足的标准、界限

序号	基本原理	基本内容
4	建立每个CCP的监控程序（Monitor）	一系列有计划地测量或观察的实施措施。评估CCP是否可控，做好精确记录
5	建立纠偏措施（Corrective Action）	建立每个CCP相应的纠偏措施，有助于现场纠正偏离，减小或消除潜在危害
6	建立验证程序（Verification）	通过审查、检验，确定HACCP是否按计划正确运行或计划是否需要修改
7	建立记录保存程序（Record Keeping）	做好记录和备案

二、养殖过程危害分析与关键控制点

1.环境污染控制

畜禽养殖业的环境污染源主要包括工业三废、化肥、农药、城市生活垃圾等，通过空气、水源、土壤、农作物、饲料等环节污染畜禽，进而危害人的健康。我国的养猪生产方式主要分为农户散养和规模化养猪2种。农户散养易导致人的生活废弃物与猪的排泄物互相污染；规模化养殖场粪污量大，若没有进行有效的处理，不仅场区环境恶化，也造成了环境污染。环境污染大大增加了猪只应激和疾病的发生率，大量使用治疗药物又造成猪肉产品药物残留超标，影响猪肉产品的安全性。养殖过程关键点控制的措施如下。

（1）正确选择场址　参照第六章第一节猪场的选址。

（2）合理布局　参照第九章第三节"二、生物安全布局规划"。

（3）无害化处理生产废弃物　设置化粪池对粪尿、污水等进行分离且发酵处理；对病死猪、胎衣等进行焚烧或深埋处理，防止传播疾病。参照第九章第三节"四、工艺流程"。

（4）优化生产模式　实行"统一管理，统一供料、统一防疫，分户饲养、独立核算"的生产模式，采取种养结合、自繁自养的全进全出的饲养模式，并按无公害饲养标准对生猪饲养基地的环境水质进行检验。

参照第三章第三节优质猪养殖过程的生产管理。

2.饲料的质量保障

用劣质饲料饲养畜禽会影响畜禽产品的质量及安全卫生，并对人体造成危害。劣质饲料是指制成饲料的原料不良，或饲料配方不合理，或饲料储存不当而变质等。用劣质的如发霉、受到环境污染的原料制成的饲料，或因储存不当而变质的饲料饲喂畜禽，其毒素蓄积残留在畜禽产品中，对人体产生毒害作用。饲料的配方不合理是指饲料中的某些成分缺乏或过多。通过选好饲料这项措施可防止或消除劣质饲料造成的危害或使其降到可接受水平。参照第二章第二节。

（1）饲料的来源保障　选用新鲜的、无污染的、配方合理的优质饲料饲喂畜禽。从有批准文号、有质量保证、管理规范科学的厂家进货。严格按照饲料原料质量验收标准对饲料及其原料进行验收，杜绝农药污染的原料、有毒有害物质污染的原料、发霉变质的原料进场。

（2）饲料的储存　储存对饲料的质量影响巨大，严格做好防潮、防霉变、通风等措施，防止微生物污染，定期检测，保证饲料储存质量。

（3）饲料添加成分的监控　加强对所有饲料添加剂及添加药物的监控，确保按配方正确配料，严格实行饲料成品检测制度。饲料及原料质量符合验收标准、营养均衡、无污染、不含生长激素。定期检测畜禽，发现有瘦肉精、生长激素呈现阳性的畜禽应进行无害化处理，追究相关人员责任，杜绝类似情况发生。

3.引种安全控制

种猪应从具有《种猪生产经营许可证》《种猪质量合格证》和《兽医卫生合格证》的种猪场引进。引进前种猪必须隔离观察15～30天，经兽医检查确定为健康合格后方可使用。仔猪应来自生产性能好、健康、无污染的种猪群所产的健康仔猪，实行全进全出制饲养管理。抓好生猪品种选育工作，选择优良品种及其二元、三元杂交群开展生产。及时淘汰肉质差、生长发育迟缓、易患病的品种，防止或消除不良品种造成的危害。

4.疫病监测控制

许多动物疫病为人畜共患病，严重影响畜禽产品安全。因此，要提高疫病的诊疗水平，建立健全动物疫病疫情预警监测体系，加强基层防疫力量，做到即时发现、即时上报、即时控制。按照防疫部门要求，做好季节性、地方性的疫病重点防治工作，防止或消除畜禽疫病造成的危害，或使其降低到可接受水平。实行全进全出制的科学饲养管理制度、生产流程规范化、单元式式样等有力措施减少疫病传播。

5.兽药使用监管

在畜禽养殖过程中兽药应用不当、超量或长时间应用、屠宰前未能按规定停药等，都会导致兽药残留，危害人畜健康。因此，必须合理使用兽药，严格遵守使用对象途径、剂量及休药期的规定。对兽药的使用进行登记，对用量进行监督，观察降解周期。对处于降解周期内的畜禽不应销售或屠宰。通过加强对兽药使用的管理这项措施可防止或消除兽药残留造成的危害或使其降低到可接受水平。

三、屠宰分割过程危害分析与关键控制点

1.屠宰分割过程各工艺流程危害分析

猪肉分割是将生猪通过验收候宰、屠宰、加工、预冷、分割、包装、结冻等工序加工成猪肉产品。对各工艺流程潜在危害进行分析，见表3-23。

表3-23　猪肉分割工艺潜在危害分析单

加工步骤	潜在危害	预防控制措施	是否列为CCP	判断依据
验收候宰	生猪携带致病性微生物和寄生虫；抗生素、瘦肉精等有毒有害物质超标	对采购的原料生猪进行严格检疫，抽检抗生素、瘦肉精等物质	是	对人体传染病害或毒害
电麻	电流电压过大或过小	监控电麻设备，培训操作员	是	影响肉质（如刺激过大发生PSE肉）和加工

续表

加工步骤	潜在危害	预防控制措施	是否列为CCP	判断依据
刺杀	放血道具污染；放血不好	刀具消毒，培训操作员	是	放血不好造成肉色不好
浸烫	烫池水微生物污染；温度与时间不够或过强	烫池水保持清洁，严格控制温度与时间	是	影响产品外观
褪毛	微生物污染；肉皮损伤或褪毛不净	褪毛工具消毒，培训操作员	否	轻微影响外观
喷淋冲洗	水中污染物污染；喷淋不彻底造成血污、毛污残留	用水清洁，且水压足够；控制水温与时间	否	影响产品保质期
胴体加工	环境中致病性微生物、蝇、寄生虫、灰尘等影响	保持环境卫生洁净	是	影响产品保质期，对人体有害
乳酸冲洗	乳酸浓度及时间不够	培训操作员	是	不利于降菌和维持肉的色泽
冷却（预冷、快冷）	冷却温度不够，导致微生物污染，肉质腐败	严格控制冷却温度与时间，培训操作员	是	不利于降菌以及肉的嫩化和良好的风味形成
剔骨、分割	环境中致病性微生物、蝇、寄生虫、灰尘等影响，传送带等设备清洗液、消毒液残留	保持环境卫生洁净，设备器具无清洗液、消毒液残留	否	影响产品保质期，一般危害
包装	包装材料造成的污染；金属等异杂物的污染	包装材料符合卫生标准，使用金属探测仪	否	影响产品保质期，一般危害
解冻与冷藏	结冻温度过高造成慢冻，影响品质；冷藏温度过高或波动过大，影响保质期	装备温控设施，并进行人工定时测温	否	温度可统一控制

2.屠宰分割过程各工艺流程关键控制点

根据危害分析结果，确定验收候宰、电麻、浸烫、胴体加工、乳酸冲洗、预冷、快冷等严重影响肉制品质量的工艺步骤为猪肉分割加工的CCP，详见表3-24。

表3-24　CCP的控制参数与检查控制

CCP	检测对象	关键限值CL	检测方法	检测人员	纠偏措施	验证	记录
CCP1 验收、候宰	致病性微生物、寄生虫、抗生素、瘦肉精等	营业执照卫生许可证，检验、检疫合格证	按国家标准	采购员、兽医、检疫员、化验员	禁用不合格的生猪	过程QC（质量控制）抽检、查验证件并记录	索证登记；验收报告；检验、检疫报告
CCP2 电麻	电流、电压、时间	电流2.4～2.8安；电压75～100伏；时间1.5～2.2秒	电流、电压表观察	操作员	保持观察，确保CL（关键值）在设定范围内	过程QC抽检并记录	仪器观察记录表；纠偏措施报告
CCP3 浸烫	水温、浸烫时间	水温58～63℃；时间3～6分钟	测温仪、计时表观察	操作员	操作中发现监控温度和时间偏离CL时，操作员将产品隔离存放	过程QC抽检并记录	仪器观察记录表；纠偏措施报告
CCP4 胴体加工	旋毛虫、囊尾蚴、肉孢子虫	不得检出	视检、剖检、触检、镜检	检验员	若有寄生虫检出，操作员将产品隔离处理	过程QC复检并记录	寄生虫检验记录表；纠偏措施报告
CCP5 乳酸清洗	水压、乳酸浓度	0.3～0.5兆帕；1.5%～2.0%	表压观察酸度滴定	操作员、化验员	保持观察，确保CL在设定范围内	过程QC抽检并记录	仪器观察记录表；酸度滴定记录表；纠偏措施报告

续表

CCP	检测对象	关键限值CL	检测方法	检测人员	纠偏措施	验证	记录
CCP6 预冷	预冷温度、时间	0～4℃；16～24小时	测温、计时	冷库管理员	操作中发现监控温度和时间偏离时，操作员将产品隔离存放	过程QC用探针温度计检测产品中心温度是否达标	仪器观察记录表；纠偏措施报告
CCP7 快冷	温度、时间	−20℃；1.5～2小时	测温、计时	冷库管理员	操作中发现监控温度和时间偏离CL时，操作员将产品隔离存放	过程QC用探针温度计检测产品中心温度是否达标	仪器观察记录表；纠偏措施报告

四、包装及贮运过程危害分析与关键控制点

1.包装及贮运过程危害分析

（1）采用气调包装抑制微生物的生长和繁殖，延长保鲜期。包装要求在低温下进行。

（2）冷藏必须是一个缓冲过程。加工包装好的生鲜肉应及时入库冷藏（0～4℃）。

（3）运输环境温度控制在7℃以下，防止气调包装破损。

（4）销售温度控制在0～4℃，防止微生物繁殖。详见表3-25。

表3-25 猪肉包装运输环节的危害分析表

加工步骤	潜在危害	显著危害	判断依据	预防控制措施	关键控制点
分割	微生物残留	是	温度失控导致	控制分割间温度及后面冷藏步骤	是
包装	微生物残留	是	温度失控、包装封口不严密导致	控制温度、气体浓度及封口性	是

续表

加工步骤	潜在危害	显著危害	判断依据	预防控制措施	关键控制点
冷藏	微生物残留、繁殖	是	温度失控导致	控制温度、湿度等	是
运输	微生物残存、繁殖化学污染	是	运输车辆温度控制不当，车辆卫生达不到要求	控制温度及在途时间，严格执行SSOP（卫生标准操作程序），每次运输前彻底清洁	是

2.包装及贮运过程关键控制点

根据危害分析的结果，确定猪肉分割、包装、冷藏、运输等4个关键控制点，详见表3-26。

表3-26　冷却分割猪肉包装运输HACCP表

CCP	危害	关键限值	监控				纠偏行动	记录	验证
			对象	方法	频率	人员			
分割	微生物污染、繁殖	分割间温度≤7℃，时间≤1小时	分割间温度、操作时间	用温度计、钟表测定	每批	在线品控	调节室温，分割工人和设备定时消毒	分割间温度、时间记录	每天测室温，抽检样品测定菌落总数
包装	微生物污染	包装间温度≤12℃，气体浓度50%氧气（O_2）+25%二氧化碳（CO_2）+25%氮气（N_2）；双氧水浓度35%，浸泡温度60℃	温度，气体浓度	测定温度和气体浓度	每批	包装工	调节温度和气体配比	温度记录，包装记录	每天抽检样品，测定包装封口性

续表

CCP	危害	关键限值	监控				纠偏行动	记录	验证
			对象	方法	频率	人员			
冷藏	微生物污染、繁殖	库温0～5℃，冷藏时间不超过4天	库温及肉中心温度	温度计	每批	冷库操作工	调节室温、风量至正常，对产品评估	冷库操作记录	每天测室温，样品抽检测定菌落总数
运输	微生物污染、繁殖	运输工具库温0～7℃	库温及肉中心温度	温度记录仪	每批	运输监督员	调节运输工具库温，对产品评估	库温记录	运输中每隔6小时用温度计测定1次温度

第四章

特种野猪生产

第一节 特种野猪的由来

我国的野猪资源丰富，大兴安岭、小兴安岭、长白山、松辽平原、黄淮平原、黄土高原以及西南山区和华南丘陵地带都是野猪的主要自然分布区。这些生长在森林里的野猪偶尔下山与周边农户的家猪交配产下杂交猪，其外貌体形与野猪相似，农户养殖这种杂交猪后宰杀食用，肉质略感粗糙，颇具野味，但此时对野猪的利用未形成大规模的养殖。对野猪的驯化选育，并与家猪杂交培育新品种，是从20世纪90年代开始，最早是由浙江省宁波南方野生动物养殖公司在1989年对野猪驯化后，与家猪、大白猪和长白猪等杂交选育新品种，经过近10年的发展，在1998年被国家科学技术委员会列为国家级科技星火项目计划，养殖企业投入大量人力和物力，形成一定的生产规模，这时养殖者为其所培育的杂种野猪命名为特种野猪。2002年中央电视频道报道了特种野猪养殖技术，从而引起人们更广泛的关注。特种野猪指的是用纯种野公猪与家猪母猪进行杂交选育，最终形成的新品种。商品用的特种野猪含有野猪血统不低于50%，用于繁殖的特种母野猪含有的野猪血统不低于25%，特种野猪外貌像野猪。特种野猪比野猪性情温驯，生长速度比野猪快，合群性较强，可以人工饲养。特种野猪在我国的发展经历了从"炒种"到育种以及肉产品市场开发的几个时期。随着养殖企业不断投入经济力量，以及大学院校的科研基础研究，使得我国特种野猪的养殖技术在不断完善中。例如，宁波南方野生动物养殖公司是国家级特种野猪种源基地，采用野猪作为父本，以杜洛克猪和梅山猪作为杂交母本培育的特种野猪，其屠宰率达70%，胴体瘦肉率为65%，亚油酸为家猪的1.5～2.0倍，脂肪含量4%，年产2胎，窝产8～12头，日增重400～500克，肉质口感优于家猪，更远胜于野猪。有研究发现，利用海南野猪和地方品种母猪杂交生产的特种野猪肉中鲜味氨基酸含量较高，尤其是谷氨酸含量在16%以上，这是猪肉产生香郁味道的原因（羊宜科，2016）。这些研究都为特种野猪生产和发展提供有价值的参考。

在猪育种生产实践中，一般采用正交模式选育特种野猪，以纯种野猪作父本，家猪作母本杂交。具体杂交模式可参考图4-1所示。特种野猪F1代含50%野猪血统，特种野猪F2代含75%野猪血统，特种野猪F3代含82.5%野猪血统。

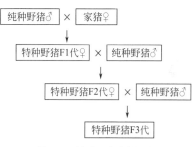

图4-1　特种野猪选育模式

野猪与优良瘦肉型或地方良种母猪进行杂交后的新品种，它仍然具有野猪的体貌特征，体型粗壮高大，故称为"特种野猪"。特种野猪不仅具有家猪生长发育较快、饲料转化率较高和高繁殖能力等特点，同时还弥补了纯种野猪生长缓慢、季节性发情、产仔较少、肉质粗糙、口感差和养殖较难等缺点。此外，特种野猪比家猪的抵抗力强，发病率降低，具有较强的屠宰性，比家猪的肥肉少，肉质鲜美颇具野味，能够满足现代人的口味需要。

第二节　特种野猪生物学特征

食性杂，耐粗饲。特种野猪食谱广泛，喜食青绿多汁饲料，食量较小，一般只是家猪的50%，这是因为野猪在野生条件下，很难在短时间内采食大量食物，需要依靠游走和间歇性觅食来满足其营养需要，这导致其采食时间较长，单位时间进食量较小。视力较差，但听觉和嗅觉较发达。特种野猪的听力和嗅觉比家猪灵敏，这是因为特种野猪还保留野猪的部分特性，野猪长期在外觅食和生活，灵敏的嗅觉有利于寻找食物，发达的听力有利于对外界保持警觉。成年特种野猪抗热能力比家猪差。由于野猪长期在森林里生活，导致成年猪耐冷不耐热。

图4-2　特种野猪肉

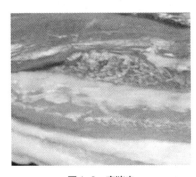

图4-3　家猪肉

图4-4　特种野猪翻动石块

特种野猪繁殖力较野猪强。一般5～6月龄达到性成熟，7～8月龄就可以初次配种，妊娠期为114～118天。特种野猪母猪可以年产2胎，含50%野猪血统以下的母猪，初产母猪产仔数6～8头，经产母猪产仔数8～10头。能繁衍后代且基因遗传稳定。由于野猪与家猪都有38条染色体，彼此之间没有繁殖障碍，产生的后代（即特种野猪）的遗传基因稳定，但近亲杂交会出现返祖现象。

特种野猪饲料利用率比野猪高。特种野猪对饲料的转化率次于家猪，家猪的料肉比为3∶1，特种野猪料肉比为（3～3.5）∶1，野猪料肉比（6～7）∶1。较高的瘦肉率，脂肪含量低。特种野猪的瘦肉率高于家猪，可达65%～80%。特种野猪的肉色比家猪的肉色深一些（图4-2、图4-3）。皮下脂肪和背膘较薄，花油和板油较少，后腿肉的脂肪只有家猪的50%。猪肉品质好，肉质鲜美，营养丰富。猪肉中主要鲜味氨基酸含量较高，尤其是谷氨酸含量在16%以上。肉质富含亚油酸，含量为家猪的2～2.5倍，含有人体必需的17种氨基酸和微量元素（羊宣科，2016）。

特种野猪有拱翻石块和重物等习性。由于野猪长期在森林中觅食，需要在林下翻动树枝和石块等物体，这导致特种野猪也保留用吻鼻部拱土和拱翻石块的习性（图4-4）。

一、体形外貌

特种野猪与纯种野猪的外貌相似，体长120～140厘米，体高80～100厘米，体重100～200千克。头细长呈楔形，吻部突出、呈圆锥状。耳小向上方直立。头和腹部较小，背平直，腿细高。刚出生时仔猪毛色为深棕色，有棕褐色的纵向条纹，2～3个月后，条纹会逐渐褪去，毛色转为棕色、棕红色、棕灰色或棕黑色。特种野公猪的毛粗、稀少，鬃毛较长，鬃毛从颈部延伸至臀部。前胸不仅较宽且十分发达，四肢粗壮结实，蹄为黑色。成年特种野猪会长出与纯种野猪一样的大獠牙。

二、生活习性

特种野猪仍具备野性。从小就凶猛好斗，有时相互之间由于争抢食物或者位次会出现撕咬耳朵和尾巴的情况。胆小易受惊，神经比较敏感。对响声敏感，容易惊跑，奔跑过程中，有时会撞到墙壁或者相互间发生挤踩的现象。因此，饲养特种野猪的环境要尽量保持安静。尤其是含有较高野猪血统的特种野猪比较强悍，发怒时会出现攻击人的行为。

生命力和适应性强。抗病力强，生存能力比家猪强。可以圈舍饲养，也可以放牧，放牧时特种野猪觅食能力比家猪强。喜欢群居生活。在群居环境中生长良好，采食量多，育肥的特种野猪适宜群养。喜欢泥浴，跳跃力强。喜欢在泥坑里打滚和爬卧，常常在泥地里翻滚数小时（图4-5）。跳高能力强，可翻越圈舍栅栏，圈舍养殖

图4-5　特种野猪泥浴

时猪栏高度要比家猪的高25～30厘米。

耐粗饲，喜欢吃生食，食量较小。特种野猪比家猪更耐粗饲，饲料来源广泛，如野草、蔬菜、土豆、南瓜、胡萝卜、树叶、鲜秸秆和人工种植的牧草等都可食用。单次采食量较少。早晨和中午采食少，傍晚采食量大，有夜间采食的习性。

有换毛特性。仔猪出生时身上有纵向深棕褐色的带状毛，在35～75日龄阶段，纵向条纹逐渐消失，体重达到40～50千克时，被毛转为灰黄褐色或棕灰褐色的成年毛色。除了年龄性的换毛，还有季节换毛的特性。每年6月中下旬开始换毛，到9月份新毛长齐。

三、生理特性

特种野猪性成熟一般在5～6月龄，第1次发情的体重在40～50千克，但第一次发情不配种，由于此时特种野猪的发情不成熟，排卵不规律，一般在第3次、4次发情时才可以配种。发情周期在22天左右，发情持续3天左右，妊娠期118天左右。年产2胎次，初产母猪产仔数6～8头，经产母猪8～10头。日增重100～500克，屠宰率75%以上，适宜屠宰体重65～75千克。寿命达15年。

第三节 特种野猪的繁育

根据特种野猪杂交方式的不同，养殖时应选择含野猪血统62.5%～75%纯度的特种野猪为佳。若纯度过高，则其产仔数少，生长速度极慢，且较难饲养；若商品猪纯度低于50%或繁殖母猪低于25%的特种野猪，其瘦肉率、抗病力、营养成分、外形和耐粗饲等方面与家猪相似，没有饲养效益（刘务勇，2009）。同时，要加强选种，种公猪具有体形壮硕结实、反应敏捷、食欲正常、被毛有光泽、四肢后高前低、两眼有神、睾丸对称和附睾形态正常等特点。特种母野猪要选择产仔数在12头以上和母性好的作为种用。

一、配种

1.配种月龄

小公野猪一般6～7月龄就有性行为，但此时精子量少，质量较低，由于特种野猪生长规律是体成熟较晚，要使公猪的身体得到充分的发育后，再配种较好。适宜的配种月龄为11～12月龄，体重在65～75千克。1～2岁青年公野猪，每周配种3次，2～5岁每周可配种5～6次。配种次数要根据猪体实际情况加以调整。特种野猪公猪利用年限为4年，种母猪初配年龄为8～10月龄，体重为60～70千克。

2.配种方式

配种方式可采用自由交配、人工辅助交配和人工授精。自由交配：配种前将特种野猪公猪和母猪赶入配种场地，让它们彼此相互熟悉后再自由交配。这种配种方法要求公猪和母猪大小要相仿，这样配种比较容易操作。人工辅助交配：如果公猪和母猪体重差异很大，就需要配种架和垫脚板等辅助工具，同时要求地面要平坦。人工授精：公猪要进行采精训练，首先使用发情母猪促使公猪爬跨并采精，经过几次后再爬跨假猪台，可将发情母猪的尿液涂在假猪台的背部，刺激公猪爬上假猪台，采精者蹲立在假猪台右侧，待公猪达到高潮并伸缩阴茎时，采集精液，最初射出的5～10毫升清亮精液不要采集，由于其中可能含有细菌或不洁的物质，其后射出的精液采用广口塑料瓶采集，在瓶口预先覆盖3层纱布用于过滤精液中的胶体。采集好的精液最好在5分钟内送到实验室，检测精子活力和密度，经稀释液处理后，采用输精管输入特种野猪母猪子宫颈内，使母野猪受胎。纯种野猪由于其性情凶猛人工采精技术不易操作，含纯种野猪血统75%以下的特种野猪，其中比较温驯的种猪可以采取人工授精的方法。版纳特种野猪是以西双版纳野生纯种野猪为父本，以本地家猪为母本进行杂交的品种。有文献报道，版纳特种野猪可以采用人工授精技术，这样不仅降低饲养公野猪的成本，而且还能提高公野猪的利用率（彭梅秀，2016）。

3.配种技术要点

首先，掌握特种野猪母猪的发情规律。发情后20～30小时配种，受胎率最高。每天上午和下午要观察母猪是否发情，如果下午发情，第二天上午配种，下午再复配一次。如果上午发情，下午配种，第二天上午再复配一次。记录第一次配种时间，6～8小时后再重复交配一次。初产母猪第1次发情不要配种，第3～4次发情时再配种。

其次，要掌握配种时机。特种野猪母猪发情表现为精神萎靡，食欲不振，阴门红肿，有黏液流出，手按其臀部，仍保持不动的状态，此时为配种的最佳时机；特种野猪公猪的生殖器颜色为暗紫色时，是其最佳配种时机。特种野猪的配种时间比家猪长，需要30～40分钟。饲养人员要观察公野猪是否流出很浓的精液。

再次，要观察是否妊娠。观察15～18天，如果母野猪没有发情，说明已妊娠。如果母野猪发情，说明配种失败，需要重新配种。

最后，要注意种用的特种野猪公猪配种次数要适宜。公猪每天配种一次为宜，最多不能超过2次，连续配种四五天要休息一天。

4.做好配种记录和配种计划

配种计划是生产计划的重要环节。首先，养殖人员要提高思想认识，认真记录特种野猪母猪的发情日期及次数，公、母猪的配种记录，要求记录完整规范。配种计划要根据种猪的生产状况、野猪血统含量以及销售计划等情况，拟定出全年能够参与配种的公、母猪个体号及数量，并根据母猪的发情记录制定配种日期、预计的分娩时间，预计全年的出栏量。良好的配种计划有利于指导生产。

二、选育

特种野猪的纯度与生长速度成反比，因此育种人员在选育时，野猪血统比例要控制在合理的范围内，才能发挥其生长优势。不同的杂交模式决定了含有野猪血统的多少，在生产实践中可根据猪场的实际情况进行杂交育种。

1.育种杂交模式

在杂交野猪生产中，杂交模式有正交和反交两种。例如纯种野猪的公猪×杜洛克猪的母猪杂交是正交模式；杜洛克猪的公猪×野山猪的母猪杂交是反交模式。特种野猪杂交模式1（以杜洛克猪为母本的正交模式）如图4-6所示。选用纯种野猪的公猪×杜洛克猪的母猪，所产F1代含野猪血统50%。选用纯种野猪的公猪×野杜特种野猪的母猪所产F1代含野猪血统75%。选用纯种野猪的公猪×特种野猪的母猪所产F3代含野猪血统82.5%。

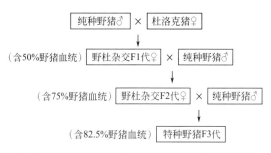

图4-6　特种野猪杂交模式1（以杜洛克猪为母本的正交模式）

采用杜洛克母猪与野猪杂交培育的特种野猪，其生长速度、瘦肉率、外形毛色及饲料报酬都较好，但这种杂交模式产生的特种野猪繁殖率不高，尤其是当F3代野猪血统含量不断较高时，猪肉口感也变差，猪肉吃起来不香，没有野味。因此，在育种过程中可采用地方猪种和杜洛克猪杂交二元猪作为母本进行特种野猪培育，可有效改善猪肉口感和繁殖性能（鲁宗强等，2017）。特种野猪杂交模式2如图4-7所示。

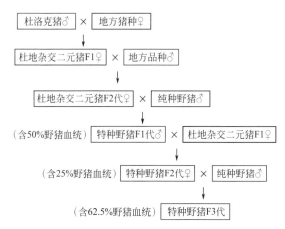

图4-7　特种野猪杂交模式2（以杜洛克猪和地方猪种杂交二元猪为母本的正交模式）

采用杂交模式2培育的特种野猪含有杜洛克猪、地方猪和野猪血统，能够发挥三个品种的优势。杂交利用杜洛克猪生长快和瘦肉率高的特点。地方猪种选择产仔性能好，护仔性能强、繁殖性能好、耐粗饲和肉质好的品种。这样培育的特种野猪具有抗病力强、瘦肉率高、繁殖性能好、产仔数12头左右以及仔猪成活率高等特点。

生产中不采用反交模式，是由于纯种母野猪性情暴躁，不易驯化和管理，季节性发情，性成熟晚，12个月才能性成熟。只有4～5对乳头，产仔数少，护仔性能差。采用正交模式是利用地方猪种或者外来品种猪产仔数多、性情温驯、哺育能力高的特点，能够产生更高的经济效益。

2.特种公野猪的选择

特种野猪养殖场必须拥有2～4头纯种公野猪。饲养纯种公猪的目的是提供高质量的精液。种公野猪选择标准：要符合野猪外貌特征，血统要纯正，体躯健壮、四肢粗短、耳小直立、头较长、吻部（拱鼻）顶端有裸露的软骨垫。犬齿发达、背部鬃毛长且硬，毛色为棕褐色或灰黑色，被毛有光泽。两眼有神，反应敏捷，耐粗饲，食欲正常。性征明显，左右睾丸发育匀称。年龄在18月龄以上。这样的公野猪具有较强的配种性能。特种野猪的公猪含野猪血统比例要保持在75%～87.5%，最好选择含野猪血统比例75%的公猪与含野猪血统50%的母猪杂交为宜（刘务勇，2009）。如果含有野猪血统过低，猪肉肉质会变差。如果含有野猪血统过高，野性较强，生长速度过慢，不利于日常生产的饲喂、管理和配种。

3.特种母野猪的选择

种母野猪血统含量要保持在37.5%～50%，要适当降低繁殖母猪的野猪血统。这样能保证育肥特种野猪含有适当的野猪血统，也能提高母猪的产仔率和哺育能力。若含有过高的野猪血统会使其产仔率和哺乳能力下降。若含有过低的野猪血统会使特种野猪的外貌特征不像野猪，形似家猪，饲养无意义。

4.避免近亲杂交

二元杂交的特种公野猪不宜留作种用，容易产生返祖现象。含野猪血统的三元杂交特种野猪留作种猪时，在血缘关系上要防止近亲交配，以保证杂种后代有较强的抗病力和较快的生长速度。

5.特种野猪的免疫程序

尽管特种野猪抗病能力和适应环境能力较强。但规模化养殖时，要根据当地疾病的情况制定有效的免疫程序仍是必要的。尤其是用于选育的种公猪和生产母猪的免疫更需要加强。常规免疫程序可参考第三章第三节表3-20。

第四节 特种野猪的饲养管理

特种野猪血液中含有不同比例的野猪血统，导致其在饲养管理上比家猪难度大些，如果采用圈舍养殖，要设置大的运动场。饲养人员在养殖过程中，要有耐心，多接触特种野猪，和它建立起感情，建立喂食、睡觉和排便等的条件反射。如果是放养，同样也要建立起放养人员与猪群亲密关系训练，通过呼唤和驱赶等行为，使猪群在野外放养时能得到有效管理。养殖户可以根据当地的饲养条件和经济状况来选择是圈舍养殖还是放养。无论哪种养殖方式都要根据特种野猪的生活习性，制定合理的饲养管理制度和方法，充分发挥其生产潜能，才能达到良好的饲养效果，获得更大的经济效益。

一、哺乳仔猪的饲养管理

特种仔野猪从出生到断奶前，要根据其生理特点加强饲养管理，尤其是出生后1周内容易发生死亡，因此，特种仔野猪出生后1周内的护理，是提高成活率的关键。饲养哺乳特种仔野猪的模式与仔家猪差不多，可参照第三章第三节"三、哺乳母猪和哺乳仔猪的饲养管理"。但需要注意的特种仔野猪刚出生时比仔家猪更怕冷。因此在饲养管理上还需要采取以下措施。

1.做好接产和助产工作

根据配种记录，计算好预产期，特种母野猪在生产前一周进入产房，在临产前一天，要在母猪舍内铺上稻草，为了保持稻草清洁干净，每天都要更换稻草。生产前用高锰酸钾水擦拭乳头，使乳头清洁通畅，保证生产下来的仔猪能够吃到母乳。遇到特种母野猪难产时，产道张开但收缩无力，可小剂量使用催产素助产。当生产有弱仔时要给其固定奶头，确保它能吃到初乳。产有死胎时要及时处理掉。注意分娩时要保持安静，不要让陌生人靠近，以免惊吓到特种母野猪和仔猪。饲养人员要多观察，尤其特种母野猪在夜间分娩时，要留有值班人员，以便出现问题时能够得到及时解决。

2.保温

刚出生的特种仔野猪喜欢钻入母野猪腹部下面，容易被压死，因此使用保温区（箱）是很有必要的。具体操作可参照第三章第三节"三、哺乳母猪和哺乳仔猪的饲养管理""1.产床增暖保温技术"。仔野猪生长所需要的圈舍温度如下：$1 \sim 3$ 日龄时，猪舍温度保持在 $30 \sim 32℃$；$4 \sim 7$ 日龄时，猪舍温度保持在 $28 \sim 30℃$；$8 \sim 30$ 日龄时，猪舍温度保持在 $22 \sim 25℃$。温度过高会影响特种母野猪的采食和泌乳。温度过低会导致特种仔野猪腹泻，严重的引起死亡。

3.尽快吃初乳，固定乳头

特种仔野猪出生后要尽快擦干口腔和鼻腔上的黏液，放在母猪乳头下面，保证其在 2 小时之内吃上初乳。因初乳中含有大量免疫球蛋白，仔猪喝足初乳可以提高抵抗力，促进生长发育。具体操作可参照第三章第三节"三、哺乳母猪和哺乳仔猪的饲养管理""4.接产管理""（1）吃足初乳"。

4.寄养与并窝

特种母野猪的乳头数和营养状况会影响哺乳仔猪数量。实际生产中，如果分娩仔猪数超过母猪的有效乳头数，或者母猪分娩后出现缺乳、无乳等情况，需及时对仔猪进行寄养。具体操作可参照第三章第三节"三、哺乳母猪和哺乳仔猪的饲养管理""4.接产管理""（6）仔猪寄养"。

5.补铁

初生特种仔野猪体内储备的铁只有 $30 \sim 50$ 毫克，其每天平均需 7

毫克的铁，而母乳供给的铁不足1毫克，不给仔猪补铁，会患贫血症，会引起精神萎靡不振、皮肤苍白、下痢和生长缓慢等症状，严重者可导致死亡。因此，仔猪生后2～3天应注射铁制剂，低分子左旋糖酐铁效果较好，一般每头仔猪颈部肌内注射100～150毫克。

6. 开食与补料

特种仔野猪15日龄前，母乳基本能满足其营养需要，但随着仔野猪生长发育增快，20日龄后母乳分泌下降，因此单靠母乳不能满足仔猪的营养需要，必须补料，促进消化功能发育，给断奶创造条件。在仔猪10日龄左右时，开始补充饲料，可将饲料放在料槽里，让其自由采食。仔猪20日龄时控制吃奶次数，饲料槽内供应充足的饲料。仔猪30日龄时母乳下降快，要增加仔猪的采食量，使其大量吃料。目前市场上没有特种仔野猪饲料，可自行配制：玉米63%、豆粕20%、麸皮5%、细糠5%、鱼粉4%、碳酸氢钙1%、石粉0.7%、食盐0.3%和添加剂1%。青饲料添加：南瓜、青草、番薯和土豆等，可根据季节和个体情况加以调整配方。

7. 补水

特种仔野猪在3～5日龄时开始训练饮水，最好能够安装鸭嘴式专用饮水器。哺乳仔猪生长快，代谢旺盛，需要较多的水分，若不及时补水，仔猪会饮用圈内的脏水或者尿液，容易引起下痢。尤其是夏季气温高，呼吸加快，身体排热，所以需水量增大，要注意加大饮水量的供应。

8. 保持圈舍清洁通风

特种仔野猪初生时缺乏抵抗力，容易发生疾病。为了减少疾病发生，应保持产房清洁卫生、温暖干燥和空气新鲜。

二、断奶仔猪的饲养管理

断奶特种仔野猪的饲养管理与家猪的基本一样。可参照第三章第三节"四、保育仔猪的饲养管理"。仔猪吃奶3周后开始为断乳做好准备工作，仔猪断奶前应适量添加精饲料和青饲料，为断乳后仔猪独立采食精饲料和青饲料打好基础。

1.断奶日龄

一般来说特种野猪的乳腺不发达，泌乳量小、放乳时间短，如过早断奶容易导致仔野猪个体小、体质较弱，对环境的适应能力及胃肠功能较差，所以特种野猪的仔猪断奶日龄要比家猪的晚几天，一般在45～50日龄时断奶，寒冷季节时，特种仔野猪的断奶日龄还可以适当延长50～55日龄。

2.断奶方法

一次性断奶：规模猪场以一次性断奶为宜。当特种仔野猪达到断奶日龄时，将母猪赶走，仔猪要留在原来圈舍内继续饲养3～5天，不要马上更换圈舍，这样可减少因环境改变造成的仔猪应激。分批断奶：先将体格大的、育肥的仔猪转出圈舍，留作种用和体质差的则需要继续哺乳几日，然后再把母猪转出圈舍，完成全部断奶。逐渐断奶：每天逐渐减少母猪哺乳次数，一般从断奶前4～6天开始控制哺乳次数，这种方法可以使母猪和仔猪对断奶有个适应的过程。断奶时有的仔猪可能会出现消化不良、精神不安等情况，生长速度也会受到影响，当仔猪适应饲料饲养后，生长会恢复。母猪由于仔猪未吃奶，乳房胀疼容易发生乳腺炎。若母猪乳房肿胀僵硬发紫，每天要挤奶数次，在患部涂抹碘酒。若乳房肿胀发热时，用等量樟脑油与蓖麻油混合后涂搽乳房。若乳头化脓时，将患部用刀切开，排出脓汁，涂抹碘酒。当体温升高时，可用青霉素和磺胺类药物治疗。

3.温度适宜

保育舍保持温度为22～24℃，温度过低或温差过大会引起仔野猪下痢。

4.合理分群

每头特种仔野猪占地面积为0.3平方米，每群以8～10头为宜，密度过大会出现咬尾现象。

5.饲料过渡

特种仔野猪断奶后由吃母乳变为吃饲料，其生活环境也发生变化，这些因素会造成应激，影响仔猪生长发育。养好断奶仔猪要做好饲料、饲养制度及生活环境的过渡工作。特种仔野猪断奶后7～14天饲料保持不变，喂乳猪料。市场目前没有特种野猪饲料，一般利用家猪饲料喂养，添加新料时要有4天过渡期。第1天添加1/5新料到原有饲料中，以后每天逐渐增加新料比例，直至第7天全部换成新料。仔野猪断奶后3～5天要控制采食量，喂八分饱，防止消化不良引起下痢。

6.饲料营养合理

特种仔野猪断奶后不要盲目追求生长速度，要多关注断奶后仔猪的应激以及疾病情况，提高其成活率。要降低饲料中蛋白质的水平，高野猪血统的特种野猪仔猪日粮中蛋白质水平降到12%，低野猪血统的特种野猪仔猪日粮中蛋白质水平降低到11%。

7.饲喂次数

特种仔猪断奶后生长迅速，除一天三次饲喂以外，晚上七八点还要饲喂一次。

8.清洁卫生

要保持圈舍内清洁无粪便，定期消毒，保持空气流通清新。尤其在南方潮湿多雨的季节，细菌和病毒容易滋生，清洁的环境可减少仔野猪感染疾病。

9.驱虫

特种仔野猪断奶后1～2周驱除体内外寄生虫。驱虫要进行2次，间隔时间为1周。驱虫药可选择左旋咪唑和阿维菌素，根据药物的剂型选择拌料或者皮下注射。一般在晚上进行拌料。驱虫后的粪便要及时清理，同时对圈舍消毒，避免二次感染。

10.去势

不留作种用的特种仔野猪公猪和母猪都可以去势。去势手术最好由兽医来完成。去势前后要停止一次饮食，手术前停食可使肠内容物减少，有利于手术顺利进行，缩短手术时间。手术后停食，主要是减轻腹内压，避免造成创伤性腹疝和意外死亡。

11.免疫

一般免疫程序可参照第三章第三节表3-20中进行，但育种过程中，可根据猪场的实际情况进行调整。

三、商品猪的饲养管理

特种野猪商品猪的饲养管理与家猪略有不同，家猪在育肥猪生长高峰结束后就要及时出栏，以避免饲养成本增加。而特种野猪一般在生长高峰期结束后，还需要继续饲养1～2个月，虽然增加了饲料成本，但能保证特种野猪的猪肉产品质量。此外，特种野猪在饲养过程中为了增强肉质，在饲养过程会结合野猪的生活特性添加青饲料，以及采用放养的模式。但添加青饲料和采用放养模式，同时也会使特种野猪患寄生虫的机会增加，所以要更加注重驱虫。

1.育肥前的准备

（1）圈舍的清洗和消毒　由于仔猪抵抗力差，易感染疾病，所以在育肥仔猪进舍前，要对圈舍进行彻底清洗和消毒。先用水冲洗地面、墙壁、走道和栏内用具，然后用2%～3%火碱液喷洒消毒。仔猪进入舍内后，每周要进行消毒，消毒剂用过一段时间后可改用碘制剂或者0.05%的过氧乙酸。更换不同消毒剂的原因是使用一段时间后细菌和病毒对其会产生耐药性。

（2）育肥特种仔野猪的选择　要选择体重大、体质结实健壮、活泼健康、食欲好的仔猪来育肥。

2.育肥的饲料营养

特种仔野猪育肥期的生长速度比家猪慢，因此对饲料营养和质量要求比家猪要低。根据特种仔野猪不同生长周期的特点，设计适合不同时期营养需求的饲料配方进行饲喂。可分3个阶段来饲养。育肥前期：体重在30～60千克，饲喂配合饲料，配合青绿饲料和少量粗饲料。精料与青绿饲料的比例为7：3，增加钙、磷比例，增加饲料中盐含量达0.6%。此时期猪日粮中粗纤维含量不超过5%。育肥中期：体重在60～90千克，饲喂青绿饲料和粗饲料为主，精料为辅。由于饲料中应用水平下降，容易引起猪饥饿，每天要增加投食次数至4～6次，夜间投喂量可增加。此时期猪日粮中粗纤维含量6%～8%。育肥后期：体重在90～120千克，饲喂青绿饲料和粗饲料为主，精料为辅，精料量再减少。精料与青绿饲料的比例可达到8∶2。后期喂养时增加饲喂牧草、青菜、玉米等，降低饲料用量，减少养猪成本。此时期猪日粮中粗纤维含量不超过9%。

3.饲养环境要求

（1）采用圈养方式饲养注意要点

① 降低饲养密度。特种仔野猪由于遗传纯种野猪的野性，因此，在家猪饲养密度基础上，降低饲养密度。体重15～60千克的猪需要1～1.2平方米面积，体重60千克以上的猪需要1～1.2平方米的饲养面积。如果圈养密度过高会影响猪群增重和饲料利用率。如果饲养密度过大而生活空间变小，会影响育肥特种仔野猪的休息和活动，易出现烦躁不安，引起相互撕咬、攻击等现象。尤其在夏天，饲养密度大会使特种仔野猪烦躁不安，影响采食量，从而影响生长速度，使经济效益受损。

② 合理分群。由于野猪血统含量的多少能决定特种野猪的性格，含野猪血统高的特种野猪野性大，含野猪血统少的特种野猪相对温驯，实际生产中可根据含野猪血统的多少，同时参考体重和性别等因素进行分群。每群以15～20头为宜。分群时将两群猪合并为一群时，尽量在夜间进行，分群后要加强饲养管理，注意观察相互之间的争斗情况。病弱猪要单独组群进行饲养。

③ 适宜的环境温度和湿度，注意通风换气。育肥猪在10～25℃都能正常生长，最适宜的温度为15～23℃，温度过低和过高都会影响仔猪增重和饲料利用率。育肥猪体重低于60千克时，适宜温度18～23℃；体重高于60千克时，适宜温度15～20℃。冬季要注意防寒保暖，可垫厚稻草。夏季要注意防暑降温，可采用洒水、喷雾和通风等方法，同时供给充足清凉饮水。猪舍的相对湿度40%～75%。避免出现低温高湿和高温高湿的情况。要安装通风设备，要留有通风孔，保持圈舍良好的空气。

④ 调教猪进行有规律的饮食、排便和睡觉等习惯。可采用如下方法：猪被转移进入圈舍后，饲养人员要固定躺卧处、采食处、饮水处

和排便处。躺卧处要选择洁净干燥的地方铺上垫草或木板。料槽和水槽的长度要足够。排便处选择低洼潮湿处或角落。有个别不在指定点排便的，要及时把粪便铲到排便处，经过饲养人员几天的调教，猪会养成定点排便的习惯。

⑤ 加强运动。特种野猪饲养过程中的运动量比家猪的运动量大，因此活动场的面积要足够大，大的活动场所有利于其活动。运动的护栏要高，不能低于2米，防止特种野猪跳出。每天上午和下午将其赶到运动场地运动0.5～1小时，每天运动距离不少于1千米。

（2）采用放养模式饲养注意要点

① 注意放养群体大小。3个月龄以上的特种野猪就可以开始野外散养。群体大小以30～40头为宜。刚开始放牧时不要走得太远，也不要把所有的猪一次性都赶出去放牧，要经过15天左右的训练，使猪群能够习惯行走路线、饲养人员的呼唤条件反射以及户外觅食的形式，再逐渐把需要放牧的猪群赶到野外去放牧。

② 保证充足的淡水供应。饲养在山区的，可采取放牧形式，让其多采食野外植物和野果，这种模式不仅可节约饲料，降低饲养成本，还可使猪肉颜色变得鲜艳有光泽。由于特种野猪对饮用水的需要量大，因此采用放养方式饲养要保证放养环境中有充足的淡水资源供应，并且是长期能够供给的，而不是季节性或者短暂性的供应。

③ 放养时间选择。北方地区的野外放牧，从春季嫩草开始生长到秋后的时期都可以进行放养。南方地区，放牧时间可以根据当地植被生长情况进行选择。夏天最好在上午9点起和下午3点起各放牧3小时，中午将特种野猪赶回圈舍休息。冬天早晨要早些放牧，晚上早点回圈舍。

④ 建立条件反射。放养过程中需要饲养人员有意识地发出固定的口令和哨声，让特种野猪能够形成条件反射。采用放养模式饲养特种野猪，为了营养的全面均衡，仍需要补料，一般在傍晚时给予饲料供给，添加剂量要大些。

⑤ 放养环境的动植物资源清理。放养前要对环境中的动植物进行全面清理，根除毒花、毒草和毒蛇等对特种野猪有威胁的动植物。

⑥ 放养仍需建圈舍。即使采用放养模式饲养，仍然需要在放养环境中建有圈舍，一是提供特种野猪夜晚睡觉和休息的场所；二是当遇到降雨、降温或者大风等不适应放牧的天气，特种野猪仍需圈舍饲养。修

建的圈舍要比家猪的圈舍高30～50厘米，一般圈舍房屋的高度5.3米，而且围墙要厚些，一般15厘米左右，要保证围墙牢固结实，以免特种野猪撞破围墙跑掉。

（3）驱虫　对于特种野猪来说，驱虫是十分必要的。这是因为特种野猪的饲养周期比家猪长4个月左右，尤其是育肥后期采食大量青绿饲料、粗饲料和农副产品会增加感染寄生虫的机会。在60～90日龄时要进行驱虫。驱虫方法：驱虫前要断食，最好早上断食，晚上将驱虫药拌入饲料，隔15天后，再进行一次驱虫。驱虫药有驱虫净、左旋咪唑、伊维菌素和阿维菌素等。

（4）延长饲养周期，适时出栏　据研究发现，猪肉的肌内脂肪要在180日龄以后开始大量沉积，特种野猪也不例外。特种野猪出栏上市周期一般在9～11个月及以上，体重在80～90千克可以出栏。比家猪出栏日龄多。需要注意的是特种野猪不同于家猪，它的野性比较强，在出栏运输过程中，它的应激反应比较大，一般在运输前注射神经镇静药（如盐酸氯丙嗪），每头猪注射1毫升，可以使猪镇静下来。在夏季运输时，要注意防暑降温，可以多喷点水。特种野猪需要延长饲养周期，使其肌内脂肪沉积，提高猪肉品质，瘦肉率高，风味浓郁。此外，出栏时间还要根据市场需求以及经济效益等方面考虑。

（5）免疫　特种野猪无论是圈养还是放养，仍需要接种疫苗。疫苗接种还需要考虑猪场周边地区猪病的流行情况、本场疾病的历史流行情况、本场猪群的健康状况及猪群抗体水平消长情况以及疫苗特性等。特种野猪商品猪的免疫程序可参照第三章第三节表3-20。

四、后备猪的饲养管理

1.后备猪的选择

后备猪的选择培育标准为体形外貌符合特种野猪的特征，后备猪要含有50%以上的野猪血统，这样才能保证特种野猪的特性。特种野猪仔猪断奶时就可以开始选择后备猪，选留的后备猪要求身体健康无遗传疾病，此外要有健壮的体质和四肢。四肢有问题的猪会影响以后的正常配种、分娩和哺育。后备猪的选留对于特种野猪的培育至关重要。因此，要严格把关，选择符合标准的优良个体作为后备猪。种用特种野猪要具有选择外生殖器官表现良好的，例如后备种公猪应选择睾丸发育正常，左右隐睾对称且大小一致、松紧适度，阴茎包皮正常，性欲高和精液质量好的个体。后备母猪要选择发情周期正常、发情症状明显、阴户发育较大且下垂、产仔数多、哺育能力强和断奶窝重大等指标好的个体。

后备猪要选择对环境的适应度高和容易成活的仔猪。适应能力强的后备猪个体在各种环境下存活率高，有健壮体质的母猪可经得起多次产仔的应激行为。这些都对后备猪的生长发育有重要意义。应选择自身和全同胞特种野猪生长速度快、饲料利用率高的个体。对胴体性状的要进行选择。在6月龄时可以用仪器测量背膘厚度和眼肌面积，以此来预判后备猪后期的背部脂肪情况和瘦肉率。要选择背膘厚、瘦肉率、眼肌面积和脂肪率等指标好的个体。

后备猪选择时间可在2月龄、4月龄、6月龄和初配前等进行。2月龄是窝选，首先选择父母都是优良的仔猪个体，然后再从产仔数多、泌乳性能好以及断奶窝重大等方面选择。初次选择后备猪的数量要大些。4月龄要淘汰生长发育不良或者有缺陷的个体。6月龄时的各个器官都已经发育成熟，可根据体形特点、性成熟、性器官发育情况和背膘厚等性状进行选择。初配前要淘汰性欲低、精液品质差的后备公猪和发情性状不明显、发情不规律的后备母猪。

2.饲养方式与营养

后备猪饲养最好要限量。后备特种野猪母猪体重达到60千克以后，要控制体重过快增加，配种时体重不要超过70千克。特种野猪公猪如果体况过肥、体重过大，造成配种时爬跨困难或母猪经受不住公猪的爬跨，导致配种困难或不能正常配种。后期饲喂要以青绿饲料为主。

饲料营养搭配合理均衡。后备特种野猪母猪的维生素和微量元素营养不能和商品猪一样，后备母猪营养要能促进其繁殖器官发育。后备母猪因为要考虑长期使用，需要有坚固的肢蹄和良好的骨骼矿化，因此要保证钙、磷的供给。后备母猪要饲喂相当于饲料总重量10%左右的苜蓿干草粉或者其他优质青饲料，以保证对繁殖有利的能力供给。后备猪要考虑配种时所需各种条件的同时达标与匹配，所以要提前做好配方计划、喂料量的精准营养和饲养管理等策略方案。

3.管理与免疫

初次选留数量可多些。初次选留特种野猪后备猪的头数要多些，选留和培育的后备猪要占整个猪群的25%～30%。以后再逐渐淘汰不良个体。后备猪可以按性别、体重大小进行小群饲养，一般每圈舍饲养4～6头。后备公猪在性成熟前可合群饲养，性成熟后应单圈舍饲养，以免相互之间爬跨，损伤阴茎。保持饲养环境干净整洁。保持圈舍清洁、干燥、冬暖夏凉。

按照特种野猪的免疫流程进行免疫。特种野猪后备猪的防疫是一项很重要的工作，不仅关系着后备猪自身的健康，也对后备猪繁育的后代健康影响重大。所以，对后备猪进行防疫必不可少。第一，必须将疫苗注入到位使其发挥功效。第二，对将要生产的母猪进行抗体检测，以确保胎儿不受感染。根据猪场的实际情况认真对待疫苗接种工作。特种野猪后备猪的免疫程序可参考第三章第三节表3-20。

做好特种野猪后备猪发情记录，并将该记录移交配种舍的工作人员。特种野猪母猪发情记录从6月龄时开始。仔细观察初次发情期，以便在第3～4次发情时及时配种，并做好记录。初配月龄可根据背膘厚和体重来确定，若配种过早，其本身发育不健全，生理功能尚不完善，会导致产仔数过少及影响自身发育和以后的使用年限。后备母猪体重达到110千克以上、背膘厚在18～22毫米时配种，产仔数及各种生产性能较为理想。

由于特种野猪仍保留野猪的特性，为了使其四肢坚实灵活，体质健康，最好有适度的运动。可在适宜的场所进行自由运动或驱赶运动，增强其代谢功能，促进肌肉、骨骼发育，并可防止过肥，也能提高后备母猪的发情比例，使公猪顺利配种。要注意适龄配种。各品种后备猪的配种时间不同，但需选择发育成熟且可以进行哺育下一代的后备猪。配种时间不能太早，否则会影响后备猪的成长，也不能太晚，否则浪费饲料和减短母猪生产年限。

总之，特种野猪的后备猪与商品猪不同，商品猪生长期短，饲喂方式为自由采食，体重达到90千克左右即可屠宰上市，追求的是高速生长和发达的肌肉组织，而后备猪是作为种用的，不仅使用年限期长，而且还担负着周期性强和较重的繁殖任务。因此，应根据种猪的生活规律，在生长发育的不同阶段控制饲料类型、营养水平和饲喂量，使其生殖器官能够正常地生长发育。这样可以使后备猪发育良好，体格健壮，形成发达且功能完善的消化系统、血液循环系统和生殖器官，以及结实的骨骼，适度的肌肉和脂肪组织，达到选留高质量后备猪的目的，进而提高猪群的整体生产水平。

第五章
猪的杂交与繁育体系

第一节 杂交的概念与优势

一、杂交的概念

　　动物最基本的繁殖方式是纯繁和杂交，但两者的目的不同。纯繁即纯种繁育，是指在品种内通过选种选配，品系繁育达到提高种群性能的一种方法。纯繁可以使本种群的水平不断上升，优良特性得以保持。杂交就是两个或两个以上品种杂交创造出新的变异品种。杂交可以用于育种，也可以用于生产比原品种、原品系更能适应特殊环境条件的高产杂合类型（张仲葛等，1990）。

　　纯繁为杂交提供优良个体，杂交则使纯繁种群进一步提高生产力。种猪场需要优秀的纯种母本，从而进行纯种繁育。比如梅山猪公猪与梅山猪母猪进行交配繁育，从后代选出优秀个体进行留种，就是纯繁。再比如，为了得到商品猪二元母本，长×白公猪与大白母猪交配，得出长×大二元母猪用于商品猪生产母本，就是杂交（图5-1）。

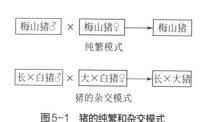

图5-1　猪的纯繁和杂交模式

二、杂交优势

杂交优势是指不同品种或品系的动物杂交所产生的后代，往往表现出生活力、繁殖力较强，生产性能较高，其性状的表现均超过亲本均值的现象。杂种后代与其亲本相比：生活力提高，耐受性、抗逆性增强，饲料利用能力增强，生长速度加快，群体生产性能提高，遗传缺陷、致死或半致死现象减少。世界上一些畜牧业发达的国家，90%左右的商品猪是杂交猪，肉用仔鸡几乎全是杂交鸡，肉牛、肉羊、蛋鸡等都是广泛利用杂交优势生产的。

1.杂交优势的特点

（1）亲本间的差异程度越大，杂交优势率越高。

（2）亲本越纯正，杂交优势率越高；亲本品质越高，杂交效果越明显。

（3）遗传力低的性状易获得杂交优势，遗传性高的性状不易获得杂交优势。

（4）杂交优势效应一般不能稳定遗传，因此杂种后代一般不留作种用。

2.杂交优势的种类

（1）父本杂交优势　取决于公猪系的基因型，是指杂种代替纯种作父本时公猪性能所表现出的优势。表现出杂种公猪比纯种公猪性成熟早、睾丸较重、射精量较大、精液品质好、受胎率高，年轻公猪的性欲强等特点。如高瘦肉率皮特兰公猪被用于杂交提高商品猪瘦肉率。

（2）母本杂交优势　取决于母猪系的基因型，是指杂种代替纯种为母本时母猪所表现出的优势。表现出杂种母猪（F1）产仔多、泌乳力强、体质强健、易饲养、性成熟早、使用寿命长等特点。如最常见的用于商品猪生产的大白母猪，四肢粗壮，背腰宽、体躯长，性情温驯，发情症状明显，奶头发育好。

（3）个体杂交优势　亦称子代杂交优势或直接杂交优势。取决于商品肉猪的基因型，指杂种仔猪本身表现出的优势，主要表现在杂种仔猪的生活力提高、死亡率降低、断奶窝重大、断奶后生长速度快等方面。

如长×大二元母猪，就是利用长白二元杂交的优势，提高母猪繁殖性能和生长速度。

3.获得杂交优势的一般规律

（1）性状不同，优势各异　猪的繁殖性状（如产仔数、初生重、断奶重、生活力等）遗传力低，受环境和非加性基因作用大，易获得杂种优势；断奶后的生长速度、饲料利用率等性状遗传力中等，较易获得杂种优势；而猪的外形结构、胴体长、背膘厚、肉的品质等性状遗传力高，不易获得杂种优势。

（2）杂交亲本遗传纯度越高，越易获得杂种优势　利用纯系、近交系、配套系杂交，可显著提高杂种后代群基因型频率，从而增加基因的效应，易产生杂种优势。

（3）亲本的遗传差异越大，越易获得杂种优势　遗传差异相对较大的两个亲本群体杂交后，有利于提高后代基因型的杂合性，从而提高杂种优势。例如：用国内的两个地方品种杂交，其优势表现的程度，就不如国内地方品种和国外引入品种杂交。

三、影响杂交的因素

动物的经济性状不是所有的性状都能表现杂交优势，一般遗传力低的性状（如繁殖性状等）杂交时易获得杂交优势。遗传力高的性状（如外形结构和胴体性状）杂交时不易获得杂交优势。

杂交亲本血缘关系越远，杂交后代的杂交优势越强。杂交方式直接影响杂交效果。杂交采用何种方式须根据当地市场需求、自然经济条件、动物种群状况、饲养管理水平等来决定。以养猪来说，农村养猪以采用二元杂交为宜，本地母猪为母本，外来公猪为父本。养猪场采用三元杂交，以达到更高的杂交优势。

性状的表现是遗传和生活环境共同作用的结果，不同的饲养管理条件其杂交优势表现不一样。有的高营养水平条件下表现较好；中等营养水平条件下表现较差；有的在中等营养水平下表现较好，在高营养水平时也没有提高。饲养方式对杂交优势也有影响，在限制饲养条件下，饲料利用率以杂交优势的较明显，自由采食条件下，日增重以杂交优势的较明显。

四、杂交优势效应

杂交产生优势是生物界普遍存在的现象。杂交优势是杂合体在一种或多种性状上优于两个亲本的现象。例如不同品系、不同品种甚至不同种属间进行杂交所得到的杂种一代往往比它的双亲表现更强大的生长速率和代谢功能，从而导致器官发达、体形增大、产量提高，或者表现在抗病、抗虫、抗逆力、成活力、生殖力、生存力等的提高。这是生物界普遍存在的现象。

杂交优势表现在三个方面：一是杂交后代的营养体大小、生长速度和有机物质积累强度均显著超过双亲。这类优势有利于畜牧业生产的需要，但对生物自身的适应性和进化来说并不一定有利。二是杂交后代的繁殖性能优于双亲，如家畜产仔多、成活率高等。三是进化上的优越性，如杂交种的生存能力强、适应性广、有较强的抗逆力和竞争力。杂交优势在杂交第一代表现明显，从第二代起由于分离规律的作用杂交优势明显下降。因此，在畜牧业生产上主要是利用杂交第一代的增产优势。

现在世界上比较流行的猪杂交利用体系中，每个系统内要饲养几个不同品系猪，为了提高生产性能，有计划地选用不同品系猪进行杂交生产商品猪的生产方式被广泛利用，其优点是充分利用了杂交优势和不同品种的优点，是目前商品猪生产体系的主要形式。养猪业发达的国家也很早都各自建立很好的种猪繁育体系，以求充分利用猪的杂交优势，生产高生产性能的商品猪，也都取得了很好的进展。我国开展的地方猪的杂交利用工作，多数品种在生长速度、饲料利用率和瘦肉率等方面，与国内外一些商用品种、"杂优猪"存在较大差距。目前我国常用的主要商品猪生产模式为二元杂交和三元杂交。二元杂交，是利用两个不同品种的公、母猪进行杂交所产生的杂种一代猪，全部用来育肥。这也是目前养猪生产推广的"母猪本地化、公猪良种化、肥猪杂交一代化"杂交方式。长白猪、大白猪和杜洛克猪以其生速度长快、饲料转化率高、肉质优良而国内外均将其用作杂交父本。

五、遗传互补效应

遗传互补效应，即两对独立遗传基因分别处于纯合显性或杂合显性状态时共同决定一种性状的发育；当只有一对基因是显性，或两对基因都是隐性时，则表现为另一种性状，F2代产生9∶7的比例。

猪遗传互补效应指不同亲本群体所具有的优点相互补充，目的在于通过杂交将2个或2个以上群体的不同优良性状结合于商品猪上，使商品猪的优点比任何两亲本群体都全面，从而提高其商品价值。遗传互补性涉及多个性状的复合。一般来说，猪的生长育肥性能和繁殖性能往往为负相关。如果2个群体在有关生长育肥性能和繁殖性能间相互补充时，我们说两者存在遗传互补性。繁殖性能几乎只依赖于母本的遗传性能。在一个杂交方案中，当一个具有高繁殖性能的群体作为母本时，而另一个具有特别理想的生长育肥性能群体作为父本时，可以利用遗传互补性。

第二节 猪的杂交方式

根据生产方式不同，猪的杂交方式大体分为固定杂交、轮回杂交和配套系杂交3种。

一、固定杂交

固定杂交分为两品种杂交、三品种杂交和四元杂交。

1.两品种杂交

两品种杂交又称二元杂交，其杂交后代称为二元杂交猪或二元杂交一代猪。两品种杂交生产主要是利用两个品种的公母猪进行杂交，专门利用其杂种一代的杂交优势，其后代全部育肥出售。生产中可以应用长白猪和大约克猪杂交，或杜洛克猪和长白猪杂交（图5-2）。

优点：仅有两个品种参加。杂交方式简

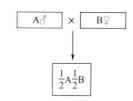

图5-2 两品种杂交

单，容易组织生产。正常情况下，两品种杂交获得的杂交优势比较高，具有杂交优势后代的比例能够达到100%。

缺点：父母本都是纯种，繁殖方面的杂交优势不能利用。后代不留种用，引种费用较高。同时，纯种猪饲养管理要求较高，无形中加大了生产成本。

2. 三品种杂交

三品种杂交又称三元杂交，其杂交后代叫三元杂交猪。三元杂交首先是两个纯种亲本杂交产生一代杂种，杂种公猪全部育肥，杂种母猪长大后与第三个品种猪的公猪交配，所生的三元杂种全部育肥出售。常用的是杜洛克猪、长白猪和大约克

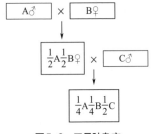

图5-3　三品种杂交

猪三元杂交，也可以用长白猪和大约克猪正交或反交，其后代留作母本，用杜洛克猪作为终端父本进行杂交，生产商品猪（图5-3）。

优点：三元杂交能充分利用母本的杂交优势，如商品猪不仅利用母本，还可利用第一和第二父本在生长速度、饲料报酬和胴体品质方面的特性，其杂交优势比二品种杂交高3%左右。

缺点：杂交繁育体系需要保持3个品种，比二品种杂交复杂。需进行两次配合力测定，第二父本的生产性能和主要特点应非常突出，否则杂交效果不明显。

3. 四元杂交

四元杂交属于4个品种杂交的特殊形式，4个品种首先进行"两两杂交"，然后再利用两个杂交一代进行杂交。具体应用上，可利用长白猪和大约克猪的杂交后代作母本，用皮特兰猪和杜洛克猪的杂交后代作父本，再进行杂交生产四元商品猪（图5-4）。

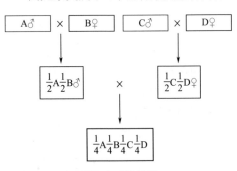

图5-4　四元杂交

优点：四元杂交不仅可以利用杂种母猪的杂交

优势，而且能利用杂种公猪的杂交优势，杂交后代能够获得100%的杂交优势率。

缺点：需4个不同的品种或品系，对亲本选择要求高，组织工作和繁育体系复杂。

二、轮回杂交

这种杂交方式是利用商品肉猪生产过程中的杂种母猪作为后备种母猪，每一代轮换使用不同品种的公猪。最常用的有两品种轮回杂交（又称交叉杂交）和三品种轮回杂交。从管理和健康角度出发，采用这种方式，可以不从其他猪群引进纯种母本，可以减少疫病传染的风险。轮回杂交虽能在连续世代获得杂交优势，但不能获得完整的杂交优势，达到平衡时交叉杂交的个体和母本杂交优势只有2/3，三品种轮回杂交的个体及母本杂交优势只有6/7。

两品种轮回杂交方式见图5-5。

三品种轮回杂交方式见图5-6。

这种轮回杂交方式的缺点首先是各世代间的终端产品的不一致性；其次是不能很好地利用杂交中的遗传互补性，这是因为无法固定参与杂交猪种哪个父本或母本。显然，在我国不宜在猪的生产中推广轮回杂交，因为这对于选择我国地方猪种或培育猪种或品系作母本是一个障碍。这种杂交方式，在20世纪50年代与60年代时国外应用十分广泛，但进入80年代以来，随着商品肉猪生产方式的改变，终端杂交方式的

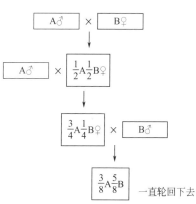

图5-5　两品种轮回杂交

图5-6　三品种轮回杂交

应用逐渐成为主流。目前除美国外，一般很少使用。

三、配套系杂交

在养殖业中，良种具有非常重要的地位，良种对于养殖业的贡献率超过40%。猪的配套系育种就是选择现有的具有优良基因的猪种为基础进行杂交，充分利用配套系猪群基因的上位效应和互作效应，产生杂交优势，从而提高猪的遗传品质，生产出符合消费者需求的猪肉。从20世纪60年代开始，欧美国家相继培育出猪配套系，我国从20世纪70年代开展猪配套系的培育。猪配套系的出现，提高了养猪业中良种的覆盖率，促进了养猪业健康、可持续的发展，具有良好的发展前景。

配套系指以数组专门化品系（多为3个或4个品系为一组）为亲本，通过杂交组合试验筛选出其中的一个组作为"最佳"杂交模式，再依此模式进行配套杂交所产生的商品猪。

注：杂交模式＝杂交组合＝杂交方式＋亲本搭配

1.配套系杂交概念

配套系杂交，指配套系的培育过程。包括配套系培育成功后专门化品系的持续测定与选择等（张仲葛等，1990）。配套系育种就是结合品种资源、专门化品系和配合力的测定，通过配合力测定的结果，定位培育的专门化品系，通过对每个专门化品系的突出的性状特点确定其不同的作用，然后利用繁殖系统进行繁育，生产种猪和杂优商品猪的繁育体系。根本原理就是利用基因之间的加性效应和非加性效应，继而产生杂交优势。配套系猪又称杂优猪，一般指的是商品代肉猪。通常来说，每个猪配套系都有其固定、呈体系的杂交选择模式，在进行生产推广应用的时候，引进猪配套系必须按照其繁殖体系提供各个代次种猪。配套系杂交主要包括了专门化品系杂交和近交系杂交，在品系选育过程中最主要的方法有近交建系法、系祖建系法和群体继代选育法三种。近交建系法虽然较其他两种选育方法耗时较短，但高度近交会造成近交衰退严重，所以家畜生产中基本上常用系祖建系法和群体继代选育法。品系间的杂交能够产生杂交优势更加明显、性状表现更为一致的杂优商品猪，更便于开展工厂化、规模化的发展。

2.猪配套系育种的基本方法

猪配套系是以两个及两个以上专门化品系为亲本，按照设计的杂交模式，筛选出杂交优势好、符合需求的固定组合，依此模式进行配套杂交得到商品代猪。配套系育种主要包括两个基础工作专门化品系的建立和筛选最优组合，专门化品系的选育在猪配套系育种中处于核心地位，专门化的品系生产出的商品代集合了各品系的优秀性状于一身。专门化的品系分为专门化父系和专门化母系。在专门化父系的选育过程中，通常主要以生长速度、饲料转化率、瘦肉率、屠宰率、腿臀比例等中、高遗传力性状为主进行选育。一般而言，在进行父本公猪选育时主要以个体选择为主，家系选择为辅，同时确保父本公猪配种能力优秀。在进行实际的育种培育中，部分性状需要进行活体测量，可采取遗传相关进行测量，从侧面反映出需要了解的性状，例如瘦肉率就可以用背膘厚和眼肌面积进行间接的测量评价。间接评价主要是利用瘦肉率和眼肌面积的正相关关系，而与背膘厚呈现负相关；饲料转化率也可以通过背膘厚和日增重两个性状进行间接选择。杂优猪母本的选育主要以总产仔数、产活仔数、初生重、配种受胎率、21日龄窝重为主要指标，同时兼顾肉质性状，这要求杂优猪的母本母系在选育过程中偏向于繁殖性能，通常采用亲子同胞交配获得，而母本父系的选择以生长性状和肉品质性状为主。在开展杂交实验筛选最优组合过程中，配合力的测定非常重要。为节省成本，在保证样本数量的情况下，且前期对各系特点清楚掌握，可以适当压缩参试组合数，测定产肉性能和肉质，同时应该设立纯种亲本繁殖作为对照组，严格按照科学的实验方案进行。在测定过程中保证两个一致，即对比条件的一致和测定标准的一致。专门化品系的建立和筛选最优组合，是配套系育种最基础也是最重要的两个步骤，需要科学规范地进行。

3.配套系杂交在联合育种中的应用

联合育种是将一个地区的优良种畜资源通过统一规范的遗传评估测定，进行数据共享。因为随着育种群规模的扩大，能够出现更多的遗传变异，同时选择强度也会提高，能够充分发挥优秀种畜资源，从而提高育种效益。由于跨地区之间存在疾病防控问题，加之我国育种力量相对薄弱，各个育种企业遗传评估测定没有科学统一，因此联合育种进程缓慢，但在联合育种中推进配套系的使用就能很好地解决这一问题。各育种企业或育种场可以分工协作，然后共享测定数据，这样使得性能测定数据更加准确和快速，同时可以充分利用地方品种的优良性状（肉质好、抗逆性强、繁殖率高等），可以补充国外品种在肉质和繁殖力上的不足，推动培育我国特色品系。配套系育种还能为核心育种群种畜更新提供便利。联合育种和配套系育种的结合，一方面发挥配套系育种特点，另一方面还能解决联合育种的短板，两者的有机结合必将推动联合育种的发展。

第三节 猪的繁育体系

一、繁育体系的概念

猪的繁育体系是将纯种猪的选育提高、良种猪的推广和商品肉猪的生产结合起来，在明确使用什么品种、采用什么样的杂交生产模式的前提下，建立不同性质的各具不同规模的猪场，各猪场之间密切配合，形成一个统一的遗传传递系统。完整的繁育体系，通常是以原种猪场（核心群）为核心、种猪繁殖场（繁殖群）为中介、商品猪场（生产群）为基础的上小下大金字塔式繁育体系。这种金字塔式繁育体系，能够按照统一的育种计划把核心群的优秀性能迅速传递到商品生产群以转化为生产力，完成猪群不断改良、生产力水平迅速提高和创造最大经济效益的共同任务。把遗传素材的改良、良种的扩大繁育和商品群的标准化生产有机地联系起来，构成一个统一的运营系统（图5-7）。

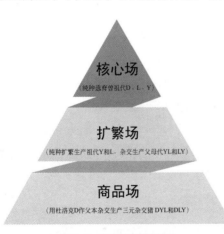

图5-7 金字塔式繁育体系

从构成要素来看，一

个完整的生猪良种繁育体系的相关主体不仅包含金字塔形繁育结构中育种群（核心群）、扩繁群和商品群的生产者，还应包括政府、科研机构和其他服务机构（如种猪性能测定中心、种公猪站或猪人工授精中心、种猪遗传评估中心、行业协会、各类合作组织以及中介机构或个人）等主体。上述各类主体具有不同的特性，在生猪良种繁育体系的运行中分别承担不同职能。其中，育种企业、扩繁场（合称种猪企业）和商品场户等各类猪群的生产者是品种创新、扩散与应用活动的直接执行者，属于核心主体；政府职能在于提供公共物品以补偿外部性和创造有利的发展环境；科研机构的职能在于为品种生产与应用提供知识和技术支持；行业协会、合作组织及中介机构（个人）的职能主要取决于市场导向的自发分配。主体之间基于相互关系形成物质与信息的交互网络，将各主体的特性与职能整合起来，以实现生猪良种繁育体系的整体流程与核心功能。根据生猪良种繁育体系的技术属性和各主体的不同职能，主体间的相互关系主要包括5个方面，即育种企业之间的关系、育种企业与科研院所之间的关系、育种企业与扩繁场之间的关系、种猪企业与商品场户之间的关系以及政府与其他主体之间的关系。在市场机制作用下，这些相互关系主要表现为同一环节内部或纵向环节之间的生产经营合作和利益分配竞争。

以上海某畜牧公司为例，该公司以纯种杜洛克猪、长白猪和大白猪为主要杂交亲本，有A基地场、B基地场、C基地场构成的规范配套的三级繁育体系，科学系统地进行三个杂交亲本纯种繁育工作和三元商品猪的杂交生产工作。

A场，作为原种繁育场，主要进行杜洛克猪、长白猪、大白猪的纯繁工作，组建三个品种的闭锁核心群，为B场、C场提供杂交亲本的优质纯种猪。生产规模：① 种母猪存栏460头，其中杜洛克猪100头、大白猪200头、长白猪160头；② 种公猪存栏40头，其中杜洛克猪8头、大白猪16头、长白猪16头；③ 年产仔8500头；④ 年出栏7000头。

B场，作为二级繁育场和商品猪繁育场，主要进行原种猪的纯种扩繁、大批量二元母猪杂交繁育和三元商品猪的杂交繁育工作。生产规模：① 种母猪存栏1200头，其中杜洛克猪100头、大白猪150头、长白猪150头，二元母猪800头；② 种公猪存栏56头，其中杜洛克猪38头、大白猪8头、长白猪8头；③ 年产仔24000头；④ 年出栏16000头。

C场，作为商品猪繁育基地，按照规范的三元经济杂交模式进行三元商品猪生产工作，并作为三元经济杂交商品猪生产示范基地。生产规模：① 基础母猪存栏600头，其中长白猪40头，大×长二元母猪560头；② 种公猪存栏25头，其中杜洛克猪23头、大白猪2头；③ 年产仔12000头；④ 年出栏10000头。

二、繁育体系的作用

建立良种猪的繁育体系是现代养猪业的发展方向，标志着一个国家或一个地区养猪业发达程度。在现代养猪生产中，建立健全的猪繁育体系，使猪的杂交利用工作有组织、有计划、有步骤地进行，有利于良种猪的选育提高和繁殖推广，使在育种猪群中实现的育种进展，能够逐年不断地传递并扩散到广泛的商品猪生产群中。在繁育体系中，开展杂交所需的纯种猪，有专门的猪场和科研单位进行选育和提供，杂种猪也有专门的猪场制种，商品猪有专门的猪场进行育肥，在良好的组织管理条件下，就能达到统一经营，充分利用杂交优势，提高产品数量和质量，以取得高额的社会经济效益。

1.生猪良种繁育体系的核心功能是知识创新、技术创新和制度创新

知识创新是指与育种相关的基础研究创新，包括生命科学和管理科学等相关学科的理论创新。技术创新是指从知识创新到生产技术进步的转化过程，既包括品种创新，也包括配套技术创新。制度创新包括宏观、中观与微观3个层面。宏观层面的制度创新指政府提供的基本制度和政策创新，如品种权保护制度、专利制度、国家畜禽种业建设工程项目和良种补贴政策等；中观层面的制度创新指新的主体间关系的形成，如新的产学研合作模式、大企业育种联盟、生猪联合育种平台等企业联合组织，及产业链纵向协作、供应链管理和虚拟企业等新经营形式的出现和发展；微观层面的制度创新指企业层面的制度创新，包括企业战略创新、企业所有制改革、企业股权激励机制的构建等。三者中知识创新与技术创新属于自然学科范畴，制度创新属于社会学科范畴；知识创新

是基础，技术创新是核心，制度创新是保障；三者需协同配合、相互作用，最终实现种猪性能及其利用效率的提升。从经济管理的角度应关注制度创新是否促进了知识和技术创新以及知识和技术创新如何反作用于制度创新。

2. 生猪良种繁育体系的基本流程是创新成果的生产、扩散与应用

生猪良种繁育体系中创新成果的生产、扩散与应用主要是指生猪良种技术从生产主体到应用主体的有效传递，即核心群中的优质生猪遗传基因经历核心群种猪扩繁、生猪新品种扩散和生猪品种采纳3个环节后，最终体现为更高生猪生产率的全部过程；此外还涉及知识与制度创新成果在该过程中的有效传递，如适宜政策措施的普及、良好组织模式的推广和优秀企业战略及经验的模仿和复制等。

3. 生猪良种繁育体系的目标是提升生猪生产率，其发展环境是相关物质与非物质环境的总和

首先，提升生猪生产率可通过2个主要路径来实现，分别对应生猪良种繁育体系的2个子目标：一是提高单位投入的产出数量，如产仔率、料肉比、出肉率的提高等；二是提高产品质量，如瘦肉率、猪肉口感、营养与质量安全水平等。这些目标相互关联，共同构成生猪良种繁育体系的发展目标。其次，生猪良种繁育体系的物质环境是指各种影响生猪生长和品种选育的自然环境，如地理、生态和气候等；非物质环境则是文化、制度、法律法规、民俗民风等社会环境。从系统理论的角度考虑，生猪良种繁育体系是一个不断与外界环境发生能量与物质交换的开放系统，发展环境中的一系列因素或直接作用于品种创新及使用过程，或提供一个框架，相关主体在此框架内进行行为选择。

三、繁育体系的主要形式

猪场专业化分工完整繁育体系要求建立不同性质和生产任务的猪场，并在统一的繁育计划下，依靠它们之间的密切协作完成猪群不断改良、提高生产力水平和获得最大经济效益的共同目的。各地可依据其社

会经济条件和养猪生产力水平组建不同类型的猪场，一般划分为以下三种类型：育种场或原种猪场（核心群）、种猪繁殖场（繁殖群）和商品猪场（生产群）。

1.原种猪场（核心群）

处于繁育体系的最高层，在繁育体系内猪群的遗传改良上起核心和主导作用，因此又称这部分猪群为核心群。

原种猪场的主要任务是根据繁育体系和育种方案的要求，进行纯种（系）的选育和新品系的培育。为此它必须建立自己的测定设施，或与专门的测定站相结合，开展细致的测定和严格的选择，以期获得最大的遗传进展。在其繁殖的后代中，经性能测定后选留性能水平优良的种猪，除保证核心群淘汰更新以外，主要向下一层（繁殖场）提供后备公、母猪，扩大或更新替补繁殖群，用于扩繁生产纯种母猪或杂交母猪，也可直接向生产群提供商品杂交所需的终端父本，或向人工授精站提供经严格测定和选择的优良种公猪，以便通过人工授精网扩大优良基因的遗传影响。没有品质优良的纯种，就不可能得到杂种效果显著的杂种猪。对本地猪的选种重点应放在繁殖性能上；对长白猪、大约克夏猪等作母本用的猪种，选种重点既要考虑生产效率，又要兼顾繁殖性能；对作父本用的杜洛克猪等品种（系），选种重点应放在生产效率和胴体品质上。

2.种猪繁殖场（繁殖群）

处于繁育体系的第二层，其主要任务是扩繁生产纯种母猪和杂种母猪，为商品猪场提供纯品种（系）和杂种后备猪，保证生产一定规模商品肉猪所需的种源，故有的国家又将繁殖群划分为纯种繁殖群和杂种繁殖群。

繁殖群选种的重点应放在繁殖性能上。在一些四元杂交特定繁育体系中，种猪繁殖场还生产杂种公猪，为生产猪场提供杂交所需的杂种父本。繁殖群更新所需的后备公母猪应来源于核心群，不允许接受商品场的后备猪，也不允许向核心群提供种猪。

3.商品猪场（生产群）

处于繁育体系的底层，它拥有的母猪数量占完整繁育体系母猪总头数的85%左右，其主要工作任务是按照杂交计划要求，组织好父代、母代的杂交，生产优质商品仔猪，保证肥猪群（肥猪场）的数量和质量要求，为市场提供优质的猪肉。

在商品场内不作细致的选择和测定，工作重点应放在提高猪群的生产效率和改进育肥技术上，保证猪群健康，及时淘汰体质健康不良、肢蹄病、无乳症、外伤、繁殖障碍、老龄和性能低下的母猪。按照统一的育种计划接受育种场提供的终端父本猪，或由人工授精站取得指定品种（系）公猪的精液，组织好配种工作。育种场和繁殖场所做的严格测验和精心选择工作最终是为商品场服务的，从这个意义上讲，商品猪场是享受遗传改良成果的受益单位。认识这一点有很重要的现实意义，实践中少数大型商品猪场拥有表现型相对一致的高产母猪群和肥猪群后，往往企图进行新品种培育或选留种猪，不按统一的育种计划接受繁殖场提供的优良后备猪，事实证明这种"另起炉灶"的做法是错误的。商品猪场的种猪，虽然表现出相对一致的高产性能，但它们的基因型是杂合体，在进行"横交"时必然会出现基因重组，产生多种多样的性状分离的后裔群体。商品猪场由于不具备严格的、完善的和足够的测验设施及测定手段，缺乏进行新品种（系）培育所必需的基因资源、技术人员和经济实力，其结果事与愿违，不但没有培育出新品种（系），反而破坏了统一的育种计划和动摇了繁育体系的基础，最终使自己遭受重大经济损失。

总之，认清育种场、繁殖场和商品场的各自性质、任务和在完整繁育体系中所处的地位，是非常重要的。

四、建立健全的繁育体系

经过科学研究与规划建立起来的一整套合理的组织体系，包括杂交组合品种品系筛选，根据工艺参数确定各性质猪场及他们的规模、经营方向和任务，使之密切配合，从而达到生产效率高、遗传进展快和经济效益最大化的目的。完整的繁育体系是指以育种场（核心群）为核心，种猪扩繁场（繁殖群）为纽带和商品繁殖场（生产群）为基础的完整宝塔式繁育生产体系。这种宝塔式繁育体系，能够按照统一的育种计划把核心群的优秀性能迅速传递到商品生产群以转化为生产力，完成猪群不断改良、生产力水平迅速提高和创造最大经济效益的共同任务。把遗传素材的改良、良种的扩大繁育和商品群的标准化生产有机地联系起来，构成一个统一的运营系统。合理的猪群结构是实现杂交繁育体系的基本条件。要确定合理的猪群结构，首先是要确定生产商品育肥猪的最佳杂交方案，如采用三元杂交等方法，需要根据自身的品种品系资源、规模化猪场的基本条件、市场需求及杂交试验等来综合分析确定。其次是需要各类猪群的生产参数，包括与遗传、环境及管理等有关的生物学参数，以及人为决定的决策变量，其中最重要的几个参数包括各层次的公、母种猪的比例，公、母种猪的使用年限，每年每头母猪提供的仔猪数，以及提供的后备种公猪、母猪数。当生产育肥猪的数量一定时，可利用结构参数和模型，结合杂交方案，确定各层次的仔猪数、后备猪数及种母猪数，并根据采用配种方式的公母比例，确定种公猪数。

第四节　猪的杂交优势利用

杂交优势，即不同种群（品种、品系或其他种用种群）的家畜杂交产生的杂种，往往在生活力、生长势和生产性能等方面一定程度上优于其亲本纯繁群体。我国劳动人民早在两千多年前，就利用驴、马杂交，生产出骡。我们知道，骡比驴、马都具备更优异的耐力和役用性能。在一千四百多年前，后魏贾思著的《齐民要术》一书中，已经对这项重大的群众经验作出了正确的文字总结。表示杂交优势的方法主要有两种：一种是杂种平均值超过亲本纯繁均值的百分率，用杂交优势率表示；另一种是杂种平均值超过任一亲本纯繁均值，用杂交优势比表示。

不同品种、品系间杂交的效果是不同的，盲目杂交甚至可能导致杂种劣势。　杂交优势大体可以分成个体杂交优势、母本杂交优势和父本杂交优势3类。个体杂交优势表现为杂种个体本身在生长、繁殖、生活力和其他性状等方面的提高。母本杂交优势指杂种母畜代替纯种母畜所得到的杂交优势，如产仔数的增加。父本杂交优势是指杂种公畜代替纯种公畜所得到的杂交优势，如日增重的提高。

杂交优势的特点主要有以下几个方面。

（1）杂交优势不是一两个性状单独地表现优势，而是多个性状的综合表现。

（2）杂交优势的大小取决于双亲性状间的相互补充。在一定范围内，双亲的基因型差异越大、亲缘关系越远，杂交优势越强。这可能是因为亲缘关系远了，双亲性状的优缺点可互补，其优势就强，反之则弱。

（3）杂交优势的大小与双亲基因型的纯合度有关。双亲的基因型纯合程度越高，F1优势越强。这是因为双亲高度纯合时，F1的杂合性就是一致的，没有分离，群体优势强。

（4）杂交优势只表现在F1代。若再杂交就会由于基因的分离而出现衰退现象，所以生产上只用杂种第一代。

（5）杂交优势的大小与环境条件有关。同一种杂种一代由于饲养的条件不同，性状差距很大。

一、二元杂交优势利用

二元杂交指两个具有互补性的品种或品系间的杂交，是最简单的杂交方式，生产上最常见的二元母猪为长×大、大×长母猪（图5-8、图5-9）。

图5-8　长大二元母猪　　　　　　图5-9　大长二元母猪

纯粹以国外引进品种杂交生产的母猪，养殖户俗称其为"外二元"母猪。二元杂交以我国地方猪种为母本生产的二元母猪，俗称为"内二元"母猪，如长白公猪与太湖母猪杂交生产的长×太二元母猪（图5-10）。

图5-10　国内外主要猪品种

常见的二元杂交公猪为皮杜、杜皮公猪。

二、三元杂交优势利用

三元杂交是指3个品种间或品系的杂交。首先利用两个品种或品系杂交生产母猪，再利用第三个品种或品系的公猪杂交产生的后代猪。三元杂交除育种需要外，大部分用于生产商品猪。生产上最常见的三元猪为杜长大或杜大长。

全部运用外来品种（系）杂交生产出的三元猪，养殖户俗称为"外三元"。三元杂交的第一母本为国内地方品种生产的猪为"内三元"。

外三元全部选用外来品种杂交而成，如：杜洛克公猪为父本，长白公猪和大白母猪杂交选留的杂交母猪为母本进行交配，得到的杜×（长·大）

二代杂种猪就是三元猪（前提条件：这些种猪都来源于国外）。

外三元猪的杂交组合：

① 长白公猪×大约克母猪→长×大杂交母猪。

② 大约克公猪×长白母猪→大×长杂交母猪。

③ 杜洛克公猪×长大母猪→杜×（长•大）外三元猪。

④ 杜洛克公猪×大长母猪→杜×（长•大）外三元猪。

以上③、④两组为当代世界养猪业中最为优良的杂交组合。其后代抗逆性强，具有十分明显的杂交优势（图5-11、图5-12）。

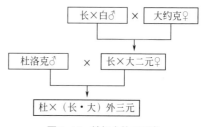

图5-11 杜长大外三元猪

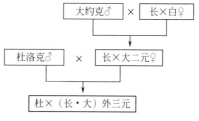

图5-12 杜大长外三元猪

内三元：如果这三个品种中有一两个我国品种，则称为内三元，如长白、大白、东北民猪。

如果三个品种都是我国地方品种，则称土三元或土杂猪，如内江猪、荣昌猪、滇南小耳猪。

三、四元杂交优势利用

四元杂交即使用二元杂种公猪与母猪进行交配以生产商品肉猪的模式（图5-13）。由于商品代的父本、母本都是杂种，从理论上讲能充分利用个体、父本和母本的杂交优势。与三元杂交相比，商品代猪更好地利用了亲本的遗传互补性，杂交效果显著。这种杂交方式已成为一些大公司生产杂交商品猪的主要方式。

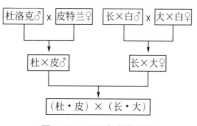

图5-13 四元杂交模式图

四、杂交方式效应

由生物学可知，动物的杂交后代通常能更好地适应其自身所处的生活环境，并且具有较高的生产性能。在养猪生产中，也可通过杂交来产生结合亲代遗传潜力的杂交后代。对家畜来说，这种生物学现象通常叫作"杂交优势"。从理论上讲，"杂交优势"这一定义并不确切，因为杂交优势是由特殊基因组间的互作产生的，特殊配合力的表现以及它们的影响取决于参与杂交的亲本的遗传贡献。因此，并非任何杂交都会表现杂交优势效应。

从遗传学的观点来看，遗传力较低的性状较遗传力较高的性状表现出更大的杂交优势。因此，单就猪的繁殖性状进行杂交，可产生较大的杂交效应。繁殖性状属多因子遗传，杂交优势的表现取决于多种因素。

1.种猪的遗传一致性是影响杂交优势的一个重要因素

杂交亲本在同一性状间的遗传差异越大，越有可能产生较大的杂交效益。

2.杂交亲本的确定（父本或母本）对杂交结果也有明显的影响

母体效应在妊娠期和哺乳期的影响是大家所熟知的。受精卵在子宫内的附植成功与否只与母猪有关，而与公猪无关。此外，仔猪在哺乳期的生长发育在很大程度上取决于母猪的泌乳性能。

五、杂交效果

迄今为止，对杂交生产性能的推断是很笼统和粗糙的，人们一直探索一种精确预测杂种生产性能的方法。如利用分子、生化多态性，计算不同种群间的遗传距离，估计杂交优势的可能趋势，或者估测不同种群间的配合力。杂交效果一般受到以下几个方面的影响：① 杂交种群的平均加性效应；② 种群间的遗传差异；③ 性状的遗传力；④ 种群的整齐度；⑤ 母体效应；⑥ 父母组合。

第六章
猪场选址与猪舍建造

第一节 猪场的选址

猪场，指采用先进生产工艺，实行集约化、高效率、连续均衡或自繁自养式生产的生猪养殖场，包括种猪场和商品猪场等。正确选择场址和合理布局，是建设猪场的关键之一，既可方便生产管理，又可为严格的防疫打下基础。

猪场选址要强化规划引领，以国土空间规划和农业专项规划为依据，在坚持农地农用原则下合理选址，科学处理好与耕地保护，特别是永久基本农田及储备地块保护的关系；应严格按照养殖业布局规划等专项规划进行选址。坚持最严格的耕地保护制度，鼓励采用架空、隔离布或预制板铺面隔离等保护土壤耕作层的工程技术措施建设，尽量减少占用耕地；原则上不得使用耕地保护空间，涉及少量确实难以避让的，允许使用但必须落实计划。

一、远期规划

当今社会发展迅速，城乡建设变化很大，生态环境保护尤为重要。养猪是一个长期持续的产业，所以前期猪场建设时的场址选择是重要的工作。首先要了解当地城乡中远期（20年以上）发展规划，避免因城镇扩建、公路和铁路开通、机场码头的修建而遇到拆迁的问题。尤其是新建大型猪场，立项前必须申报，纳入城镇建设规划，以便统筹考虑猪场附近将来的发展，避免可能出现的对外污染或城镇、交通等发展对猪场构成的影响。另外，对新建猪场，从占地、水源、电力、粪污处理等方面都应留有拓展空间。

二、农牧渔果种养结合

猪场对外界环境的污染，如不注意是很严重的。一个万头猪场，每年至少向周围排污2.55万吨，其中固体粪约7500吨，尿和污水约18000吨，还有有害气体。猪场周围应有足够的农田、鱼塘、果园等，使粪污能无害化处理综合利用；反过来，粮食及其副产品又是猪的饲料来源。这样既节约了运输费用，处理后的粪污作为农家肥又得到良性循环，自然消化，提高了经济效益，保护了生态环境，发展了生态农业。

三、生物安全

猪场应远离主干公路、铁路等主要交通干线500米，最好在2000米以上，距铁路与一二级公路不应少于300米，最好在1000米以上，距三级公路不少于150米，距四级公路不少于50米，保持良好的卫生防疫和安静环境。

为减少疫病传播，建场位置要位于居民区的下风向，应远离城镇居民区、生活饮用水水源地、种畜禽场及动物养殖场、旅游区、文化教育科研等人口集中区域1000米以上，距离动物诊疗场所、兽医机构、屠宰加工场、无害化处理场所、动物产品交易市场等3000米以上。

猪场不宜建在过去发生过疫病的旧场址上，以免病原菌的再侵入。特别老猪场多是泥土地，病原菌入泥地后，很难彻底消毒和根除。为控制疫病的传播，猪场规模不宜过大。

四、地形地势

场地的高低、走向即是地势。猪场一般要求地形整齐开阔、地势较高、干燥、背风向阳（陈顺发，2009）、通风良好、平坦或有一定坡度（一般坡度在1%～3%为宜），以利排水，尽可能使用荒地不占良田。地势高的优势，场区内湿度相对会较低，病原微生物、寄生虫及蚊蝇等有害生物的繁殖和生存就会受到限制，猪舍环境控制的难度有所降低，卫生防疫方面的费用也相对减少。开阔就是前方不应有山或高大的建筑物阻挡风源，最好前面有东南风的风口，后面有风的去路，有良好的通风条件。一般猪舍内湿度较大，通风好有利于将舍内湿气带走。背风是指在自然环境下，尽量避免冬季北风的侵袭。向阳的目的是保持猪舍干燥，冬季尽量用太阳能取暖，减少能源消耗。

地形狭长往往会影响建筑物的合理布局，拉伸生产作业线，并给生产和管理造成不便；地形不规整或边角过多，会使布局混乱而不合理。猪场不宜建于山坳和谷地，以防在猪场上空形成空气涡流，避开西北方向的山口和长形谷地，以减少冬春风雪的侵袭。

五、水源充足、水质要好，符合饮用水指标

猪场用水量很大，一条年产万头猪的生产线，每天猪的饮水和冲洗猪舍用水约150吨，一般情况下需要建造贮水水塔300～500立方米，因此，必须有一个可靠的水源，要求水量充足。水量必须能满足场内生活用水、猪只饮用水及饲养管理用水的要求。水质良好，水质要经过卫生检验，合格后才能给猪饮用，防止含某些矿物质毒素，引起地方性疫病。

猪场用水最好不用河流、池塘、水库水，以免工业废水、生活废水和屠宰场污水污染。若需打井取水，水井应设在猪场最高地势处，避免猪舍等处的污水污染水源；水质应化验，符合NY 5027—2008《无公害食品 畜禽饮用水水质》卫生标准。

六、充足的能源

猪场供水、保温、通风、饲料加工、清洁、消毒、冲洗、照明等用电量较大，特别是规模化、集约化、现代化的大型猪场。电力供应对猪

场至关重要，选址应靠近输电线路，以保证有足够的电力供应，减少供电投资。

猪场采用自动饮水系统，不能停电；一旦停电，猪渴了喝不上水，特别是夏天，会咬坏自动饮水器，严重影响生产。因停电影响仔猪保温和夏季通风，都将带来严重的失温和增热后果，造成猪只冻僵和高热闷死，损失巨大。所以当供电不稳定时，猪场应自备小型发电机组，如沼气发电机、天然气发电机、柴油发电机等。

七、交通便利

猪场物料的运输量较大，一个万头猪场，每天进出物料（包括饲料、粪污、上市生猪）有20多吨，在防疫条件允许的情况下，场址应有便利的交通条件。

八、猪场建设选址评估

场址选址应坐北朝南、偏东南。建设初期对猪场建设的位置进行选址评估，以确定是否可以建设猪场。猪场建设选址评估可以参考表6-1～表6-8进行。

表6-1　猪场建设选址评估表

项目名称	
选址地点	
猪场类型	□种猪场　□扩繁场　□商品场　□母猪场　□育肥场
项目业主	
联系电话	
评估日期	
评估组长	
评估成员	

注：以下评估系列表都来源于PIC中国。

1.地形地势和气候

表6-2　地形地势和气候调查

山岭/气候	丘陵/气候	平原/气候
□迎风 □避风 □干燥 □潮湿-温暖 □潮湿-寒冷	□迎风 □避风 □干燥 □潮湿-温暖 □潮湿-寒冷	□无树木 □有树木 □干燥 □潮湿-温暖 □潮湿-寒冷

注：请在适当条款的方框里划"√"。

2.选址附近生猪饲养量

在一个选项中，如果不止一个猪场，那么将每个猪场存栏的生猪数量相加，计算总数（例：附近2～5千米的范围内，有2个小猪场，每个场有200头，则猪的总数为200+200=400头）。在母苗猪生产场（新生仔猪饲养到体重25～35千克后出售），该数量以母猪数×4.5而求得。在自繁自养场（配种-妊娠-分娩-保育-育肥-出栏），则以母猪数×10求得。

表6-3中所描述的距离均为直线距离。

表6-3　选址附近生猪饲养量调查

直线距离	≤2千米	2～5千米	≥5千米
生猪 养殖量/头	□无 □≤1000 □1001～5000 □5001～10000 □10001～50000 □50001～100000 □>100000	□无 □≤1000 □1001～5000 □5001～10000 □10001～50000 □50001～100000 □>100000	□无 □≤1000 □1001～5000 □5001～10000 □10001～50000 □50001～100000 □>100000

注：请在适当条款的方框里划"√"。

3.周围地区猪的养殖密度

周围地区生猪养殖密度是指被评估场周围5千米（5千米半径的圆面积为78.5平方千米）范围内每平方千米内的猪的头数（此数据可从当

地畜牧行政机构获得）。

规模大小可按下列方法计算：母苗猪生产场（新生仔猪饲养到体重 25～35千克后出售）为母猪头数×4.5。

自繁自养场（配种-妊娠-分娩-保育-育肥-出栏）为母猪头数× 10，或实际存栏数。

表6-4　周围地区猪的养殖密度和被评估猪场规模调查

周围地区猪的养殖密度/（头/平方千米）	被评估猪场规模/头
□很低<1000 □低1001～5000 □中等5001～10000 □高10001～50000 □很高>50000	□很低<1000 □低1001～5000 □中等5001～10000 □高10001～50000 □很高>50000

注：请在适当条款的方框里划"√"。

4.附近5千米范围内猪场数量

如果村内养猪，那么就把该自然村看作一个猪场。即使两个自然村距离很近，仍应视为两个猪场。

表6-5　附近5千米范围内猪场数量

□无 □<3个猪场 □<6个猪场 □<12个猪场 □>12个猪场

注：请在适当条款的方框里划"√"。

5.附近5千米范围内猪场类型

"生产在健康控制体系中"是指种猪或精液只从本集团公司内引进。

"封闭式生产"是指用于猪群更新的种猪自己在场内生产，但又不在本集团公司健康控制体系中。"混合式生产"是指从外界购入用于猪群更新的种猪，但又还在本集团公司健康控制体系中。"综合式生产"是指该场是多点式生产体系中的一个生产单元。"同一健康水平"是指从外界购入的苗猪来自同一个健康控制体系中的猪场。"2～3个健康水平"是指从外界购入的苗猪来自2～3个健康控制体系中的猪场。">3个健康水平"是指从外界购入的苗猪来自多至3个以上健康控制体系中的猪场。

表6-6　附近5千米范围内猪场类型调查

评估项目	自繁自养场	母苗猪生产场
生产在健康控制体系中	☐	☐
封闭式生产	☐	☐
混合式生产	☐	☐
综合式生产	☐	☐
5千米内无猪场	☐	☐
评估项目	商品育肥场 （全进全出）	商品育肥场 （连续生产方式）
☐同一健康水平	☐	☐
☐2～3个健康水平	☐	☐
☐>3个健康水平	☐	☐
☐5千米内无猪场	☐	☐

注：请在适当条款的方框里划"√"。

如果无法确定，请选择最差项，如"混合式生产"">3个健康水平"。

6.其他污染源

表6-7　其他污染源调查

评估项目	屠宰场	病死畜处理场	农贸市场	生活聚集区	垃圾场	污水处理场
≥5千米	☐	☐	☐	☐	☐	☐
2～5千米	☐	☐	☐	☐	☐	☐
500米～2千米	☐	☐	☐	☐	☐	☐
≤500米	☐	☐	☐	☐	☐	☐
无	☐	☐	☐	☐	☐	☐

注：请在适当条款的方框里划"√"。

最近的屠宰场：_____

最近的病死畜处理场：_____

最近的农贸市场：_____

最近的农贸市场有无动物活体交易：☐有　☐无

最近的生活聚集区：_____

最近的垃圾处理场：_____

最近的污水处理场：_____

7.主要的道路情况

表6-8　附近主要的道路情况调查

距离主干道	畜禽车流量
☐≥1000米 ☐1000～500米 ☐500～50米 ☐50～10米 ☐≤10米	☐无 ☐少 ☐多

注：请在适当条款的方框里划"√"。

被评估猪场10千米范围内详细情况标注示意图见图6-1。

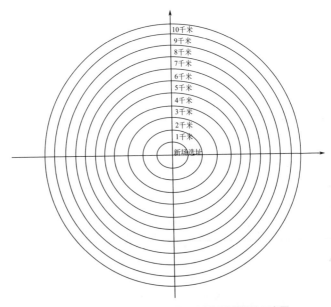

图6-1　被评估猪场10千米范围内详细情况标注示意图

九、场地面积

　　猪场占地面积依据猪场生产的任务、性质、规模和场地的总体情况而定。各省市有政策规定的必须按照执行。上海市（沪规划资源施[2020]591号）文件规定畜禽养殖项目硬化面积不得超过项目总面积的60%；在满足乡村风貌保护、区域建筑高度控制等要求的前提下，鼓励项目建设多层建筑。

　　猪场占地面积按照养殖的基础母猪数量与基础母猪头均面积或年出栏商品猪数量与商品猪头均面积计算，其中基础母猪头均占地面积为60～80平方米/头，商品猪头均占地面积为3～4平方米/头。楼房养猪养殖场占地面积按照实际情况确定。

　　上海市（沪规划资源施[2020]591号）文件规定的猪场设施建设用地标准如表6-9、表6-10所示。

表6-9　猪场设施建设用地标准

设施名称	建设内容	建设标准
猪舍	空怀配种猪舍、妊娠猪舍、分娩哺乳猪舍、保育猪舍、育肥舍和隔离舍、种公猪舍及精液处理室等	按照养殖规模核定用地面积
道路、围墙	净道和污道、操作和停车场地、养殖场周边及场内各生产生活区间隔离围墙	主干道宽度≤6米，辅道宽度≤4米
水电设施	给排水系统和电力系统	符合水务和电力配置标准
防疫设施	消毒池、消毒间、车辆消毒设施、防疫沟、兽医室、兽药疫苗储存室及相关设备、病死畜无害化处理配套设施	占地面积≤猪场占地面积的5%
养殖废弃物处理设施	雨污分流、干湿分离、沼气发电、除臭设施、发酵床、堆粪尿贮存和发酵、沼液储存、堆肥棚和有机肥制作等	占地面积≤猪场占地面积的15%
配套设施	管理用房、仓库、发电机房、锅炉房、饲料加工设施等	占地面积≤猪场占地面积的5%
绿化	房舍周边、道路旁等	占地面积≤猪场占地面积的25%
赶猪设施	赶猪通道、装卸猪台等	占地面积≤猪场占地面积的1%

表6-10　楼房养猪设施建设用地标准

设施名称	建设内容	建设标准
猪舍	空怀配种猪舍、妊娠猪舍、分娩哺乳猪舍、保育猪舍、生长猪舍、育肥舍和隔离舍、种公猪舍及精液处理室等	多层，按照养殖规模核定用地面积
道路、围墙	净道和污道、操作和停车场地、养殖场周边及场内各生产生活区间隔离围墙	主干道宽度≤6米，辅道宽度≤4米
水电设施	给排水系统和电力系统	符合水务和电力配置标准
防疫设施	消毒池、消毒间、车辆消毒设施、防疫沟、兽医室、兽药疫苗储存室及相关设备、病死畜无害化处理配套设施	占地面积≤养殖场占地面积的8%
养殖废弃物处理设施	雨污分流、干湿分离、沼气发电、除臭设施、发酵床、堆肥棚和有机肥制作等	占地面积和养殖规模、层高、栋数密切相关，根据实际情况定
配套设施	管理用房、仓库、发电机房、锅炉房、饲料加工设施等	多层，占地面积≤养殖场占地面积的10%
绿化	房舍周边、道路旁等	占地面积≤养殖场占地面积的15%
赶猪设施	赶猪通道、装卸猪台等	根据实际情况确定

第二节　猪场的布局

　　养殖设施用地包括畜禽养殖生产及直接关联的库房、道路、场地、青贮、废弃物处置、无害化处理、水电设施、清洗消毒、管理用房和配套绿化等设施用地。一个完善的猪场从布局上应该包括四个区：生活管理区、生产辅助区、生产区和隔离区（粪污处理区）。各区的顺序根据当地全年主导风向和猪场场址地势来安排（全国畜牧总站，2012）。

一、猪场的总体布局

1.生活管理区

生活管理区包括猪场办公室、接待室、财务室、会议室、档案室、监控室、职工食堂、宿舍、车库、文化娱乐室和运动场所等。生活管理区应设在猪场生产区的上风向或偏风向、地势较高区域，并与生产区、生产辅助区有围墙隔开，成为一个独立的区域。避免非场内人员进入生产辅助区和生产区而影响生产。

2.生产辅助区

猪场生产管理必需的附属建筑物，包括进场洗消点、技术室、兽医室（包括药房）、化验分析室、饲料加工车间、饲料仓库、水塔、水泵房、机修间和供电房等。生产辅助区应紧连生产区，尤其是饲料车间，应能连接生产区的主干路直通生产区，以便饲料运输。在地势上，生产辅助区应高于生产区，并在其上风向或偏风向。

3.生产区

生产区包括各类猪舍、洗浴消毒更衣室与消毒池、饲养员值班室等。生产区建筑面积占全场总建筑面积的70%～80%。生产区应独立、封闭，要建设在生活管理区下风口。在生产区的入口处，应设专门的洗浴消毒间或消毒池，以便进入生产区的人员进行严格的清洗消毒，禁止一切外来车辆和人员进入。

根据不同类别猪群的生理特点和其对环境的要求，生产区各类猪舍从上至下排列次序为：公猪舍、后备种母猪舍、空怀妊娠舍、分娩舍、仔猪保育舍、生长育肥猪舍、待售舍等。应根据当地的自然条件，充分利用有利因素，布局上做到对生产最为有利。公猪舍、后备种母猪舍、空怀妊娠舍、分娩舍可形成一个繁殖区，与仔猪保育舍、生长育肥猪舍分开，两区之间采取一定的隔离防疫措施。种公猪在繁殖区的上风向，防止母猪的气味对公猪造成不良刺激，同时可以利用公猪的气味刺激母猪发情。在设计时，使猪舍方向与当地夏季主导风向呈30°～60°角，确保猪舍在夏季有最佳的通风条件。

猪场周围用墙、池塘或果林绿化带与其他区隔离。有条件最好将猪舍与鱼塘相间组合，夏季风经过鱼塘后再吹到猪舍，有利于空气调节。

4.粪污处理区（隔离区）

应设置在整个猪场的下风口、地势较低的地方，包括隔离猪舍、病死猪处理间、粪污处理设施等。待售舍、出猪台靠近猪场出口，尽量缩短育肥猪舍到出猪台的距离。粪污收集与处置场建在隔离区的最下风向，粪污池的容量和粪污处置必须符合环保要求，为避免雨水浸入，可盖顶防雨水。

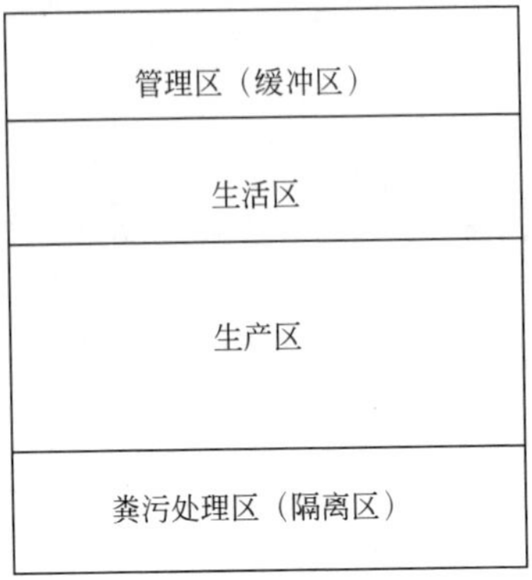

管理区（缓冲区）
生活区
生产区
粪污处理区（隔离区）

图6-2 总体布局示意图（纵向布局）

5.道路和绿化

生产区内净道、脏道分开设置，互不交叉，出入口分开。净道的功能是人行、产品的运输，脏道的功能为运输粪污、病猪和废弃设备的专用道。公共道路分为主干道和一般道路，主干道宽度≤6米，辅道宽度≤4米。其路面以混凝土或砂石路面为主，转弯不小于9米，见图6-2、图6-3。

管理区
（缓冲区）
生活区
生产区
粪污处理区
（隔离区）

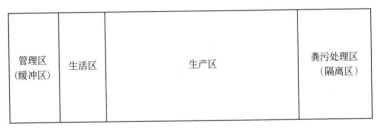

图6-3 总体布局示意图（横向布局）

在进行猪场总体布局时，一定要考虑和安排绿化。绿化不仅美化环境，净化空气，也可防暑、防寒、降噪，改善猪场小气候。为节约占地，平面养猪的绿化面积应小于猪场占地面积的25%、楼房养猪的绿化面积应小于猪场占地面积的15%。种植有散发性气味、无果类的树木，避免鸟类栖息。

二、生产区布局

1.猪舍排列

生产区猪舍排列应根据生产流程、方便饲养管理、方便出猪和减少污染的原则来布局。每栋猪舍最好只包含一个生育阶段，猪舍按当地主导风向，依次为后备种猪→公猪→配种→怀孕→分娩保育→生长育成→育肥→出售依次排列。污水的流向最好也符合该顺序。

猪场的栏舍建设设计是养猪生产的关键性一步，它直接关系到生猪繁殖、生长性能和劳动效率，是猪场是否能盈利的关键因素之一。目前国内外比较前沿的猪舍多采用联栋式或集群式的密闭猪舍，既集中又独立，具有节约土地、容易管理和生物安全防范好的优势。栏舍类型一般按猪栏排列数目分为单列式、双列式和多列式。随着集约化、大跨度猪舍的建设和猪舍内环境自动化程度的提高，多列式猪舍已越来越普遍。各种猪舍的选择和设计要适应所饲养猪的不同生理阶段，便于防疫和消毒，利于猪舍的环境控制和饲养管理等工作。

单列式猪栏排成一列，靠北墙可设置走道（全国畜牧总站，2012）。其优点是设计简单，利于采光、通风和保暖。双列式猪栏排成两排，中间设走道，一般为封闭式猪舍。其优点是保温性能良好，便于管理，但中间采光差，需要良好的通风换气设计。多列式猪栏排成三列、四列、六列、八列等，为多走道，其优点是猪栏集中，保温性能好，养猪效率高，但猪舍结构跨度大、投资高，且采光差，通风换气设计要求更高。

2.繁殖猪舍位置的选择

繁殖猪舍对防疫要求比育肥猪舍严格，位置应选在生产区的上风向或偏风向。与育肥猪舍间最好有鱼塘或树林、牧草地隔开一段距离（20米左右），防止育肥猪舍与繁殖猪舍间饲养人员串舍和距离太近引起疫病传播风险。

（1）种公猪舍。建于繁殖区的上风向或偏风向，地势较高。传统的公猪舍多采取带运动场的单列式设计，可保证其充足地运动，提高公猪精液品质，延长其使用年限。现代化猪场为封闭式猪舍设计，栅栏结构以金属隔栏或PVC隔板为主，相比而言，更有利于猪舍的纵向通风。公猪舍面积一般为7～9平方米，长3.0～3.5米、宽2.3～2.6米，栏高1.2～1.4米（全国畜牧总站，2012）。

（2）配种妊娠舍。紧邻种公猪舍，为种公猪舍的下风向。传统的配种妊娠舍多采用小栏群养模式。配种妊娠期每栏饲养4～6头，每头母猪饲养面积1.6～2.0平方米，分娩前一周转入分娩舍。这种模式，由于母猪间的咬斗、争食和挤撞等机械作用，容易导致母猪流产。现代化猪场采用限位栏饲养模式可防止母猪流产。限位栏均为金属结构，尺寸一般是长2.2～2.4米、宽0.60～0.65米、高1.0米。妊娠母猪舍一般采用双列式，也有三列式、四列式布局，大型猪场视母猪数有更多列式。其优点是实现上料、供水的机械化和自动化操作，可依据每头母猪的膘情实现定量饲喂，缺点是母猪活动受限、易产生肢蹄病，缩短母猪使用年限。

（3）分娩舍。紧邻配种妊娠舍，为妊娠猪舍的下风向。传统的分娩舍一般为地面分娩。地面分娩栏一般为普通的砖混结构，由仔猪教槽区、母猪哺乳区和室外运动场组成。传统分娩舍面积约8平方米。教槽区具有隔离、保温的作用；哺乳区具有分娩、饲喂、栖息的作用；运动场具有饮水、排泄的功能。其优点是母猪活动空间大，缺点是易压伤仔猪，且仔猪直接接触地面，易发生腹泻。现代化猪场均应用高床分娩栏，分娩舍面积约4平方米，其各部分区域构成比例约为1∶4∶3，产床与地面保持0.25～0.30米的悬空距离。双列式或多列式。

高床分娩栏主要由母猪限位栏、仔猪围栏、漏缝地板（网）、仔猪保温箱、食槽、饮水器、支架等组成。漏缝地板有金属（不锈钢、铸铁）、工程塑料或水泥预制件等，也有因地制宜使用竹片。食槽和饮水器均设置于母猪限位栏前门，后门供母猪上下床进出。高床分娩栏规格一般为长2.2～2.4米、宽1.7～1.8米，母猪分娩限位栏宽0.60～0.65米、高0.9～1.1米。优点是方便哺乳、不易发生压伤仔猪的现象，仔猪离开地面而卫生健康，但限制了母猪的活动空间大。

3.保育舍位置的选择

保育舍与生长育肥舍独立成区，与种猪繁殖区间隔，一般建在种猪繁殖区的下风或偏风向。现代化猪场多采用高床保育栏，与地面保持0.25～0.30米的悬空距离，栏面多为全漏空和大部分漏空。仔猪保育栏的长、宽、高视猪舍结构和栏内饲养量不同而设定，一般长与宽的比例为2∶1，栏高0.60米，围栏中的隔栅间隙0.06米。

高床保育栏主要有漏缝地板（金属编织漏缝地板网、工程塑料漏缝地板等）、围栏、自动喂料箱、支架等构成。围栏多为镀锌钢管，也有因地制宜围栏采用金属和砖混结构，东西面围栏用砖混、南北面围栏用金属，这样做可以节省投资，又可保持良好的通风条件。自动喂料箱根据栏舍面积或饲喂头数而设，有的一个栏位设置一个自动喂料箱，有的在相邻两栏间设置一个自动喂料箱。每栏安装1～2个自动饮水器，目前使用较多的为节水型碗式饮水器。有的猪场采用加热地板，即在栏舍水泥地坪浇注前，先将电热管或水管预埋于地坪中，通过电加热或热水来提高地面温度。

4.生长育肥猪舍位置的选择

育肥猪的排粪量大于其他猪舍，应安排在下风向和地势相对较低处，且离粪污处理区较近，离出猪台也应近，便于出猪和清粪畅通。现代化猪场的生长育肥舍已改为大群饲养，甚至有的已是大通栏。生长育肥栏栏面多为全漏空和部分漏空，也有全水泥地坪的。生长育肥栏的长、宽、高视猪舍结构、栏内饲养量不同而设定，一般长与宽的比例为2：1，栏高0.80～1.00米，围栏中的隔挡间隙0.10米。围栏一般为金属围栏、砖混围栏等。金属围栏一般用镀锌钢管，在密闭强制通风的猪舍内，金属围栏有利于空气流动，保证良好的通透性。砖混围栏避免了不同栏位内猪只的直接接触，一定程度上减少疾病传播的风险，但不利于通风。

5.猪舍的间隔

猪舍间应保持一定的距离，以便通风和采光。一般有前后墙的有窗猪舍，间距应大于猪舍高度的2.5倍。如果开放式只有前栏墙的猪舍，间距可缩短到猪舍高度的1.5～2.0倍。如果猪舍建在非可耕地上，并且土地面积允许，尽量拉大舍间距离，既有利于防疫卫生，又可保持良好的通风。

6.防疫卫生

为使生产区环境美化，空气清新，减少蚊蝇，有利于防疫卫生，应首先搞好绿化。在生产区内充分利用舍间空闲地种植牧草、蔬菜或林木，尽量减少空地，减少地面的辐射热影响，也可利用较大的舍间空地挖池塘养鱼。生产区不要有污水积存和露天堆集粪尿，引起蚊蝇滋生。猪场大门口要设洗消点、进入生产区的门口也要设洗消点，每栋猪舍前应有消毒池，舍内猪群尽量全进全出。

第三节 猪场的总体设计

猪场规划，首先要根据生产任务和性质，合理确定猪场规模，然后按照猪场规模大小严格选择场址和进行猪场布局，本着少花钱、多办事的原则，以及按照猪的生物学特性要求，确定各类建筑物的设计。

一、猪场规划设计的依据

1.农牧结合

猪场建设应根据当地自然条件和自身优势，本着有利于生产、方便管理、防止污染的原则，因地制宜地选择饲养种类，重点建设"猪-沼-果""猪-沼-鱼""猪-沼-菜"等循环生态模式，积极发展生态经济、循环经济、庭院经济，使之变废为宝，发挥应有的作用。

2.集约化、高标准

考虑到各方面的条件和需要，规模化猪场建筑设计的标准可以高一些，体现现代化、集约化、规模化、自动化的建设要求。

3.就地取材

根据当地的经济条件和市场需求，因地制宜地进行猪场建筑设计。所需的建筑材料应坚固耐用。

4.经济适用

要从有利于科学养猪出发，讲究经济适用，易于实现养猪机械化或技术改造，保证猪舍冬暖夏凉和猪的正常生长。

二、猪场规模

猪场规模的大小由其经营性质和生产任务决定。根据猪场的经营性质，大致可分为种猪场（包括育种场）、繁育场和自繁自养猪场。目前大多数养猪场都是自繁自养的综合性猪场。少部分是育肥场，即外采苗猪的场。

猪场建筑物的多少，取决于猪群数量和猪场的饲养管理方式。猪群数量是以其生产任务所规定应养的基础母猪头数为转移，也就是说，养有多少头基础母猪，需养多少头与配公猪，全年可繁殖多少仔猪，需留多少后备猪，有多少猪出售或育肥，其次饲养管理方式的不同也对猪场建筑物的多少也有所制约，例如机械化程度、群养或单养、季节或常年产仔等。

三、猪群的结构与分布

猪群既是养猪场最主要的基本生产资料又是劳动对象和产品。在建场之初，首先要选购一部分猪自繁自养，建立新的猪群进行生产。投入生产以后，还需要按照生产要求，不断调整各类猪的比例，组成合理的猪群结构，以保证猪群正常的补充和淘汰，进行再生产或扩大再生产。有条件者最好把繁殖场与育肥场分开。合理地确定猪群结构，是保证有计划地迅速增殖猪数和提高其质量的组织措施之一。因此，养猪场应该重视并切实抓好此项工作。

1.猪群类别的划分

猪群可划分为哺乳仔猪、保育仔猪、生长育肥猪、后备种猪、种公猪、种母猪。

2.猪群的组成与周转

正常的繁殖猪群，包括母猪群、公猪群、后备猪群等。繁殖场的基础母猪取决于年度内母猪分娩的胎次和每胎的繁殖存活仔猪数。公猪和后备猪占群体的比例取决于基础母猪的头数。在采用本交时公母比为1：（20～30），后备猪为每年应淘汰母猪数的1～2倍。由于幼龄和老年母猪的受胎率均较低，比例不宜过高。一般母猪可利用2～3年，公猪1～2年。总的来说，决定猪场猪群结构的原则是自繁自养，选择品质优良的青壮年公母猪。

3.便于猪的分群管理

按年龄、性别、用途等分成若干群，根据其不同的生理特点，采取

不同的饲养管理方法，以提高生产效率。

第四节 猪场设计技术参数

在确定猪场生产规模及经营方向的前提下，猪场设计应确保猪场均衡生产，使栏舍得到最大化的利用。首先明确建的是公猪站、种猪场、种苗场还是商品猪场。然后明确建设规模，根据生产参数指标，确定母猪饲养量和年出栏猪目标数。

一、猪生产技术参数

根据饲养品种、营养条件和生活习性，制定后备母猪培育利用率、生产母猪淘汰更新率、配种后实际分娩率、年产胎次、哺育天数、各阶段成活率及饲养天数等猪场生产指标技术参数，可参照表6-11，在此基础上对猪场栏位进行初步设计。

表6-11　商品猪场外三元猪的生产技术指标参数

序号	项目	参数
1	后备母猪培育利用率/%	90
2	生产母猪年淘汰更新率/%	35
3	配种实际分娩率/%	90
4	生产母猪年产胎次/［次/（头·年）］	2.3
5	产活仔猪数/（头/胎）	12
6	哺乳仔猪育成率/%	96
7	保育仔猪育成率/%	95
8	生长育肥猪成活率/%	98
9	哺乳仔猪饲养天数/天	28
10	保育仔猪饲养天数/天	56
11	生长育肥猪饲养天数/天	110

在计算饲养天数时，应增加清洗消毒的天数。

例：某猪场计划建设存栏1200头长大生产母猪、自繁自养生产杜长大商品猪场，其猪场生产指标参数设计如表6-12所示。

表6-12　存栏1200头生产母猪的商品猪场生产指标参数

序号	项目名称	数量	说明
1	生产母猪数/头	1200	长大
2	生产公猪数/头	12	人工授精1∶100
3	后备母猪数/头	565	母猪年更新率40%，培育成功率85%
4	后备公猪数/头	8	公猪年更新率50%，培育成功率75%
5	每头母猪年产胎数/（胎/年）	2.27	仔猪21日龄断奶，母猪实产胎率90%
6	全年产胎数/胎	2719	
7	每周分娩母猪数/（胎/周）	52.1	
8	每头母猪每胎产活仔/（头/胎）	12.0	
9	全年产活仔总数/头	32623	
10	每周产活仔猪数/头	626	
11	仔猪断奶周数/周	4	断奶日龄21天，仔猪留栏饲养7天
12	每周进断奶仔猪数/头	594	仔猪成活率以95%计
13	保育仔猪饲养周数/周	7	
14	每周保育仔猪出栏数/头	565	仔猪成活率以95%计
15	生长育肥猪饲养周数/周	18	从出生至商品猪上市饲养期为29周
16	商品肉猪出栏头重/千克	125	
17	每周肥猪出栏头数/头	553	育肥期成活率以98%计
18	商品猪全年出栏头数/头	28854	
19	全期育成率/%	88.4	
20	每头生产母猪年供商品猪数/头	24.0	

二、栏位设计参数

修建猪舍的目的在于为猪创造一个适宜的环境，为饲养管理工作提供方便。

1.节律性全进全出生产栏位设计参数

以周为节律的生产周转单元，每周开展配种、分娩、断奶、转群、出栏的全进全出生产管理，进行有序的节律性生产，更好地提高栏舍的利用率。节律性全进全出生产栏位建筑面积设计参数如表6-13所示（邓莉萍等，2016）。

表6-13　节律性全进全出生产栏位建筑面积设计参数

栏舍	公式	N头母猪7天所需面积（单元面积）	说明
产仔舍（产床）	$2.3 \times N/365 \times (21+7+7)$	$2.3 \times N/365 \times 7$	N：母猪头数 2.3：母猪年产胎次 21：哺乳天数 7：提前7天上产床 7：空栏7天清洗消毒
定位栏	$2.3 \times N/365/0.9 \times 85$	定位栏与重胎栏可适当进行调整	0.9：配种分娩率 85：母猪在定位栏的天数 7：母猪提前7天上产床
重胎栏	$2.3 \times N/365/0.9 \times (114-85-7)$	定位栏与重胎栏可适当进行调整	0.9：配种分娩率 85：母猪在定位栏的天数 7：母猪提前7天上产床 114：总的妊娠期
保育栏	$2.3 \times N/365 \times 12 \times 0.96 \times (56+7) \times 0.4$	$2.3 \times N/365 \times 12 \times 0.96 \times 7 \times 0.4$	N：母猪头数 12：窝均产活仔数 0.96：哺乳仔猪成率 56：饲养天数 7：空栏7天清洗消毒 0.4：每头保育仔猪的饲养面积（平方米）
育肥栏	$2.3 \times N/365 \times 12 \times 0.96 \times 0.95 \times (110+7) \times 0.9$	$2.3 \times N/365 \times 12 \times 0.96 \times 0.95 \times 7 \times 0.9$	N：母猪头数 12：窝均产活仔数 0.96：哺乳仔猪成率 0.95：保育仔猪育成率 110：饲养天数 7：空栏7天清洗消毒 0.9：每头猪的饲养密度为0.9平方米

续表

栏舍	公式	N头母猪7天所需面积（单元面积）	说明
后备栏	$N\times0.35/0.9/12\times4\times2$		N：母猪头数 0.35：母猪年淘汰更新率 0.9：后备母猪利用率 12：一年12个月 4：选留到配种4个月 2：每头猪的饲养密度为2平方米
公猪栏	$N/100\times8$		N：母猪头数 100：公母猪配比1：100 8：每头猪的饲养密度为8平方米

　　以上公式都是在均衡生产的情况下的设计参数，如在不均衡节律性生产的情况下，所设计的猪栏面积要比在均衡节律性生产的情况下要大。

　　以存栏生产母猪年产胎次2.3次为依据计算规模猪场所需栏舍数和饲养面积的计算实例如表6-14所示。

表6-14　存栏1200头生产母猪的规模猪场所需栏舍数和饲养面积的计算

栏舍名称	计算公式	设计数量
年总产胎数/胎	$N\times2.3$	$1200\times2.3=2760$
产床/个	$N\times2.3/365\times(21+7+7)$	$1200\times2.3/365\times(21+7+7)=265$
定位栏/个	$N\times2.3/365/0.9\times85$	$1200\times2.3/365/0.9\times85=714$
重胎栏/个	$N\times2.3/365/0.9\times(114-85-7)$	$1200\times2.3/365/0.9\times(114-85-7)=185$
保育栏/平方米	$N\times2.3/365\times12\times0.96\times(56+7)\times0.4$	$1200\times2.3/365\times12\times0.96\times(56+7)\times0.4=2195$
育肥栏/平方米	$N\times2.3/365\times12\times0.96\times0.95\times(110+7)\times0.9$	$1200\times2.3/365\times12\times0.96\times0.95\times(110+7)\times0.9=8714$
后备栏/平方米	$N\times0.35/0.9/12\times4\times2$	$1200\times0.35/0.9/12\times4\times2=311$
公猪栏/平方米	$N/100\times8$	$1200/100\times8=96$

2.母猪批次生产栏位设计参数

母猪生产批次管理是利用分娩同步集中发情技术和定时输精技术，人为控制并调整母猪发情周期，使之在预定的时间内集中发情、排卵和配种，按计划组织管理母猪批次生产，提升母猪繁殖性能的高效管理体系。母猪批次生产相关栏舍参数设定如表6-15所示。

表6-15　分娩目标与母猪相关栏舍参数

批次	1周批	2周批	3周批	4周批	5周批
分娩目标	$N/20 \sim 21$	$N/10$	$N/7$	$N/5$	$N/4$
产床数	$N/20 \sim 21$	$N/10$	$N/7$	$N/5$	$N/4$
产床占用周数	$4 \sim 6$	6	6	5	4
产床单元数	$4 \sim 6$	$2 \sim 3$	2	1	1
后备母猪定位栏数	$5\%N$	$4\%N$	$4\%N$	$5\%N$	$6\%N$
妊娠母猪定位栏数	$85\%N$	$85\%N$	$95\%N$	$107\%N$	$109\%N$

注：此表来源于宁波三生生物科技有限公司。

三、猪舍建筑应具备的基本条件

1.符合猪的生理要求

猪对冷、热、干、湿、风、雨等条件变化的生理耐受力不如牛、羊。设计不同猪舍是要根据各个不同生长阶段，尽可能为其提供一个最佳或较适宜的生长与繁殖环境。

猪舍的温度最好保持在 $10 \sim 25$℃，相对湿度45%～75%为宜，空气清新、光照要充足，尤其是种公母猪更需要充足的阳光，以刺激其旺盛的性欲和繁殖功能。要通过采用适当的建筑材料和结构方案，设计具有保暖、隔热性能的分娩舍、保育舍和具有大面积通风、降温的肥猪舍及采光较好的种猪舍。

2.适应当地的自然气候和地理条件

我国东部沿海和西部内陆的自然条件不一样，南北温差很大，因而对猪舍的建造要求也有差异。东部沿海地区多风，应加强猪舍的坚固和防风设计；西部内陆应注意夏季通风降温设计；北方寒冷应考虑防寒保温；南方气候炎热，应考虑猪舍的隔热通风和降温设计。

3.便于实行科学的饲养管理

猪舍的建筑应为生产工艺服务，应严格按照工艺流程来布置和排列猪舍与猪栏。配种、产仔、育成、育肥是一个整体，它要求各个阶段的猪舍既要严格按一定次序排列，又要紧密布置，互相联系，操作方便，降低劳动强度，提高管理定额。

4.节约土地，减少建筑面积，降低建筑造价

设计合理可节约土地、减少猪舍建筑面积、减少征地和建筑费用。建筑材料应就地取材，因地制宜，修建经济实用、坚固耐用并且合乎科学养猪要求的猪舍。

四、猪舍的基本结构

一列完整的猪舍，主要由墙壁、屋顶、地板、门、窗、粪尿沟、隔栏等部分构成。

1.墙壁

要求坚固耐用、保温性好。比较理想的墙壁为砖砌墙，要求水泥勾缝，离地0.8～1.0米水泥抹面。

2.屋顶

比较理想的屋顶为水泥预制板平板式。目前，有屋顶采用新型材料，做成钢架结构支撑系统、瓦楞钢房顶板，并夹有玻璃纤维保温棉，保温效果良好。

3.地板

地板要求坚固、耐用，渗水良好。比较理想的地板是水泥漏缝地板、塑料漏缝地板、铸铁漏缝地板等。母猪限位栏采取后躯部分铸铁漏缝地板或水泥漏缝地板；母猪高架产床的地板是漏缝地板（铸铁和塑料）；仔猪保育舍高床饲养时，采用铸铁漏缝地板或塑料漏缝地板；生长育肥舍应用水泥漏缝地板或水泥地坪＋漏缝地板模式。

4.粪尿沟

开放式猪舍要求设在前墙外面；全封闭、半封闭（冬天扣塑棚）猪舍可设在距南墙40厘米处，并加盖漏缝地板。粪尿沟的宽度应根据舍内面积设计，至少有30厘米宽。漏缝地板的缝隙宽度要求不得大于1.5厘米。

5.门、窗

开放式猪舍运动场前墙应设有门，高0.8～1.0米，宽0.6米，要求特别结实，尤其是种猪舍；半封闭式猪舍则在运动场的隔墙上开门，高0.8米，宽0.6米；全封闭式猪舍仅在饲喂通道侧设门，门高0.8～1.0米，宽0.6米。通道的门高1.8米，宽1.0米。无论哪种猪舍都应设后窗。开放式、半封闭式猪舍的后窗长与高皆为0.4米，上框距墙顶0.4米；半封闭式中隔墙窗户及全封闭猪舍的前窗要尽量大，下框距地应为1.1米；全封闭式猪舍的后墙窗户可大可小，若条件允许，可装双层玻璃。

6.隔栏

除通栏猪舍外，在一般密闭式猪舍内均需建隔栏。隔栏材料基本上有两种，即砖砌墙水泥抹面及钢栅栏，现有PVC隔板。纵隔栏应为固定栅栏，横隔栏可为活动栅栏，以便进行舍内面积的调节。

五、猪舍的建设要求

猪舍的设计与建造，首先要符合养猪生产工艺流程，其次要考虑各自的实际情况。黄河以南地区以防潮隔热和防暑降温为主；黄河以北则以防寒保温和防潮防湿为重点。

1.公猪舍

公猪舍一般为单列半开放式，内设走廊，外有小运动场，以增加种公猪的运动量，一圈一头。规模化集约化猪场都为密闭式、无运动场。

2.空怀、妊娠母猪舍

空怀、妊娠母猪最常用的一种饲养方式是分组大栏群饲，一般每栏饲养空怀母猪4～5头、妊娠母猪2～4头。圈栏的结构有实体式、栏栅式、综合式三种，猪圈布置多为单走道双列式。猪圈面积一般为7～9平方米，地面坡降不要大于1/45，地表不要太光滑，以防母猪跌倒。也有用单圈饲养，一圈一头。

3.分娩哺育舍

舍内设有分娩栏，布置多为两列或三列式。分娩栏位结构也因条件而异。

（1）地面分娩栏 采用单体栏，中间部分是母猪限位架，两侧是仔猪采食、饮水、取暖等活动的地方。母猪限位架的前方是前门，前门上设有食槽和饮水器，供母猪采食、饮水，限位架后部有后门，供母猪进入及清粪操作。可在栏位后部设漏缝地板，以方便排除栏内的粪污和污物。

（2）网上分娩栏 主要由分娩栏、仔猪围栏、铸铁漏缝地板网、保温箱、支腿等组成。

4.仔猪保育舍

可采用网上保育栏，1～2窝一栏网上饲养，用自动落料食槽，自由采食。网上培育，减少了仔猪疾病的发生，有利于仔猪健康，提高了仔猪成活率。仔猪保育栏主要由铸铁漏缝地板网、围栏、自动落食槽、连接卡等组成。

5.生长、育肥舍和后备母猪舍

这三种猪均采用大栏地面群养方式，自由采食，猪舍结构形式基本相同，只是在外形尺寸上因饲养头数和猪体大小的不同而有所变化。

六、猪舍环境控制的设计要求

环境是影响猪生产效率的重要因素。环境决定能否最大限度地发挥其遗传潜力，在适宜的环境条件下，能达到繁殖率高、成活率高、日增重快、最经济地利用饲料的目的。反之在恶劣的环境下，就会引起猪的生理活动发生变化，导致食欲下降、发病率高、生产水平下降。因此，猪舍一定要根据猪的生物学特点、饲养工艺流程、当地气候特点，因地制宜地科学设计建筑，为各类猪群提供一个温度与湿度适宜、空气新鲜的良好环境。

猪舍内环境控制主要包括温度、湿度、通风、光照四个方面。

1.温度控制

　　猪是恒温动物，正常情况下体温是38.5～39.5℃。猪对环境温度的高低非常敏感。不同生长阶段的生猪对环境温度的需求有所不同，由于猪的汗腺不发达，皮下脂肪厚，散热困难，所以耐热性差。同时仔猪皮薄毛稀，缺乏皮下脂肪，体温调节功能不健全，因而仔猪怕冷，而母猪怕热，两者对温度要求差距较大。猪舍环境温度高于或低于生长温度要求，生长育肥猪的日增重、饲料转化率都受到影响；当气温超过适宜温度的37.8%时，生长猪会减重，种猪的配种、产仔、产后泌乳等繁殖功能受到严重影响。所以在建设猪舍时需充分考虑各类猪舍内的环境温度需求，满足各阶段生猪的不同生理需求，不同猪舍内温度控制如表6-16所示。

表6-16　不同猪舍内温度控制

猪舍	舒适温度范围/℃	高临界温度/℃	低临界温度/℃
配种怀孕舍	15～20	27	10
分娩舍	18～22	27	10
保育舍	20～25	30	16
肉猪舍	17～22	28	15
公猪舍	15～20	25	13
隔离舍	15～23	27	13

　　温度控制有冬季保温、夏季降温和通风两大因素。冬季保温主要是分娩舍和保育舍的局部保温，采取集中供暖、地面加热增温和局部加温的方式；夏季降温主要是公母猪舍、分娩舍和肉猪生长舍的整体降温，采取水帘、水空调等方式降温（表6-17）。

表6-17　不同地区各类猪舍供热指标（每平方米每小时）（邓莉萍等，2016）

单位：瓦

猪舍	严寒地区（东北）	寒冷地区（华北）	寒冷地区（西北）	夏热冬冷地区（华中、华东、西南）	夏热冬暖地区（华南）
配种怀孕舍	30	12	8	0	0
分娩舍	43	38	35	31	11

猪舍	严寒地区（东北）	寒冷地区（华北）	寒冷地区（西北）	夏热冬冷地区（华中、华东、西南）	夏热冬暖地区（华南）
保育舍	113	87	84	68	46
后备舍	84	47	43	24	0
公猪舍	25	26	21	0	0
隔离舍	57	40	37	27	9

2.通风控制

通风是消除有害气体的重要方法。规模化猪场由于猪只的密度大，猪舍的容积相对较小而密闭，猪舍内蓄积了大量二氧化碳、氨、硫化氢气体和尘埃。夏季气流不畅会使猪发生热应激，冬季疾风吹入又使猪寒冷而感冒。

猪舍内的相对湿度应在70%左右，风速春、秋、冬季为0.15～0.3米/秒，夏季为0.4～1.0米/秒。猪舍空气中有害气体的最大允许值，二氧化碳（CO_2）气体为3000毫克/千克，氨气（NH_3）30ppm，硫化氢（H_2S）气体20ppm，空气污染超标往往发生在门窗紧闭的寒冷季节。猪若长时间生活在这种环境中，首先刺激上呼吸道黏膜引起炎症，猪则易感染或激发呼吸道的疾病（如猪气喘病、传染性胸膜肺炎、猪肺疫等），污浊的空气还可引起猪的应激综合征，表现在食欲下降、泌乳减少、狂躁不安或昏昏欲睡、咬尾嚼耳等现象，甚至引起中毒和死亡。

通风模式有水平通风和垂直通风，目前国内猪场倾向于垂直通风，它比水平通风模式通风均衡，使猪舍每个区域都有新鲜空气，避免了有害气体向一侧聚集的现象出现，同时垂直通风的空气直吹地面，有利于圈内干燥（邓莉萍等，2016）。表6-18提供不同规格风扇技术参数供参考。

通风量的计算（公式）：

进风口面积（平方米）=风量（立方米/小时）/速度（米/秒）

夏季通风量=猪群种类的夏季最小通风量×猪只数量

水帘面积=风量/风速（风量以实际配置的风扇为准）

冬季通风量=猪群种类的冬季最小通风量×猪只数量

示例存栏500头断奶仔猪的保育舍通风量的计算：

夏季通风量=4.3立方米/分钟（猪群种类的夏季最小通风量）×

60分钟×500（猪只数量）=129000（立方米/小时）

风机数量（选用3台55寸、2台36寸）=3×36000+2×12000

=132000（立方米/小时）

水帘面积=132000立方米/小时（风量）÷60分钟÷60秒÷

1.8米/秒（风速）

=20.4（平方米）

冬季通风量=3.0立方米/分钟（猪群种类的冬季最小通风量）×60

分钟×500（猪只数量）=90000（立方米/小时）

表6-18　不同规格风扇技术参数

规格	夏季通风			冬季通风		
	设计风量/（立方米/小时）	负压/帕	入口风速/（米/秒）	设计风量/（立方米/小时）	负压/帕	入口风速/（米/秒）
24寸	8000	2.5	2	9000	12	4
36寸	12000	2.5	2	15000	12	4
48寸	30000	2.5	2	38000	12	4
55寸	36000	2.5	2	48000	12	4

3.湿度控制

湿度是猪舍内空气中水汽含量的多少，一般用相对湿度表示。猪在气温14～23℃，相对湿度45%～75%的环境下最适合生存，生长速度快，育肥效果好。猪舍内的湿度过高影响猪的新陈代谢，是引起仔猪黄痢、白痢的主要原因之一，还可诱发肌肉、关节方面的疾病。为了防止湿度过高，首先要减少猪舍内水汽的来源，少用或不用大量水冲刷猪圈，保持地面平整，避免积水，设置通风设备，经常开启门窗，以降低室内的湿度。

4.光照控制

自然光照优于人工光照，因而在猪舍建筑上要依据不同类型猪的要求，应尽量利用自然光照，周围墙壁安装玻璃窗户，给予不同的光照面积，同时也要注意到减少冬季和夜间的过度散热和避免夏季阳光直射猪舍内。光照对猪有促进新陈代谢、加速骨骼生长，还有活化和增强免疫功能的作用。育肥猪对光照没有过多的要求，但光照对繁育母猪和仔猪有重要作用。若将光照由10勒克斯增加到60～100勒克斯，其繁殖率能提高7.7%～12.1%，哺乳母猪每天维持16小时的光照，可引诱母猪在断奶后早发情。为此要求母猪、仔猪和后备种猪每天保持14～18小时50～100勒克斯的光照。

在设计时目前采用的模式有自然采光、自然采光+人工光照、人工光照。不同栏舍的光照参数参考如表6-19所示。

表6-19　不同栏舍光照参数参考标准

猪舍	光照时间/小时	光照强度/勒克斯
空怀、妊娠母猪	14～16	250～300
哺乳母猪	14～16	250～300
种公猪舍	14～16	200～250（215）
哺乳仔猪	18～20	50～100
保育仔猪	16～18	110
生长育肥猪	10～12	50～80

七、人员配置

除了场长和技术管理人员、饲养员外，种猪场还需配置育种员，其他如财务、粪污处理、后勤保障人员也必须配备齐全。

某1200头母猪规模的自繁自养商品场所设置的岗位和配备的人员可参照表6-20。

表6-20 1200头母猪规模商品场岗位设置和人员配备

序号	岗位	兼	人员配备
1	场长	采购	1
2	生产副场长	猪群调动、生产管理	1
3	兽医防疫员	防疫诊疗	1
4	育种员（配种）	电脑录入	1
5	会计	上级公司兼	
6	出纳	生产统计	1
7	公母猪舍饲养员		1
8	产房饲养员	包括夜间值班	4
9	保育舍饲养员		2
10	肉猪舍饲养员		4
11	替班、杂务工		2
12	粪污处理		1
13	门卫、食堂、值班		2
合计			21

八、饲料饲喂

随着养猪业规模化、现代化、集约化程度越来越高，传统的人工饲喂模式已被管道式自动喂料模式所取代。人工喂料模式便于个性喂料，但人工劳力成本高，不利于规模化、现代化、集约化猪场的运作和管理。自动喂料模式实现对猪群同时喂料，避免了人工喂料时猪只间的抢食争斗、鸣叫等，减少应激，也减少了劳动量。目前应用较多的是料塔＋管道式自动喂料系统，可喂食粉料或颗粒料，也有采用液态喂料系统，可以喂食发酵饲料，利用副产品，但前期投入成本高。

在设计猪场饲料原料仓库、成品料仓库、日粮加工车间时，充分考虑饲料用量和库存量、喂料模式，留足周转空间。例如，存栏1200头生产母猪的自繁自养猪场饲料消耗为12128吨/年，日均消耗饲料量33.2吨（表6-21）。

表6-21 存栏1200头生产母猪的自繁自养猪场饲料消耗量

类型	生长指标/天	总存栏头数/头	总饲养天数/天	采食量/（千克/天）	饲料消耗/（吨/年）
空怀母猪	12.1	104	27.44	2.5	7.2
妊娠母猪	114	835	258.3	2.25	485.2
哺乳母猪	35	261	79.3	5	103.4
生产公猪		12	365	3	13.1
后备公母猪		577	120	3	207.6
哺乳仔猪	7	30992	28	0.05	46.9
保育仔猪	18	29443	49	0.5	721.3
育肥猪	100	28854	126	2.9	10543.2
合计					12128

九、粪污处理

养猪生产环节中粪污处理是重中之重，设计时既要考虑先进的生产工艺，又要考虑粪污收集减量化、处理无害化和资源化利用，按照环保要求，建设与猪场规模相匹配的粪污处理设施。舍内可采取干清粪、水泡粪、机械刮粪的粪污收集方式。粪污处理采取干清粪-污水沼气发酵-固体有机肥、水泡粪-厌氧沼气发酵-沼液还田的处理模式，各有优缺点。不同处理模式适合于不同地区、不同规模的猪场。

在设计时应满足粪污产生量、处理量和污水贮存时间，计算建设容量。例如，存栏1200头生产母猪的自繁自养猪场应用节水型饮水器后所产生的粪污水总量约为54136吨，日均产生粪污水量148.3吨（表6-22）。

表6-22　存栏1200头生产母猪的自繁自养猪场粪污水产生量

	项目	生产母猪	生产公猪	后备母猪	后备公猪	出栏商品猪	合计
参数	头数/头	1200	12	565	12	28854	
	饲养天数/天	365	365	120	120	203	
	猪粪/（升/天）	2.2	2.2	2.2	2.2	2.2	
	猪尿水/（升/天）	3.3	3.3	3.3	3.3	3.3	
	冲洗水/（升/天）	3.0	3.0	3.0	3.0	3.0	
产生量	猪粪/吨	963.6	9.6	149.1	3.2	12886.2	14011.7
	猪尿水/吨	1445.4	14.5	223.7	4.8	19329.3	21017.7
	棚舍冲洗水/吨	1314.0	13.1	203.4	4.3	17572.1	19106.9
	合计/吨	3723.0	37.2	576.2	12.3	49787.6	54136.3
	日均/吨	10.20	0.10	1.58	0.03	136.4	148.32

第五节　生产设备

选择与猪场饲养规模和工艺相适应的先进且经济的设备是提高生产水平和经济效益的重要措施。

一、猪栏

猪栏一般分为公猪栏、配种栏、怀孕栏、分娩床、保育床和生长育肥栏等。猪舍内猪栏的结构形式、尺寸大小都有不同。工厂化猪场的猪栏所构成的环境应满足各阶段猪只生活需要和饲养要求，便于饲养人员操作及减少日常的工作量，并尽可能地为饲养管理人员创造一个良好的工作环境。

1.公猪栏、空怀母猪栏、配种猪栏

这几种猪栏一般都位于同一栋舍内，因此面积一般都相等，栏高一

般为1.2～1.4米，面积7～9平方米。

2.妊娠猪栏

妊娠猪栏有两种：一种是单体栏；另一种是小群栏。单体栏由金属材料焊接而成，一般采用全金属单体限位栏，长2.1～2.2米，宽0.6～0.65米，高1米。小群栏的结构可以是混凝土实体结构、栏栅式或综合式结构，不同的是妊娠猪栏栏高一般1～1.2米，由于采用限制饲喂，因此，不设食槽而采用地面喂食。面积根据每栏饲养头数而定，一般为7～15平方米。

3.分娩猪栏

分娩猪栏的尺寸与选用的母猪品种有关，单栏长2.1～2.2米，宽1.7～1.8米。中间为母猪栏，高1.1米，宽0.60～0.65米。母猪栏两侧为仔猪活动区，栏高0.5米，宽0.45米，栏栅间距0.05米。为节省使用面积，设计时以两栏为一单元，中间留有保温箱位置，宽0.6米。母猪在单体分娩栏内，可以避免压死仔猪，同时也给仔猪提供了生长环境，提高了仔猪成活率。

4.仔猪培育栏

一般采用金属编织网漏粪地板或金属编织镀塑漏粪地板，后者的饲养效果一般好于前者。大、中型猪场多采用高床网上培育栏，它是由金属编织网漏粪地板、围栏和自动食槽组成，漏粪地板通过支架设在粪沟上或实体水泥地面上，相邻两栏共用一个自动食槽。这种保育栏能保持床面干燥清洁，减少仔猪的发病率，是一种较理想的保育猪栏。根据保育期每头小猪的占地面积选用0.3米比较合适。因此，保育栏可设计为长3.0米，宽1.8米，高0.7米。小型猪场断奶仔猪也可采用地面饲养方式，但寒冷季节应在仔猪卧息处铺干净软草或采取其他保暖措施。

5.育成、育肥栏

育成、育肥栏有多种形式，其地板多为混凝土地面或水泥漏缝地板条，也有采用1/3漏缝地板条，2/3混凝土地面。混凝土地面一般有3%的坡度。采用全金属栏，以保持通风良好。如投资有限，可采用砖墙间隔与金属栏门相结合。生长栏两窝并一栏，栏高0.8米，每栏面积按每头0.6平方米设计。育成栏高0.9米，可按每头0.9平方米设计，采用栏栅

式结构时，栏栅间距0.08～0.10米。

6.配种栏

有多种设计形式，通常设计全金属和半金属公猪单体栏，长2.8米，宽2.4米。另外也可设计成1个单元，由4个母猪单体栏与1个公猪栏组成。单元内公猪栏长2.7米，宽2.4米，高1.2米，这种组合栏对母猪发情、配种的观察和管理很方便。

二、漏缝地板

工厂化猪场采用漏缝地板，以利于清除粪污。目前使用的漏缝地板，有各种式样，预制成条状或块状。使用的材料有水泥、金属、工程塑料、陶瓷等。各个不同阶段的猪，漏缝地板的漏缝宽度不同，尺寸为：哺乳仔猪0.01米，育成猪0.012米，中猪0.014米，育肥猪0.018米，大于100千克的种猪为0.022米。漏缝地板下必须设与漏缝同宽的粪尿沟，并经常保持0.03～0.06米的水深，使粪通过漏缝落入粪沟中并溶解入水，再利用猪舍两侧距地面1.20米的翻水斗向沟中冲水，把粪污冲走。

三、供水系统

供水系统主要包括猪饮用水和清洁冲洗用水的供给，一般用同一种水；在水源较缺的猪场，为节约用水，可将饮用水和粪沟冲洗水分两个系统供给。

猪的饮水目前广泛采用自动饮水系统，主要包括饮水管道、过滤器、减压阀和自动饮水器。自动饮水器种类很多，一般可分为鸭嘴式、乳头式、吸吮式和杯式四种。由于乳头式自动饮水器的结构和性能不如鸭嘴式饮水器，目前普遍采用的是鸭嘴式自动饮水器。鸭嘴式猪用自动饮水器主要由阀体、阀芯、密封圈、回位弹簧、塞和滤网组成。为节约饮用水，现多采用节水型水碗供水。

四、喂养设备

工厂化猪场是将饲料厂加工好的饲料先用专用运输车送入贮料塔，再通过螺旋或其他输送器将饲料直接输送到料槽或自动料箱。一般半机械化或以人工操作为主的猪场，以及定量饲养的配种栏、怀孕栏，是将饲料从饲料库由加料车送至料槽。常用的料槽有水泥料槽、金属料槽和自动料箱。对于保育猪、生长育成猪及育肥猪，采用自动料箱全天自由采食喂养效果好。自动料箱吃多少落多少，饲料不会洒出，节约饲料，干净卫生。自由采食，猪不争斗，不打架，有利于生长发育。

1.间息添料饲槽

条件较差的猪场采用。分为固定饲槽、移动饲槽。一般为水泥浇注固定饲槽。饲槽为长方形，每头猪所占饲槽的长度应根据猪的种类、年龄而定。较为规范的养猪场都不采用移动饲槽。集约化、工厂化猪场，限位饲养的妊娠母猪或泌乳母猪，其固定饲槽为金属制品，固定在限位栏上，见限位产床、限位栏部分。

2.方形自动落料饲槽

常见于集约化、工厂化猪场。方形落料饲槽有单开式和双开式两种。单开式的一面固定在走廊的隔栏或隔墙上；双开式则安放在两栏的隔栏或隔墙上，自动落料饲槽一般为镀锌铁皮制成，并以钢筋加固，否则极易损坏。

3.圆形自动落料饲槽

圆形自动落料饲槽用不锈钢制成，较为坚固耐用，底盘也可用铸铁或水泥浇注，适用于高密度、大群体生长育肥猪舍。

五、供热保温设备

1.红外线灯

红外线灯是最常用的仔猪局部供暖设备，设备简单，安装方便灵

活，只要装上电源插座就可使用。红外线灯本身的发热和温度不能调节，但可调节灯具的吊挂高度来调节仔猪的受热量。如果采用保温箱，则加热效果会更好。

2.吊挂式红外线灯加热器

这类加热器有不同类型，有的是电加热，有的是石油气加热，还可利用沼气作燃料来加热。使用方法和效果与红外线灯相似。

3.电热保温板

这种保温板外壳采用机械强度高、耐酸碱、耐老化、不变形的工程塑料、橡胶等制成，在湿水情况下不影响安全使用。

4.热风炉

用于整栋猪舍升温，耗能少，加热效果较好。

5.电热风器

吊挂在猪舍墙壁或围栏上，热风出口对着栏内需要供热的区域。

六、通风降温设备

为了节约能源，工厂化猪场设计都尽量采用自然通风的方式，但在炎热的夏季，应考虑使用通风降温设备。常用的通风设备有通风机、水蒸发式冷风机、喷雾降温系统、滴水降温系统等。

七、自动冲洗设备

冲洗装置形式很多，常用的有固定式自动清洗系统、简易水池放水阀、自动翻水斗和虹吸式冲水器。

八、猪尿粪处理系统设备

养猪规模越大，每天生产的粪尿量就越大，必须进行有效的贮存和处理，否则会污染附近的环境和水源，影响人畜健康，阻碍养猪生产的发展。因此，在建场时，必须考虑粪污的处理和利用问题，建设生态猪场，搞好综合利用。

第六节　规模猪场设计示例

分享上海某存栏长大生产母猪1200头规模的建设目标、总体布局、技术路线、设施设备和猪舍设计，供参考。

一、项目建设目标、建设规模和占地面积

1.建设目标

本项目基于有机农业循环利用的目的，以高标准、高水平为起点，以布局合理、技术领先、设施先进、智慧智能、健康清洁、生态环保为设计理念，集成应用最现代化的养殖理念和技术水平，通过先进的集约养殖设施、自动化环境调控设备、精细科学管理技术、生态环境控制技术，打造成"智慧、生态、美丽"的牧场，实现"科学化、规模化、集约化、现代化、生态化"，使之成为与国际化大都市地位相符的现代化农业标杆和榜样。

2.建设规模

建设年均饲养生产母猪1200头，年提供优质商品肉猪28854头的智能化生态生猪养殖基地1座；建设密闭无害化全部处理所产生的5.41万吨粪污水的处理中心1座。

3.占地面积和建筑面积

项目占地74750平方米，其中管理区8050平方米、生产区46000平方米、粪污处理区20700平方米。

项目建设主体建筑（猪舍等）11栋，土建面积28022平方米；办公、防疫、粪污处理等附属设施4784平方米、36400立方米；道路和围墙等设施3000米、8605平方米。

二、主要应用技术

（1）应用大跨度轻钢、小单元养殖、以周为单位全进全出的设计理念建设现代化、集约化的标准化猪舍，突出防鼠、防蚊、防蝇功能。

（2）建设集中供料、气动传输的自动喂料系统，配套智能化饲喂器，实现个体精准饲喂。

（3）建设全场猪舍进风过滤系统，建设自动监测、自动调控的环境控制系统，配套湿帘降温、风机通风、仔猪腹部增温，智能调节猪舍内温度、湿度和有害气体浓度，实施环境监测和实时调控。

（4）建设场外洗消烘干、场内洗浴消毒、内部热水高压清洗消毒多重防疫系统，提升生物安全保障等级。

（5）建设全场除臭系统，确保项目建设符合上海市地方标准《畜禽养殖业污染物排放标准》（DB 31/1098—2018）中周界臭气浓度不超20无量纲的标准。

（6）建设粪污源头减量，过程全量收集、粪污处理全密闭、暂存6个月无公害化处理系统，终端资源化利用、种养结合系统，实施在线监测，实时掌控排水总量等指标。

（7）应用人工智能技术和智能设备收集相关数据，建设信息化局域网络系统。

（8）建设美丽牧场及配套附属设施。

三、主要技术和设备参数

1.饲养品种

根据目前市场需求状况，考虑市场需求的未来变化，应用先进育种技术、生产工艺，采用适宜的繁育体系设计方案和现代化的饲养管理模式，利用杜洛克、长白、大约克种猪，生产杜长大杂交商品猪，实现全程可追溯，提高养殖生产水平和经济效益。

2.工艺流程

本项目工艺技术采取相对分区、分阶段饲养，"一点一线封闭式"

全进全出，"五阶段饲养四次转群生产流程"，提高生产水平。"五阶段饲养四次转群生产流程"即为后备种猪培育、母猪配种妊娠（怀孕）、分娩哺乳、仔猪保育和生长猪育肥共5道工序，每道工序完成一个生产阶段的任务，完成一道工序进行一次转群，共需4次转群，故称之为"五阶段饲养四次转群生产流程"（图6-4）。母猪配种采用适度深部输精技术，可减少输精使用量，有效提高优秀种公猪的使用率和使用价值，使优质种猪资源最大化，提高受孕率、产仔数及活仔数，节省操作时间。

后备母猪引进后培育3～4个月，发情后转入母猪舍等待配种。断奶母猪、发情后备母猪配种后在母猪舍保胎17周、临产前1周移至分娩猪舍。母猪分娩后哺乳仔猪3～4周断奶，然后将母猪移至母猪舍，准备下一轮的配种、妊娠；仔猪留栏1周继续原栏饲养，然后移至保育猪舍，饲养7周。再移至生长育肥猪舍，饲养18周，体重125千克以上即可出售。

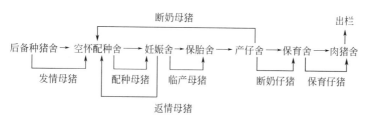

图6-4 猪场生产工艺流程

3.猪只生产工艺

按空怀与配种→妊娠→分娩→哺乳→保育→生长等生产环节组成流水生产线按周为繁殖节律，加强饲养管理，节省和充分利用饲养面积，发挥其经济效益和提高管理效能。采用流水作业线，将生产划分为不同阶段和工序，其饲养方式各有不同。公猪阶段（包括后备）全漏缝大栏饲养；后备母猪阶段（母猪舍）全漏缝大栏饲养；空怀、配种、妊娠阶段（母猪舍）全漏缝限位栏饲养；哺乳阶段（分娩舍）母猪全漏缝产床限位饲养，乳猪全漏缝饲养；保育-育肥阶段（育肥舍）全漏缝地板大栏平养。

4.养殖技术参数

养殖技术参数可参照表6-23。

表6-23　养殖技术参数一览表

序号	项目名称	数量	说明
1	生产母猪数/头	1200	长大
2	生产公猪数/头	12	人工授精1：100
3	后备母猪数/头	565	母猪年更新率40%，培育成功率85%
4	后备公猪数/头	12	公猪年更新率75%，培育成功率75%
5	每头母猪年产胎数/（胎/年）	2.27	仔猪21日龄断奶，母猪实产胎率90%
6	全年产胎数/胎	2719	
7	每周分娩母猪数/（胎/周）	52.1	
8	每头母猪每胎产活仔数/（头/胎）	12.0	
9	全年产活仔总数/头	32623	
10	每周产活仔数/头	626	
11	仔猪断奶周数/周	4	断奶日龄21天，仔猪留栏饲养7天
12	每周断奶仔猪数/头	594	仔猪成活率以95%计
13	保育仔猪饲养周数/周	7	
14	每周保育仔猪出栏数/头	565	仔猪成活率以95%计
15	生长育肥猪饲养周数/周	18	从出生至商品猪上市饲养期为29周
16	商品肉猪出栏头重/千克	125	
17	每周育肥猪出栏头数/头	553	育肥期成活率以98%计
18	商品猪全年出栏头数/头	28854	
19	全期育成率/%	88.4	
20	每头生产母猪年供商品猪数/头	24.0	
21	料重比	3.2	
22	总增重/吨	3606.7	
23	饲料总耗量/吨	11542	

四、总体布局和猪舍设计

1.总体布局

根据地形和当地气候、地理条件，采取纵轴总体布局，生活管理区在主导上风向、粪污处理区在下风向，整个功能区布局依次为生活管理区、生产区、粪污处理区。各功能区间建设缓冲防疫带。建筑朝向南。总体布局如图6-5所示。

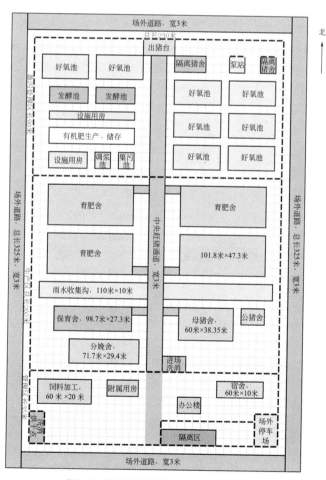

图6-5　猪场建设规划总体布局示意图

2.主要建设内容

（1）建设现代化、集约化的标准化猪舍。应用大跨度轻钢、小单元养殖、以周为单位全进全出的设计理念，参照欧美现代化、集约化、福利化要求对猪舍、栏位等设施进行建造，提高单位面积产出率。猪舍11栋土建面积合计28022平方米，其中公猪舍1栋建筑面积356平方米、精液处理室1间40平方米、母猪舍1栋2301平方米、母猪清洗间32平方米、分娩舍1栋2108平方米、保育舍1栋2695平方米、生长育肥舍4栋19242平方米、隔离舍1栋507平方米、转猪通道1栋660平方米、售猪厅1栋83平方米。建设栏位1642个，其中公猪舍大栏20个、采精栏1个；后备种猪培育舍大栏18个；母猪舍单体限位栏884个、弱猪（或诱情公猪）护理栏17个；分娩舍产床312个；保育舍保育栏128个；生长育肥栏240个，隔离舍20个，销售厅2栏、1间磅秤间。

（2）建设自动化饲养饲喂系统。建设各种规格供料塔15个，管道式自动喂料系统15套，其中公猪舍1套、母猪舍2套、分娩舍1套、保育舍2套、育肥舍8套、隔离猪舍1套，包括内外线、分配器、转盘、输料管等管道配件，配套配量器1252个、下料管1643个、智能干湿两用饲喂器392台套等。实现个体精准饲喂、数据自动收集，提高猪只健康度和饲料利用率。

（3）建设养殖环境自动监测、自动调控系统。建设湿帘降温、风机通风、仔猪腹部增温，自动调节猪舍内温度、湿度和有害气体浓度。通过自动监控和调节，对整个猪舍实施自动化管理；建设湿帘降温、风机通风55套，空气自动监控和调节器55套，除臭系统58套，仔猪腹部增温系统440组，高低压自动供水系统各14套，感应食槽281个、节水型饮水碗440个，节约用水，提升环境监测和调控的自动化程度。

（4）建设多重生物安全保障体系。建设场外、场内、内部多层隔离屏障和生物安全保障，分别为场外的车辆洗消烘干中心1座，对所有车辆清洗消毒、再烘干；进入场区临时隔离时的臭氧消毒、手脚清洗、个人物品和进场物资的熏蒸消毒的洗消中心1套；进入场区管理区时的人员沐浴清洗的洗消中心1套；进出生产区防疫消毒楼（防疫楼）1栋，洗浴更衣、换鞋；生产区建设中央热水冲洗消毒系统1套，确保棚舍热水清洗、恒温水消毒；猪舍内部建设空气质量自动调控系统。

（5）建设整场除臭系统。整场除臭系统建设猪舍排气除臭墙55套、厂界除臭系统1套、有机肥生产除臭系统2套，确保项目建设完成后符合上海市地方标准《畜禽养殖业污染物排放标准》（DB 31/1098—2018）中周界臭气浓度20无量纲的标准。

（6）建设粪污源头减量、过程全量密闭收集和终端无害化处理资源化利用，实施在线监测。粪污源头减量（雨污分流）建设雨污收集管各1套；过程全量收集、粪污处理全密闭，建设集污池1个200立方米、调浆池1个200立方米、二级黑膜袋式发酵池2个4000立方米、氧化池8个32000立方米，可以暂存6个月的粪污水量；终端资源化利用、种养结合系统建设智能排灌系统1套、在线监测系统1套、有机肥生产车间1座。实施在线监测，实时掌控排放污水的氨氮浓度、COD、BOD和排水总量等指标，依据《畜禽粪污土地承载力测算技术指南》匹配农田，消纳无害化处理后的肥水，实现种养结合。目前农业园区内有水稻田10000亩，完全能消纳猪场产生的粪污水。

（7）建设信息化局域网络系统。应用人工智能技术，通过智能饲喂器、监测仪、传感器、探头等智能设备收集生猪生产数据、养殖数据、环境数据、粪污排放数据、车辆运输等全方位数据，建设信息化局域网络系统1套，管理和指导养猪生产。

（8）建设美丽牧场及配套附属设施。生活办公区见花、生产区见树、粪污处理区见绿，场区四周围墙见画、道路见荫，无臭味。建设宣传牌、宣传画，种植花草树木10亩。

3.棚舍建筑和布置

（1）公猪舍 轻钢结构，全漏缝水泥地板、舍内粪尿暂存池。配套湿帘降温、风机通风、屋顶暖风、自动调控、出风除臭箱体、高低压供水、水压调节阀、自动喂料、单体不锈钢食槽，PVC围栏、吊顶等。公猪舍长20.20米、宽17.60米，19个大栏，单栏面积5.0米×2.5米；1个采精栏，单栏面积5.0米×5.0米。舍内粪尿暂存池总面积262.5平方米。走道为水泥实心地坪。精液处理室10.0米×4.0米，公猪舍布置可参照图6-6。

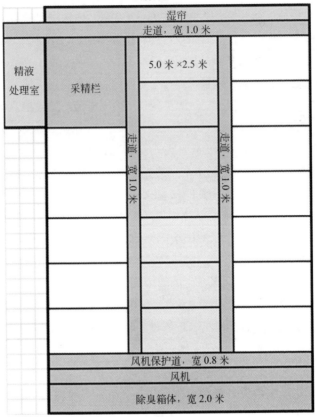

图6-6 公猪舍布置

（2）母猪舍 大跨度轻钢结构、彩钢板保温板，全漏缝水泥地板、舍内粪尿暂存池。配套湿帘降温、风机通风、屋顶暖风，自动调控、出风除臭箱体，高低压供水、水压调节阀，自动喂料、母猪不锈钢长食槽，限位栏灯带，吊顶等。母猪舍每列以周为单位全进全出，舍长60.00米、宽38.35米，计18个单元，其中16个单元妊娠、1个单元大栏待配、1个单元清洁消毒。18列式18走道，每单元计限位栏52个、弱猪栏1个，限位栏面积2.40米×0.65米、弱猪栏面积2.40米×1.95米，舍内粪尿暂存池总面积1859.25平方米。1.0米走道为水泥实心地坪，0.8米走道为漏缝水泥地板，母猪舍布置可参照图6-7。

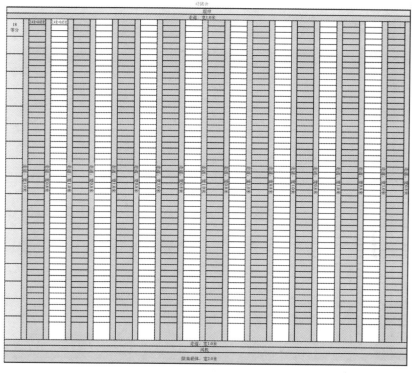

图6-7 母猪舍布置

（3）分娩舍 大跨度小单元钢结构、彩钢板保温板、全漏缝塑料地板、舍内粪尿暂存池。配套湿帘降温、风机通风、屋顶暖风、自动调控、出风除臭箱体、高低压供水、水压调节阀、仔猪节水型饮水碗、自动喂料、母猪不锈钢单体食槽，PVC围栏，红外线灯仔猪保暖、栏内地面电加热增温，吊顶等。分娩舍以周为单位全进全出，舍长71.70米、宽29.40米，计6个单元，其中3个单元产仔、1个单元待产、1个单元断奶、1个单元清洁消毒。单元间中间用实心墙体隔开。每单元四列式二走道，每单元计产床52个，产床单栏面积2.40米×1.70米，舍内粪尿暂存池总面积1272.96平方米。走道水泥实心地坪，工作联络走道宽2.50米、舍内走道宽1.00米、二侧道宽0.80米。配套湿帘降温、风机通风、自动调控、除臭箱体、高低压供水、水压调节阀吊顶等，分娩舍布置可参照图6-8。

科学养猪提质增效关键技术

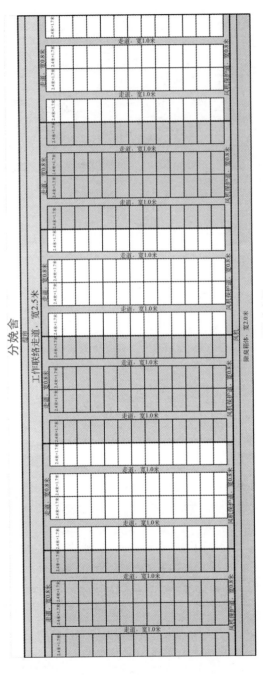

图6-8 分娩舍布置

（4）保育舍　大跨度小单元钢结构，彩钢板保温板，全漏缝水泥地板，舍内粪尿暂存池。配套湿帘降温、风机通风、屋顶暖风、自动调控、出风除臭箱体、高低压供水、水压调节阀，智能干湿两用饲喂器，PVC围栏，栏内地面电加热增温，吊顶等。保育舍以周为单位全进全出，含长98.70米，宽27.30米，计8个单元，其中7个单元保育，1个单元清洁消毒。单元间中间用实心墙体隔开。每单元四列式二走道，每单元计保育栏16个，保育栏单栏面积5.00米×2.50米，舍内粪尿暂存池总面积1600.00平方米。走道水泥实心地坪，工作联络走道宽2.50米，舍内走道宽1.00米，二侧走道宽0.80米，保育舍布置可参照图6-9。

214

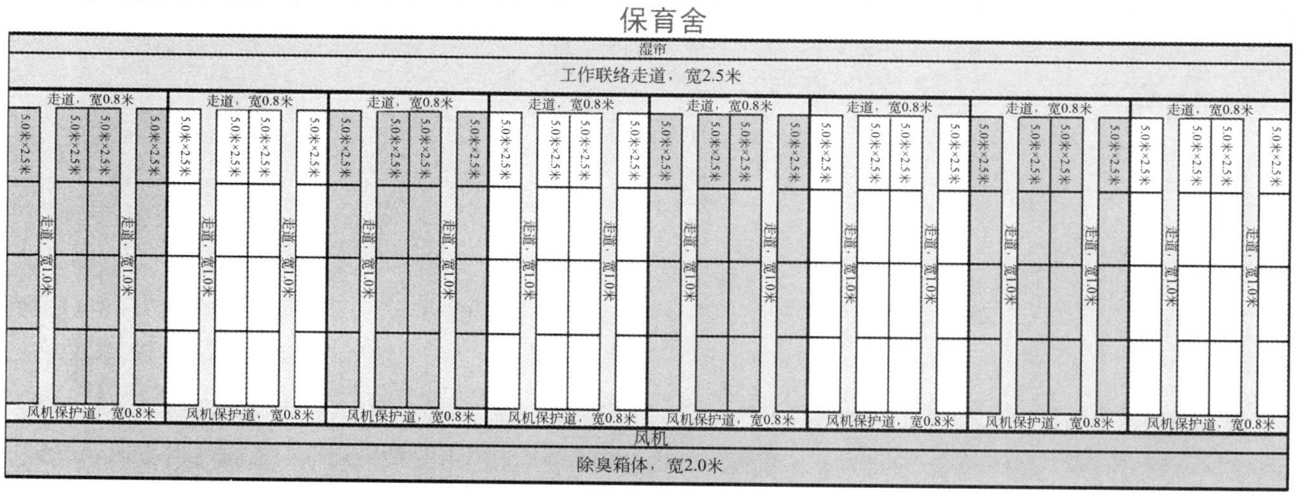

保育舍

图6-9　保育舍布置

（5）生长育肥舍　大跨度小单元钢结构，彩钢板保温板，全漏缝水泥地板，舍内粪尿暂存池。配套湿帘降温、风机通风、屋顶暖风、吊顶等。育肥舍以周为单位全进全出，单元保育，2个单元清洁消毒。单元间中间用实心墙体隔开。舍内粪尿暂存池总面积14400.00平方米，舍内走道宽1.00米，二侧道宽0.80米，温、风机通风、屋顶暖风、吊顶等。育肥舍以周为单位全进全出，舍长101.80米，宽47.30米，计20个单元，其中18个单元保育，2个单元清洁消毒。单元间中间用实心墙体隔开，每单元计育肥栏12个，单栏面积10.00米×6.00米，舍内粪尿暂存池总面积14400.00平方米，每单元列式二走道，走道水泥实心地坪，工作联络走道宽2.50米，舍内走道宽1.00米，二侧道宽0.80米，育肥舍布置可参照图6-10。

215

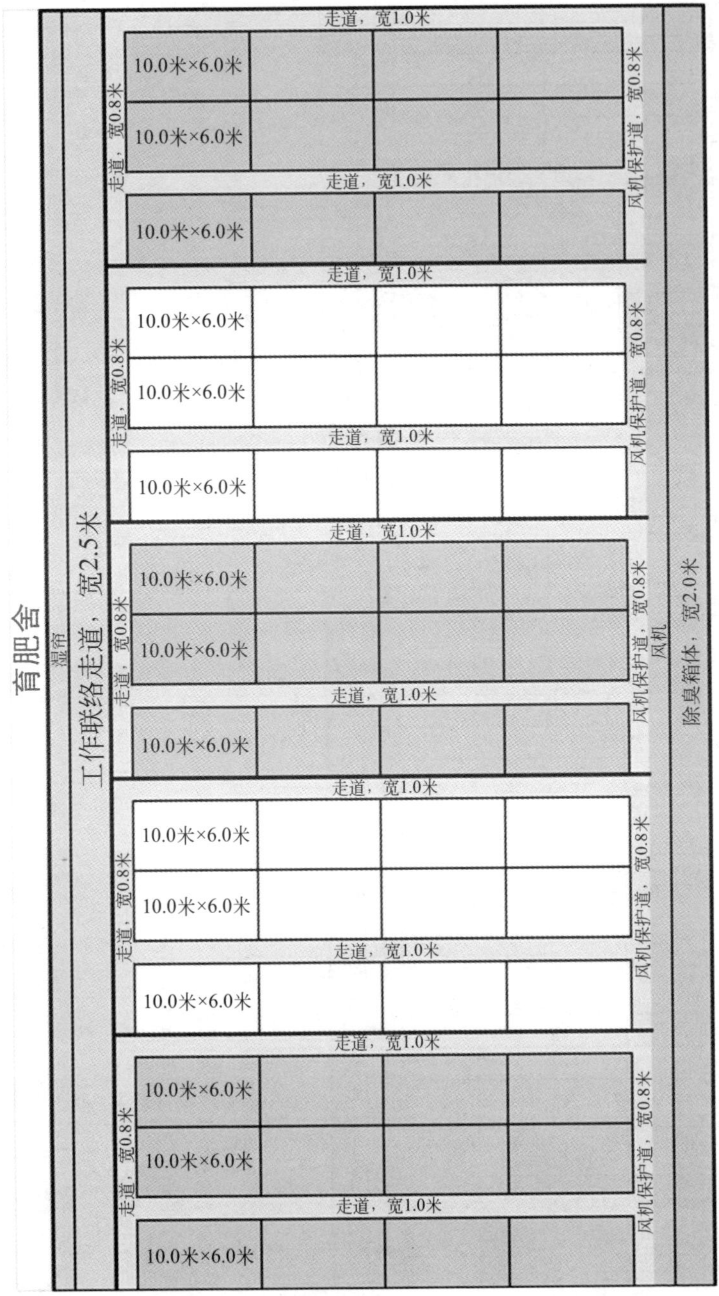

图6-10 育肥舍布置

育肥舍

温箱

工作联络走道，宽2.5米

走道，宽0.8米

走道，宽1.0米

10.0米×6.0米

10.0米×6.0米

10.0米×6.0米

风机保护道，宽0.8米

除臭箱体，宽2.0米

（6）隔离猪舍　大跨度小单元钢结构、彩钢板保温板，全漏缝水泥地板、舍内粪尿暂存池。配套湿帘降温、风机通风、屋顶暖风，自动调控、出风除臭箱体、高低压供水、水压调节阀，自动喂料、单面自动饲喂器，PVC围栏，吊顶等，隔离舍布置可参照图6-11。

图6-11　隔离舍布置

五、主要生产设备选型方案

选择与猪场饲养规模和工艺相适应的先进的、经济的设备是提高生产水平和经济效益的重要措施。猪场的主要设备包括猪栏、饮水设备、饲喂设备、饲料输送设备等。

1.舍内粪尿暂存池、节水型水碗从源头减污排放养殖

猪只在饲养过程中产生的粪便、尿液和棚舍冲洗水通过踩踏、滴落至漏缝地板下的尿泡粪收集池，经虹吸原理自流式排到集污水池。各棚舍安装智能饲喂器和节水型水碗，可从源头减少水的浪费，达到节水减污排放。

2.高床产仔、全漏空保育、母猪单体饲养

以周为阶段周转饲养，母猪全漏缝床产仔，仔猪断奶后进行全漏缝增温保育饲养，有利于提高仔猪成活率和生长速度，母猪单体饲养便于发情观察配种和控制个体膘情，减少劳动强度。

3.仔猪腹部地暖保温

仔猪断奶后转入保育舍，采用在保温水泥地坪下铺设发电电缆线的方式为仔猪提供腹部增温保温，智能调温，最大限度利用热源，既可节约电能，又可提高仔猪成活率和生长速度。

4.屋顶式通风系统（天花板进风回暖、负压式锥形驱动风机）

冬季利用屋顶三角区空间进行新鲜空气从屋檐进入，并利用太阳能源对屋顶加温，温暖空气加温后进入猪舍。通过智能的负压式锥形驱动风机排出污浊空气，保证舍内空气温暖常新。

5.防暑降温系统（湿帘风机）

在炎热季节采用湿帘风机进行防暑降温，加之天花板进风回暖系统的空气隔热，可有效降低猪舍内温度，使种猪在适宜的温度下保持旺盛的生产力，有效降低热应激的危害。

6.集中供料饲喂系统

集中供料，减少饲料在运输过程中的污染和生产养殖中的浪费，管式全自动喂料系统可人为地、机械化地控制，确保每头猪能吃到应喂的饲料量，减少劳动力。

7.智能饲喂器

应用智能干湿两用饲喂器，粥料和粉料自动混合，充分激发仔猪觅食的欲望，帮助断奶仔猪快速渡过断奶难关。该设备智能化、自动化、信息化，便于操作，可替代员工的日常管理，更精细（以机器换人工），更适合生猪的生长规律，提高生长效率和经济效益。

六、项目投资明细与估算

本项目预算固定资产总投资6483.149万元，其中土建和构筑物投资4416.50万元、设施设备1539.605万元、基础设施157.50万元，二类费用369.544万元，投资估算参照表6-24。

表6-24　投资估算

项目名称	金额/万元
一、土建	4416.50
1.1 主体结构	3581.31
1.2 附属设施	835.19
二、设备	1539.605
2.1 卫生防疫设备	357.53
2.2 栏位和管理设备	340.093
2.3 自动喂料系统	476.40
2.4 自动供水系统	48.60
2.5 自动调控空气设备	169.00
2.6 信息化设备	40.00
2.7 粪污处理系统	108.00
三、基础配套	157.50
四、其他二类费用	369.544
合计	6483.149

各类投资明细可参照表6-25～表6-28。

表6-25　主要建（构）筑物建设明细与投资预算

序号	建设内容	计量单位	数量	单价/元	金额/万元	说明
1	公猪舍	平方米	356	800	28.48	钢结构，彩钢板，隔热、吊顶，塑钢窗，屋檐进风
	精液处理室	平方米	40	800	3.20	
	母猪舍	平方米	2301	800	184.08	
	母猪清洗间	平方米	32	800	2.56	
	分娩舍	平方米	2108	800	168.64	
	保育舍	平方米	2695	800	215.60	
	育肥猪舍	平方米	19242	800	1539.36	

序号	建设内容	计量单位	数量	单价/元	金额/万元	说明
1	隔离猪舍	平方米	507	800	40.56	钢结构，彩钢板，隔热、吊顶，塑钢窗，屋檐进风
	中央赶猪通道	平方米	660	800	52.80	
	出猪台	平方米	83	800	6.64	
2	公猪舍	平方米	263	200	5.26	C40，热压模（或整体预浇）
	母猪舍	平方米	1859	200	37.18	
	保育舍	平方米	1600	200	32.00	
	育肥猪舍	平方米	14400	200	288.00	
	隔离猪舍	平方米	360	200	7.20	
3	公猪舍	平方米	263	500	13.15	防渗漏，包括管道、活塞等，包括室外自流式管道
	母猪舍	平方米	1859	500	92.95	
	分娩舍	平方米	1273	500	63.65	
	保育舍	平方米	1600	500	80.00	
	育肥猪舍	平方米	14400	500	720.00	
4	电动大门	米	7	5000	3.50	
5	车辆洗消烘干中心	平方米	200	1500	30.00	
6	门卫室	平方米	24	1500	3.60	
7	值班室	平方米	24	1500	3.60	
8	物品消毒室	平方米	24	1500	3.60	
9	进管理区人员洗消间	平方米	96	1500	14.40	
10	技术办公室	平方米	48	1500	7.20	
11	监控室	平方米	48	1500	7.20	
12	进场临时隔离宿舍	平方米	72	1500	10.80	
13	柴油发电机组用房	平方米	48	800	3.84	
14	高低压电房	平方米	96	800	7.68	

续表

序号	建设内容	计量单位	数量	单价/元	金额/万元	说明
15	变压器房	平方米	24	800	1.92	
16	进入管理区洗消间	平方米	96	1500	14.40	
17	宿舍	平方米	600	1500	90.00	
18	办公室	平方米	72	1500	10.80	
19	培训、会议室	平方米	48	1500	7.20	
20	库房	平方米	48	800	3.84	
21	管理区用餐间	平方米	48	1500	7.20	
22	生产区用餐间	平方米	48	1500	7.20	
23	厨房	平方米	48	1500	7.20	
24	进生产区洗消房	平方米	96	1500	14.40	
25	饲料加工、储存	平方米	1200	800	96.00	
26	场外停车场	平方米	300	300	9.00	
27	中央热水清洗消毒机房	平方米	24	1500	3.60	
28	料塔地基	平方米	60	300	1.80	
29	病死猪收集、贮存间	平方米	48	800	3.84	
30	污水处理设备平台用房	平方米	48	800	3.84	
31	集污池	立方米	200	1500	30.00	
32	调节池	立方米	200	1500	30.00	
33	厌氧池	立方米	4000	30	12.00	
34	氧化池	立方米	32000	30	96.00	
35	沼气发电用房	平方米	48	800	3.84	
36	泵站	平方米	48	800	3.84	
37	有机肥生产、储存	平方米	1200	600	72.00	
38	四周隔离围栏	平方米	2750	200	55.00	
39	临时隔离区围栏	平方米	375	150	5.625	
40	场外道路	平方米	3330	200	66.60	

续表

序号	建设内容	计量单位	数量	单价/元	金额/万元	说明
41	管理区内道路、场地	平方米	1050	175	18.375	
42	粪污区内道路	平方米	1100	175	19.25	
43	雨水收集管	米	3000	150	45.00	
小计					4416.50	

表6-26　主要生产设备明细与投资预算

序号	建设内容	计量单位	数量	单价/元	金额/万元	说明
1	电动大门	块	1	50000	5.00	
2	洗消烘干设备	套	1	1000000	100.00	
3	洗浴设备	套	6	30000	18.00	
4	中央热水清洗消毒机	套	1	400000	40.00	含总管
5	臭氧发生消毒机	台	4	2500	1.00	更衣、熏蒸
6	紫外线消毒灯	套	4	500	0.20	病死猪处理间
7	移动式消毒机	台	2	8000	1.60	
8	疫苗专用冰箱	台	3	5000	1.50	
9	售猪台称重电子磅、升降台	套	1	100000	10.00	
10	电子地磅	台	1	50000	5.00	断奶、保育转出
11	车载电子地磅	台	1	100000	10.00	饲料过磅
12	高架产床	套	312	4500	140.40	
13	管道式自动喂料系统					包括内外线、分配器、转盘、输料管、配量器、下料管等
	料塔	个	15	30000	45.00	
	公猪舍	套	1	50000	5.00	
	母猪舍	套	2	50000	10.00	
	分娩舍	套	1	50000	5.00	
	保育舍	套	2	50000	10.00	
	育肥猪舍	套	8	50000	40.00	
	隔离猪舍	套	1	50000	5.00	

续表

序号	建设内容	计量单位	数量	单价/元	金额/万元	说明
14	料槽					
	公猪舍	个	21	1500	3.15	不锈钢整体压铸，带感应式饮水器
	母猪舍	米	901	500	45.05	不锈钢长食槽
	保育舍	个	128	4000	51.20	智能干湿两用饲喂器
	育肥猪舍	个	240	4500	108.00	智能干湿两用饲喂器
	隔离猪舍	个	20	4500	9.00	单面自动喂料器
15	饲料加工设备	套	1	1000000	100.00	
16	散装运料车	辆	1	400000	40.00	
17	场内运仔猪电瓶车	辆	1	50000	5.00	
18	售猪中转车	辆	1	500000	50.00	
19	供水					
	猪舍高低压自动供水系统	栋	11	30000	33.00	管道、调节阀、接头
	其他区域低压供水	栋	3	30000	9.00	
20	仔猪节水型水碗	个	440	150	6.60	
21	自动调控通风系统					全场联网
	公猪舍	套	1	15000	1.50	自动控制器、湿帘、风机
	母猪舍	套	17	15000	25.50	
	分娩舍	套	6	15000	9.00	
	保育舍	套	8	15000	12.00	
	育肥猪舍	套	20	15000	30.00	
	隔离猪舍	套	1	15000	1.50	
	加热器	套	14	5000	7.00	分娩舍、保育舍

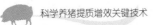

续表

序号	建设内容	计量单位	数量	单价/元	金额/万元	说明
22	除臭系统					
	公猪舍	套	1	15000	1.50	
	母猪舍	套	17	15000	25.50	
	分娩舍	套	6	15000	9.00	
	保育舍	套	8	15000	12.00	
	育肥猪舍	套	20	15000	30.00	
	隔离猪舍	套	1	15000	1.50	
	粪污处理区	套	2	15000	3.00	
23	圈舍围栏					
	公猪舍	套	21	500	1.05	
	母猪舍	套	901	350	31.535	
	保育舍	套	128	2000	25.60	
	育肥猪舍	套	240	2000	48.00	
	隔离猪舍	套	20	2000	4.00	
24	信息电子监控系统	套	1	300000	30.00	
25	物联网系统	套	1	100000	10.00	
26	柴油发电机	台	1	250000	25.00	
27	沼气发电机	台	2	250000	50.00	
28	照明					
	猪舍内照明线路和灯	幢	11	25000	27.50	动力和照明
	母猪栏灯带	米	586	200	11.72	
	其他区域照明	幢	3	20000	6.00	
29	无针注射器	套	2	45000	9.00	
30	远红外体温枪	套	5	5000	2.50	
31	B超测膘仪	套	1	30000	3.00	
32	兽医室常规设备	套	1	50000	5.00	
33	精液检查、储存设备	套	1	150000	15.00	
34	定时定量PCR测定仪	台	1	200000	20.00	

续表

序号	建设内容	计量单位	数量	单价/元	金额/万元	说明
35	病死猪收集、贮存设备	套	1	50000	5.00	场内收尸车、收尸袋、冰柜等
36	病死猪高速粉碎机	台	1	200000	20.00	
37	滚筒固液分离机	台	1	80000	8.00	
38	有机肥生产设备	套	1	500000	50.00	
39	污水处理平台整套设备	套	1	500000	50.00	
小计					1539.605	

表6-27 基础配套明细与投资预算

序号	建设内容	计量单位	数量	单价/元	金额/万元	说明
1	三通（通路、通水、通电）	次	3	250000	75.00	
2	通信、网络	次	1	25000	2.50	
3	消防	场	1	100000	10.00	
4	土地平整	亩	10	20000	20.00	
5	绿化	亩	10	50000	50.00	
小计					157.50	

表6-28 其他明细与投资预算

序号	建设内容	计量单位	数量	单价/元	金额/万元	说明
1	设计费	次	1	50000	5.00	可行性报告
2	勘探、环评等	次	2	100000	20.00	
3	监理、审计等	次	1	6113.605	61.136	总投资的1%
4	其他二类费用			6113.605	283.408	总投资2000万元以内为8%，超出的部分4113.605为3%
小计					369.544	

第七节 楼房养猪

一、国内楼房养猪的发展

2019年12月17日，自然资源部和农业农村部联合发布《关于设施农业用地管理有关问题的通知》（自然资规[2019]4号），明确允许养殖设施建设多层建筑，使高楼养猪合法化，全国各地开启楼房养猪的热潮。

资料显示，20世纪70年代，哈尔滨曾出现过使用2层楼房养猪，之后在黑龙江、辽宁、河北、福建、广西、江西、浙江等省市、自治区都进行过各种模式的尝试，但一般楼房都不会超过6层，如河南省禹州市钧龙养殖种植股份有限公司的3层楼猪场、河北省玉田县兴田园生态农场的8层楼猪场等。其中福建的松溪科城、尤溪光华、建瓯华峰、延平福源等猪场进行了规模化尝试，并不断探索。在那个人都难住楼房的年代，当时争议很大，遇到困难也很多，同时因设施设备、生物安全等方面的技术限制，猪的疫病发生率较高，影响生产成绩。

21世纪初始，伴随着工业化进程加速，养猪业也在追求"全进全出""集约化经营"的生产模式，同时受到用地审批难与环保要求高等多重压力，一些养猪人又开始研究是否可以把"平面化"的猪舍布局变成"立体式"，用楼房来进行工业化养猪，于是"楼房养猪"理论、技术与实践均有较快发展，在全国各地出现了很多高楼养猪模式。

2015年，广西扬翔股份有限公司依托"广西贵港地区主要猪病净化示范区建设项目"启动"集群式楼房智能化养猪模式"设计，2017年建成。该猪场在桂妃山占地1.67公顷，建设了4栋7层的楼房。标志着楼房养猪模式真正开启。

四川天兆猪业自主研发，采取模块化的方式建设楼房养猪项目。创新单幢猪舍饲养数量一致、建设规格一致、选用设备一致、应用技术一致的余式猪场5.0楼房式猪场。2020年已在全国各地投产和开建101幢，集中在重庆、甘肃、黑龙江、新疆、福建等省、自治区，其中自营60幢、代为建设41幢。

非洲猪瘟暴发后行业内正积极探索新的生产模式，其中楼房猪场是颇受青睐的养殖新方式。根据新牧网新猪派记者的统计，截至2020年10月1日，各大集团规划的楼房猪场项目共计60个，楼房猪场涉及产能2024万头，开工项目34个，涉及1638万头产能。60个楼房猪场项目，大部分集中在广东、江苏与四川。广东作为生猪消费大省，也有13个高楼养猪项目落地，其中有5个项目在广州。而江苏靠近上海这个消费大市场，也有10个楼房猪场项目，主要集中在南通、扬州、泰州等地。

2020年是全国各地兴起楼房养猪的新高潮，应该将是顶峰时期。

二、楼房养猪设计时的几个关键控制点

1.必须重视楼房养猪模式"生物安全"保障体系的设计

（1）"铁桶"智能化楼房养猪生物安全保障体系。广西扬翔股份有限公司2015年集合国内外多名养猪权威专家、国内知名院校等多方力量，启动"集群式楼房智能化养猪模式"设计，开创了新型养猪模式的探索——"铁桶"智能化楼房养猪模式。该模式基于"结构化"的设计布局，配套有中央厨房、隔离区、物资总仓、生产区、生活区、污水厂、饲料厂、中转站等8大结构性版块。

（2）设计多重隔离屏障和多层次生物安全保障环节。近期的楼房养猪项目已全面提升了防控非洲猪瘟等级，高楼养殖场普遍建设了远端、场外、场内、生产区内部四层隔离屏障和生物安全保障，改进和基本完善了生物隔离措施，形成了车辆洗消烘干中心、缓冲区、生活管理区、生产区等区域的多重隔离屏障和多层次生物安全保障环节，形成闭环防控。但还存在洗消中心建设数量或规模能不能满足不同用途车辆分开、所经路线能否满足单向流动等问题，是影响洗消质量和控制生物安全的关键所在。

（3）严格规范楼层间人、猪、物的"单向、独立、闭环"的设计。目前的设计是在生产区实施属性分离，重点突出楼层间人、猪、物等的

"单向、独立、闭环"的设计，即人员流动、进猪方式、出猪移动、饲料输送、病死猪隔离、粪污水导流等条线严格规范流动路线，做到上下楼层单层流动、净污道分开，在工艺建筑上最大限度地满足防非等生物安全的需要。调研发现，楼房养猪各楼层间上下周转，一是增加劳动量，二是生物危害远远大于平层养猪，同时影响生物节律的可调性。多数楼房养猪项目对病死猪收集和转运考虑不周。重点应考虑各楼层间病死猪如何单向的运出楼层且上下楼层间不能交叉接触、到底层后车辆的洗消如何做、在哪洗、运输工具如何来回等安全与污染的重要关键问题。

（4）育肥场的苗猪来源、技术和管理人员生产区食宿模式可能是生物安全的一块短板。单一育肥场，一是其苗猪来源于多处且归属于不同业主，其猪源的健康度、生物菌落的不一致将是一大隐患，并且所建的隔离点与实际养殖量不匹配；二是技术和管理人员集中食宿在生产区，有的直接食宿在各楼层内，看起来与外界完全隔离，但聚集在一起稍有疏漏将后患无穷，在生物安全层面也有人畜共患病的传染风险；三是人猪在同一规划区内食宿混居，在法律上可能违反了相关规定。所以育肥场的苗猪来源、技术和管理人员生产区食宿模式可能是生物安全最薄弱的一块短板。

（5）必须加强发生传染性疫病时的应急处置预案。楼房养猪的生物安全保障技术是可行可控的，但还需加强发生传染性疫病时的应急处置预案，改变防疫和消毒策略，严密防控管道内蚊蝇等生物媒介的传播危害，特别是呼吸道疾病的防控。

2.设计时重视楼房养猪模式的粪污处理和有效利用

（1）不同粪污收集模式的区别应用。楼房养猪的粪污收集主要有机械刮粪与尿泡粪收集两种模式，大多数项目采取机械刮粪的模式收集棚舍内粪污水，这种模式的粪污收集池有两种设计，一是平面池，称为平刮法；二是"V"形池，称为V刮法。有的项目在此法中又有了改进，将刮粪池从开始刮粪一头到刮落一头，建有一定坡度，使得在刮粪时，尿液污水往下流、粪污往上刮，在棚舍的刮粪收集源头就实现干湿分离。第二种模式是尿泡粪收集法，这是一种利用虹吸原理而无需机械的自吸式收集方法。不同粪污收集池的防渗漏至关重要，也是楼房养猪成败的关键之一，后者的防渗漏要求更高。

（2）特别重视存在着单纯管道排污直落会产生气溶胶、上下串气的缺陷。楼房养猪实践过的猪场反映，初期设计是由高至低为单一的粪污下落管道，单纯管道排污直落会产生气溶胶的现象，发生上下楼层之间串气，同时粪污下落时因重力作用，下落至底层的粪污会反弹上去，污染至二三层，这也是早期楼房养猪失败的原因之一。

目前的排污设计做了较大的改进，在各楼层的粪污下落末端处设一暂存池和一根45°角的斜管，再与下落总管联结；各楼层斜管口有一活塞，由饲养员定时拔塞。这样改进后，上下排污管道排污下落时产生的气溶胶由于斜管和活塞的阻碍，就不能回串至其他楼层，阻止了污染气体的回串。同时，底层的排污管为独立的排污，由高层至低层排污因两根互不相通的管道就进不了第一层，杜绝了重力反弹影响，对生物安全有很好的作用。

（3）必须设计猪只通道的微坡和地漏导流设施。有的场在设计楼房养猪单一楼层的赶猪通道时为一直平面，没有微小的坡度设计，同时遗忘地漏和专用排水管设计，这样造成在进出猪后的清洁过程中，冲洗水流通不畅、容易积水，清洗的污水不能及时导流，不利于走道的清洗和消毒，甚至倒灌至棚舍内。特别是上下楼的"Z"形赶猪通道，在转弯处没有设置粪污水收集和导流，这是一个极大的安全隐患。

（4）须考虑生产区猪舍粪污的收集处理，也要加强其他区域的收集处理。排污收集管道只要有窨井就会有隐患点。一是在整个生产区，从棚舍到粪污收集池有较长的距离，必定会有许多的窨井，窨井盖的密封性直接影响管道与外界的互通，造成极大的安全隐患；二是进入生产区人员洗消点、在内食宿的生活污水能否单独收集、处理和分流。其他区域如管理区、车辆洗消烘干中心的污水也须做到单独收集处理。

（5）粪污应资源化利用，做到生猪存栏量与贮存池容积匹配、农田匹配。粪污处理方式主要是干湿分离法，鲜猪粪制有机肥，污水厌氧发酵生产沼气、曝气氧化后还田，也有进行深度处理，中水回用。发现存在着发酵时间短、处理后的肥水贮存空间不足，与所存栏的生猪饲养量与排出的污水量不相匹配，容量过小，会造成贮存时间过短的问题，另一存在的问题是粪污处理中产生的大空间臭气收集和降解关注度不够。楼房养猪项目的粪污应资源化利用，根据相关政策和技术标准做到生猪存栏量与贮存池容积匹配、确保贮存时间，做到农田匹配。

3.重视楼房养猪模式的通风设计和臭气处理方式

（1）适当地增加新风系统是改善棚舍通风质量的关键。楼房猪场从结构上是平层叠加，还是一端风机、一端水帘。在实际运行中，视养殖面积、猪群存栏量的不同，栏舍内不同养殖区域的温度会不同，靠近水帘处温度低、风机处温度高，通常风机处温度比水帘处温度高5℃左右，而使靠近不同区域的猪所处的环境就会不同。同时，水帘是新风，越靠近风机，空气质量相对就差，靠近风机的猪只呼吸的是前面的猪呼出的废气，适当的增加新风系统是改善棚舍通风质量的关键。

（2）通风模式因各地气候条件、建筑结构而各不相同。楼房养猪的初期通风设计大多采取风机正负压水平通风或垂直通风模式，经过短期的生产实践，吸取传统通风模式在高楼养猪中的不足，不断改进为风管通风和反梁设计形成的风道通风、风机口安装风阀的模式。在实践中夏季一般采取水平通风、底部通风模式，冬季一般采取垂直通风模式。新型的反梁设计形成的风道通风是利用上层走道结构形成的空间，作为下层的进风通道。利用反梁、部分漏缝地板、实心地面下的风道可解决全年送风问题，以降低层高，降低成本。

（3）加强集中式排风的除臭系统。楼房养猪的排风模式普遍采取水平抽风一侧外墙集中排风，也有采取水平抽风后垂直排风顶层集中的方式。按需选择过滤器材。建设在山区的楼房养猪项目，因远离居民居住地、主要干道，人稀林多有天然的自然屏障，故大多只利用外墙集中排风、水平抽风后垂直排风顶层集中的方式而不进行废气除臭，除臭系统安装得较少，必须加强集中式排风时的除臭系统。目前楼房养猪项目普遍采取水洗吸附及PP（聚丙烯）填料的捕集，将附着在PP填料和悬浮于水中微生物群落对最终溶解到水中的臭味物质进行生物降解。在抽风机排风一侧，增建废气收集区域，一般宽5～7米，为废气的聚集区，通过外侧的水洗帘，吸附废气中的臭气、氨气及颗粒物质等。

（4）楼房养猪模式下的通风设计和臭气处理方式注意点。采用模式与地理环境、环保要求息息相关。

① 合理考虑标的物的通风需求和温度需求，以区域气候大数据进行"一对一"设计，设置精准和风量调节措施。

② 充分考虑周边环境对猪舍的影响，吸气口的风机因自然季风、气流走向而增加额外负担；基于疫病防控的需要，废气收集排气区应为小单元设计，排气口防止与外部气流形成合流、废气倒灌。

③ 充分注意刮粪通道的施工，考虑刮粪板与两侧池体的机械碰撞而破坏池壁，防渗漏极其重要，防止刮粪时产生的振动过大，增加楼层的载荷。

④ 按需选择风机器材，特别是风机的选型，考虑送风量至少为150帕，增加检修通道。

4.设计时重视楼房养猪模式中料线运营的难题

楼房养猪模式由于传输距离长、楼层高造成传输中饲料分层，不同的猪得到的营养有差异，管道的转弯处、分配器内容易发生饲料霉变，影响生长和饲料利用率，甚至导致霉素毒素中毒。

（1）楼房养猪模式的料线安置须考虑输送量和输送距离。楼房养猪模式的饲料系统多为集中供料、气动传输至分料塔再提升至各棚舍的传输方式，面临着传输饲料量大、输送距离长（超过400米），提升高度高的难题及传送过程中造成饲料粒度破碎、分层，提升过程中粉尘产生等技术瓶颈。所以在料线设置时，必须充分考虑饲料的输送量和场内外输送距离，采取"间歇式"输料法。

（2）气动传输＋提升机输送可以延长输送距离。技术参数显示气动输送长度可达400米，平均产能约为5吨/小时，爬坡能力强，提升高度能达到20米。调研显示，集中供料至分料塔的饲料传输多以气动传输方式为主，解决了原应用的赛盘直线输送距离不足200米、产能低（2吨/小时）的技术瓶颈。但气动输送模式要求饲料粒度硬（1∶10）、颗粒直径小。如楼层超过四层，因楼层高度与爬坡能力不相匹配，已不适合气动输送的方式，可在各楼层设立储存塔，采取气动传输＋提升机输送的模式，再从分料塔中传送饲料，延长输送距离。

5.设计时考虑楼房养猪模式中人工智能在环控及养殖中的应用

由于楼房养猪高度集中、密闭，采取人工操作费时费力，为提高生产效率，楼房养猪已全部运行自动饲喂系统、猪场自动饮水系统、自动清粪系统、舍内自动环境控制系统等为主的"四自动"控制系统，借助于各种传感器、探头等，将自动喂料、自动供水、自动清粪、自动环控设备进行集合，可以即时采集设备信息和运行参数，将每头猪的生长及生产状况做详细记录，根据需要对数据进行统计分析，生成分析图或报表。管理者可以通过电脑、手机等随时查看设备运行、猪只生长、分析报表。同时还可以用以对生产事件进行提示和预警，即时以声音、色灯、手机终端等方式多重报警。

特别是自动环控系统的智能化应用为楼房养猪的环境控制提供了技术保障，极大地改善和确保了养猪环境。在猪舍内安装温湿度传感器，二氧化碳、氨气、硫化氢等气体传感器，空气流速和流量计等智能化传感设备，实时监测猪舍环境温度、相对湿度、有害气体浓度等指标，根据设定的阈值自动调节，相应数值在舍外走道中的控制器上自动显示，并且在后台自动录入和分析，一旦有异常，猪舍外的控制器及终端机器均会自动报警提示。

第八节 猪场建设相关要求和标准

各省市各地区由于相关政策的差异性，其猪场建设相关要求和标准各有要求，上海市规划和自然资源局、上海市农业农村委员会、上海市绿化和市容管理局（沪规划资源施〔2020〕591号文件）相关项目建设设施农业用地手续办理的申请流程如下，以供参考。

一、猪场建设设施农业用地手续办理

1.编制建设方案

用地手续申请办理前，应按要求编制建设方案，内容包括项目名

称、用地单位、建设地点（含四至范围）、用地面积、破坏耕作层面积、建设内容、功能布局图、建筑设计方案等。对于总投资较大的项目需编制可行性研究报告可结合建设方案一并编制。

破坏耕地耕作层的设施农业用地，经营者或农村集体经济组织还须编制土地复垦方案、确定土地复垦费用及资金来源，并纳入建设方案。涉及使用耕地保护空间的设施农业项目，由乡镇政府配合区规划资源局组织编制补划退出方案，区规划资源局会同相关部门初审通过后报市规划资源局，由市规划资源局会同相关部门组织开展论证。论证通过后各区批准建设方案。建设方案由经营者或农村集体经济组织负责编制，乡镇政府牵头组织规划资源、农业农村等部门对建设方案核定意见，对是否符合规划管理、是否符合农业发展导向等明确行业意见。

2.签订用地协议

经营者持经核定的建设方案（暨可行性研究报告）与农村集体经济组织协商土地使用条件。协商一致后，农村集体经济组织应将项目建设方案和土地使用条件向社会予以公告，公告时间不少于10天。公告期结束无异议的，经营者组织房屋土地权属调查并与农村集体经济组织签订用地协议。所涉及的承包地流转手续应通过农村土地承包经营权流转平台管理中心办理。

3.办理规划土地意见书

新建或改扩建的设施农业项目，由经营者或农村集体经济组织向区规划资源局申办规划土地意见书，明确土地利用和规划条件，办理时限为5个工作日。用地面积不超过500平方米且建筑面积不超过1000平方米的小型农业设施可免于办理规划土地意见书。

4.办理设施农业用地备案

经营者或农村集体经济组织应及时持备案材料向乡镇政府申请备案。设施农业用地的使用期限可根据生产需要合理确定，原则上不超过农村土地经营权流转期限及经营者与农村集体经济组织签订用地协议规定的期限。乡镇政府收到备案材料后，应组织相关部门进行现场核实，核实结果应在7个工作日内告知经营者或农村集体经济组织。核实通过的须依托"设施农业用地管理信息系统"3个工作日内完

成备案。

5.办理乡村建设规划许可证

经营者或农村集体经济组织、设计单位、施工单位（如有）、乡镇政府分别签订设施农业用地项目承诺书后，由经营者或农村集体经济组织向区规划资源局申办乡村建设规划许可证。乡村建设规划许可证按照"206号文"要求办理，重点核查建筑位置、高度、用地规模、用途等。用地面积不超过100平方米的小型农业设施可免于办理乡村建设规划许可证。用地面积不超过500平方米且建筑面积不超过1000平方米的农业设施，可由区规划资源局委托具备条件的乡镇人民政府办理乡村建设规划许可证。

6.项目开工建设与验收

乡村建设规划许可证发证机关开工放样复验后，设施农业项目方可按照用地备案和规划许可要求开工建设，乡镇政府加强过程监管。建设完成后，经营者或农村集体经济组织应按"206号文"要求向发证机关申办竣工验收。乡镇政府应组织相关部门现场踏勘，验收通过后方可使用。乡镇政府应及时将验收通过的项目测绘图形数据及相关材料，通过"设施农业用地管理信息系统"提交区规划资源局按土地利用现状变更要求进行地类变更。若项目涉及使用耕地保护空间，需同步将永久基本农田、储备地块补划退出图块提交市规划资源局，以更新耕地保护空间控制线。

7.备案续期与到期复垦

经营者或农村集体经济组织在使用期内不得擅自对设施进行改建。设施农业项目符合"三不变一通过"（即土地用途不改变、用地规模不改变、建设形态不改变、通过土地外业核查和执法检查）要求，使用期届满后需继续使用的，应在备案时限到期前3个月内提出，重新签订用地协议完成备案并发放通知书。

设施农业用地不再使用的，按照"谁损毁，谁复垦"的原则，相关责任主体应按设施农业用地项目承诺书于使用期届满后1个月内完成相关设施拆除、垃圾清运，使用期届满后3个月内恢复原用途或复垦达到耕种条件，确保复垦后耕地数量不减少、质量不降低。乡镇政府应督促经营者或集体经济组织及时复垦，并会同相关部门进行验收。若经营者拒不复垦的，由乡镇政府代为复垦，经营者失信行为将纳入本市不良征信系统。按要求完成复垦验收的项目，须及时报区规划资源局完成地类变更。备案前未落实占补平衡的，不产生新增耕地指标。

二、猪场建设申请流程

1.办理规划土地意见书

用地协议签订后，新建或改扩建的设施农业项目，用地面积超过500平方米或建筑面积超过1000平方米，经营者或农村集体经济组织向区规划资源局申办规划土地意见书，办理时限为5个工作日。

（1）收件清单 《规划土地意见书》申请表；房屋土地权属调查报告书（含地籍图）；经营者身份证明（企业法人需提交企业法人营业执照、法人身份证明；委托办理的需提交授权委托书和受托人身份证）；因建设项目的特殊性需要提交的其他相关材料。

（2）核发材料 规划土地意见书批文；规划土地意见书项目表。

2.办理设施农业用地备案

规划土地意见书办理后，经营者或农村集体经济组织及时持备案材料向乡镇政府申请备案，备案期限原则上不超过农村土地经营权流转期限及经营者与农村集体经济组织签订用地协议的期限。乡镇政府收到备案材料后，应组织相关部门现场核实，核实结果7个工作日内告知经营者或农村集体经济组织，核实通过的3个工作日内完成备案。若项目无需办理规划土地意见书可在用地协议签订后申请备案（图6-2）。

（1）收件清单：上海市设施农业用地基本信息备案表；建设方案（暨可行性研究报告）；上海市设施农业用地协议书（国有农场设施农业用地项目提供国有土地产权证）；房屋土地权属调查报告书（含地籍图）；上海市农村土地承包经营权流转合同（若项目签订合同的需要）；永久基本农田退出补划方案及区级审核意见（若项目使用永久基本农田且耕作层被破坏的需要）；耕地复垦还耕承诺书（若项目使用耕地的需

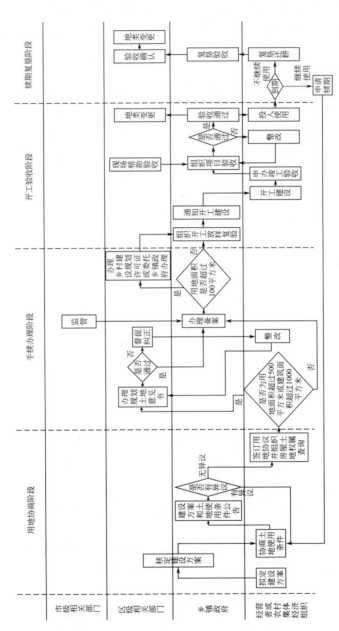

图6-12 设施农业用地手续办理流程

要）；集体经济组织公告、公告照片及公告无异议证明；经营者身份证明（企业法人需提交企业法人营业执照、法人身份证明；委托办理的需提交授权委托书和受托人身份证）；其他申请材料。

（2）核发材料：上海市设施农业用地项目备案通知书。

3. 办理乡村建设规划许可证

设施农业用地备案完成后，经营者或农村集体经济组织、设计单位、施工单位（如有）、乡镇政府签订设施农业用地项目承诺书，由经营者或农村集体经济组织向区规划资源局申办乡村建设规划许可证（办理时限为5个工作日，用地面积不超过100平方米的小型农业设施可免于办理乡村建设规划许可证。

（1）收件清单：《乡村建设规划许可证》申请表；经营者或农村集体经济组织、设计单位、施工单位（如有）、乡镇政府签订的建筑安全质量合格承诺书；建筑施工图（必须包含公告总平面图、分平面图、立剖面图，图纸目录单，建筑面积分层面积表。如有基础施工平面图、基础详图及桩位平面布置图需提供）；房屋土地权属调查报告书（含地籍图）；因建设项目的特殊性需要提交的其他相关材料。

（2）核发材料：《乡村建设规划许可证》批文；《乡村建设规划许可证》及项目表。

三、猪场建设相关标准目录

相关国家标准、行业标准、地方标准和团体标准如表6-29所示。

表6-29　相关国家标准、行业标准、地方标准和团体标准

序号	标准名称	标准编号	发布日期
1	规模猪场建设	GB/T 17824.1—2008	2008-07-31
2	标准化规模养猪场建设规范	NY/T 1568—2007	2007-12-18
3	标准化养猪小区项目建设规范	NY/T 2078—2011	2011-09-01
4	种猪场建设标准	NY/T 2968—2016	2016-10-26

续表

序号	标准名称	标准编号	发布日期
5	商品猪场建设规范	DB13/T 674—2005	
6	种猪场建设规范	DB13/T 699—2005	
7	发酵床式猪场建设标准	DB23/T 1421—2011	2011-01-18
8	种猪场建设标准	DB23/T 1426—2011	2011-01-08
9	商品猪场建设标准	DB23/T 1427—2011	2011-01-08
10	100～300头母猪自繁自养型猪场建设	DB32/T 1698—2011	2011-03-30
11	生态猪场建设	DB32/T 2394—2013	2013-12-30
12	生态环保养猪场（小区）建设及生产技术规范	DB37/T 1923—2011	2011-09-16
13	病死猪生物发酵床无害化处理技术规范	DB37/T 3114—2018	2018-02-02
14	规模猪场病死猪生物发酵无害化处理技术规范	DB37/T 3229—2018	2018-05-17
15	种猪场建设规范	DB43/T 704—2012	2012-07-24
16	规模猪场建设技术规范	DB51/T 1073—2010	
17	种猪场建设规范	DB51/T 1106—2010	
18	规模猪场标准化建设工艺设计规范	DB51/T 1970—2015	2015-04-09
19	青海省种猪场建设规范	DB63/T 972—2011	2011-04-11
20	发酵床生态养猪场建设规范	DB63/T 1085—2012	2012-04-10
21	标准化规模养猪场建设规范	DB64/T 758—2012	

续表

序号	标准名称	标准编号	发布日期
22	规模化猪场建设规范	DB65/T 3564—2014	2014-01-01
23	规模化猪场智能环境控制系统建设规程	T/CPPC 1016—2020	2020-09-27
24	智能猪场建设和评定规程	T/CPPC 1019—2020	2020-09-27
25	生猪安全生产标准化技术规程	T/CPPC 1020—2020	2020-09-27

第七章

▶▶▶

猪场生态环保与粪污处理

第一节 生态环保

一、恶臭控制与猪场设计

猪场的场址选择、场地规划、场地布局和猪舍设计都与恶臭的产生和散发有关，必须在每个环节上采取有效措施，以消除恶臭的产生和散发。

1.场址的选择

场址应该具备猪场粪污处理和消纳的条件，周围有足够的土地消纳粪污。详见第六章第一节猪场的选址。

2.场地的规划

场址选定之后，按工艺设计要求对场地进行合理规划布局，也是防止恶臭影响和环境污染的重要举措。猪场的废弃物处理设施应设置在隔离区，严禁在场内其他区域或场外任意堆积和排放粪污。隔离区应在全场的下风向和地势较低处，与生活区、生产区的卫生间距不宜小于50米，并应该规划好猪场废弃物的排放和运出。隔离区周围应密植树木绿化，以减少恶臭的散发。做好净道和污道的分离，尽量不要交叉重叠。各栋猪舍清除的固体粪便须经污道运往隔离区，污道须经常清扫、消毒。做好雨污分离，猪舍内产生的尿液、污水必须经地下排水系统排至隔离区，不得明沟排放，场区的地面雨水等排水则不应与舍内污水混排，以免加大污水处理的负荷。

猪场搞好绿化，包括：各场区间种植隔离林，场区全年上风向种植防风林，在猪舍周围、道路两旁及其空地进行遮阴绿化、行道绿化和美化绿化。猪场的全面绿化不但可以吸收恶臭，降低恶臭强度、防止其扩散，还具有改善猪场温湿度状况、减少空气微生物、降低噪声等作用。

3.饲养工艺

猪场对饲养工艺和清粪方式的选择，应尽量做到粪和尿、水分离，粪能及时清除；排水系统必须畅通，尿和水能及时排出，保持粪和猪舍的干燥，以消除猪舍内的恶臭源。猪舍内为避免污水积存腐败产生臭气，舍内地面应向排水沟方向做2%～3%的坡度，排水沟底须有2%～5%的坡度。

地面平养的猪场，做好人工清粪，每天至少清粪2次，保持猪圈的清洁、干燥。做好生猪的定点排粪，将猪圈划分出采食区、躺卧区和排粪区，大大减轻清粪劳动强度，可以有效控制舍内恶臭的产生。20世纪80年代从国外引进水泡粪工艺，采用半漏缝或全漏缝地板，有利于保持猪舍地面干燥，粪沟深度40～80厘米，但粪沟内总保持一定深度的粪水，将提供厌氧腐败的条件而产生恶臭，最好每天清空粪沟，防止臭气的产生。在粪沟的设计中可考虑使粪和尿、水分离，沟内设清粪机械及时将粪清除，降低劳动强度，既消除了恶臭源，又有利于猪废弃物的处理和利用。

21世纪初兴起的发酵床养猪，在地面铺设一定厚度的锯末和农作物秸秆等混合的垫料，定期喷洒一定量的微生物制剂，猪粪尿每天积存在垫料中被微生物降解脱臭。视垫料潮湿和板结情况不定期加铺和翻动垫料，一般3～4个饲养周期一次性清除粪便和垫料的混合物，作为有机肥利用。发酵床养猪对外"零排放"，大大减少养猪恶臭产生，比较适合小型规模养猪场。

猪舍的通风对排除恶臭也有重要作用，可促进猪舍内积存粪便中水分的蒸发，降低厌氧发酵，减少臭气产生，改善舍内空气卫生状况。特别是在寒冷季节，为保温而减少通风，将导致臭气在舍内蓄积，故冬季也应保证必要的通风量，但须控制风速，合理组织气流，以处理好保温和通风的矛盾。

二、恶臭控制与源头管理

猪场恶臭主要是由猪粪尿中未完全消化的营养物质在堆放过程中被无氧降解所产生的臭气引起的。所以控制猪场恶臭的有效途径就是要提高动物对营养物质的利用率，减少粪便排泄量，降低排泄物中蛋白质、脂肪的残留，减少腐败分解产生的恶臭。饲料是排泄物的主要源头，因此从治本的角度出发，应该采取措施提高生猪对饲料营养物质的消化率和利用率，以降低日粮中的蛋白质含量，减少臭气的排放。可以采用的手段包括：一是通过改进饲料配方降低饲料中的蛋白质含量，调节饲料氨基酸平衡，减少猪粪尿中氮的排放；二是改进饲料的加工方法，或者选用优质饲料原料，提高饲料中蛋白质的消化率，减少含氮有机物的排泄量；三是在饲料中应用饲料添加剂，降低排泄物中所含的营养成分和有害成分，减少臭气产生。

1.饲料的配合和设计

一般情况下，日粮中的蛋白质含量比达到其最佳生产性能时所需的最低水平要高，用来弥补因原料成分变异或不能确定所用原料养分利用率对饲喂效果的影响。但这既提高了饲料成本，对动物也是一种负担，对环境更为不利。

（1）降低日粮中粗蛋白质的含量　猪排泄物所散发的氨气主要来自尿中的尿素及粪中未消化的饲料氮与内源氮。因而，减少氨气释放最经济有效的手段就是通过日粮调控来减少粪尿中氮的含量。日粮中粗蛋白含量与粪尿中氨的释放量高度相关，日粮中粗蛋白含量升高和蛋白不平衡的日粮都可能增加氨的释放量。所以，通过降低日粮中粗蛋白水平，不足部分可以添加氨基酸替代，以调节氨基酸的平衡，可以提高氮的利用率，减少氮的排出。1995年，欧洲饲料联合会就指出，日粮中粗蛋白每降低1%，氨气排出量的减少潜力有8%，添加必需氨基酸，平衡氨基酸营养，氨排出量的减少潜力可达24%。众多研究都证实，降低粗蛋白水平可以减少氮的排出量，但是蛋白质的降低应该控制在一定范围，过低的蛋白质水平，虽然可以显著降低排泄物中的氮含量，但这也是以生产性能降低为代价的。

（2）采用氨基酸平衡的日粮　蛋白质被动物吸收后，要在体内分解成氨基酸结构单位，进而组建体蛋白。如果在配合料中能够根据动物需要，提供足够数量且足够全面的氨基酸，就可以减少粗蛋白的饲喂量。研究表明，添加赖氨酸，可降低日粮中粗蛋白的用量，并且对生长育肥猪的生产性能没有影响。应用理想氨基酸模式添加氨基酸，通过氮平衡试验证实可使氮存留量增加而排泄量降低。当日粮中粗蛋白质水平保持在15%，按照氨基酸理想模式增加必需氨基酸的浓度（赖氨酸由0.69%增加到1.19%），则氮存留量较常规饲养提高40%，排泄量下降30%。从氨基酸平衡饲料营养方面着手，既能达到节约蛋白质饲料资源的目的，又能减少畜禽养殖业带来的氮对环境污染的问题。

动物对氨基酸的需要量随类别、畜龄、性别、环境、遗传、营养因子的不同而变化，因此很难建立一个通用的氨基酸理想模式。20世纪90年代，Baker（1994）建立了猪的三个不同体重阶段的氨基酸模式（表7-1）。

表7-1　不同体重阶段猪的理想氨基酸模式（与赖氨酸的比例）

氨基酸	猪体重/千克		
	5～20	20～50	50～100
赖氨酸	100	100	100
含硫氨基酸	60	65	70
苏氨酸	65	67	70
色氨酸	18	19	20
异亮氨酸	60	60	70
亮氨酸	100	100	100
缬氨酸	68	68	68

2.提高饲料消化率

（1）选择优质的饲料原料　优质的饲料原料是生产高效饲料和提高动物对饲料养分利用率的先决条件。高质量的原料具有适口性好、消化率高的特点，能提高动物对其利用，减少粪便的排出量，降低粪尿中的恶臭物质及其前体物，减少恶臭气体的产生。选用高消化率的饲料可以使粪尿中的氮减少5%以上。如果动物采食低品质的蛋白质饲料（如水解猪毛粉）会明显增加排泄物中氮排泄量，从而使氨气的释放量增多；而鱼粉等高品质蛋白质饲料几乎可全部在肠道内消化吸收。饲料中的含硫化合物经动物消化代谢后一部分排出体外，饲料中硫的含量直接影响尿中硫的排泄量。因此应采用消化率高、优质的饲料原料生产配合饲料，以减少臭气的排放。

（2）改进饲料加工的工艺　合理的加工有助于提高猪群对饲料中营养物质的利用率，减少饲料的浪费和对环境的污染。饲料的粉碎、混合、制粒及膨化等过程均会影响动物对饲料养分的利用率。改进原料的粉碎程度和混合均匀程度可以提高饲料中营养物质的消化率和利用率，减少饲料浪费，减轻环境污染。适当粉碎可提高消化率，但粉碎过细，既会造成不必要的电能浪费，也会影响适口性，各种动物对粉碎的粒度要求不同。混合均匀度也很重要，一般要求配合饲料混合均匀度变异系数≤10%，添加剂预混料≤7%（国内）或者5%（国外）。制粒可避免成品料的分级和分离，保证动物采食到平衡的全价料，从而改善饲料的利用效果。膨化由于改变了蛋白质、淀粉等分子结构，使酶的接触更充分。目前，我国生猪日粮多以玉米-豆粕型为主。这些植物性饲料中有大量抗营养因子，如蛋白酶抑制因子、凝集素等，这些抗营养因子会影响日粮蛋白质的消化与吸收。经加热、膨化和制粒等处理程序可以消除日粮中抗营养因子对粗蛋白消化、吸收的影响。实践证明，大豆经加热处理，氨基酸的消化率可提高30%以上。饲料中蛋白质消化吸收率提高，粪尿中氮的排出量就相应减少。近年来，在猪场推广应用发酵豆粕和全发酵饲料，能降低豆粕中抗营养因子活性，增加饲料中的多肽类物质，促进生猪的消化性能，增强营养物质的吸收和利用，减少氮的排出。

3. 饲料添加剂的应用

饲料中应用添加剂，可有效地提高饲料的品质及养分的利用率，降低猪排泄物中氮和磷的含量。用于饲料的添加剂主要有活菌制剂、酶制剂、酸制剂和植物提取物等，它们均具有提高饲料转化率、促进动物生长、降低动物排泄物数量及其中有机物含量的功能，从而起到控制猪场恶臭和保护环境的作用。

（1）微生态制剂　微生态制剂是以动物体内正常菌群为主体的有益微生物制剂，可有效降低猪舍中恶臭气体的产生。其机理主要是通过微生物菌群制剂改善肠道内的微生态平衡，形成有益菌的优势菌群，抑制肠道内有害菌种的繁殖，减少其对蛋白质的利用，降低氨的产生；同时，有益菌群可增加对蛋白质的利用，提高饲料利用率，达到减少恶臭气体排放的效果。目前使用的菌种主要有枯草芽孢杆菌、乳酸球菌、乳酸杆菌、双歧杆菌、亚罗康菌和酵母菌等。其中，枯草芽孢杆菌具有很强的蛋白酶、脂肪酶和淀粉酶的活性，还能降解植物性饲料中某些较复杂的碳水化合物，在大肠中产生的氨基酸氧化酶及分解硫化物的酶可将吲哚类化合物完全氧化，将硫化氢氧化成无臭物质；双歧杆菌可抑制肠道内腐败物质的生成，降低粪便中恶臭物质的含量；乳酸杆菌也具有双歧杆菌的作用；亚罗康菌剂可将猪体内的氨气、硫化氢和甲烷等转化为可供猪体吸收的化合态氮和其他物质，可使排泄物中所含的营养成分和有害成分都明显降低。

（2）酸制剂　酸制剂主要是提高仔猪饲料中氮的利用率，减少臭味物质的排放。仔猪胃酸严重不足，而其饲料的酸力又较高，从而减少了胃蛋白酶的生成，降低了蛋白质的消化率，日粮中添加酸制剂则可以改变这种状况，减少排泄物中恶臭的产生。李德发等（1993）研究发现，在仔猪料中添加1%的柠檬酸，干物质和粗蛋白消化率提高2.28%和6.1%。在断奶仔猪日粮中添加1%的甲酸和2%的延胡索酸能提高其粗蛋白和氨基酸的回肠消化率。

（3）酶制剂　酶已成为近年来动物营养领域研究的热点之一。研究表明，动物日粮中添加酶制剂可有效地减少动物排泄物的含氮量，从而起到控制恶臭的目的。日粮添加脲酶抑制剂可以提高氮的利用率，使尿素降解减少，氨气的释放量减少；在饲料中添加β-葡聚糖酶的混合酶制剂，可以使能量利用率提高13%、蛋白质吸收率提高21%，并能使猪粪的排出量减少20%以上，氮的排泄量减少10%～15%。在饲料中添加植酸酶可显著降低磷的排泄量，防止因施有机肥而造成的土壤氮磷过剩。

（4）植物提取物添加剂　饲粮中添加植物提取物添加剂可有效降低氨气的排放。其机制大致包括3个方面：一是抑制脲酶的活性，减少尿素的分解；二是通过提高机体内微生物对氨的利用率，形成微生物蛋白质来抑制氨的排放；三是某些提取物对氨有很强的吸附作用，可有效地抑制其排放。梁国旗等（2009）试验证明，在35日龄杜大长仔猪的基础饲粮中分别添加350毫克/千克的樟科和125毫克/千克的丝兰属，可使粪中的脲酶活性分别降低17.16%、14.37%，对粪尿混合物中的尿素氮和氨态氮含量的降低效果极显著；同时樟科和丝兰属对粪发酵硫化氢的产生有较显著的抑制作用。此外，茶叶、中草药和菊芋等提取物也可通过与恶臭气体反应或减少腹泻发生率以减少粪便中恶臭气体的含量。

三、恶臭控制与废弃物管理

猪舍粪污水中贮存、处理过程中会有不同程度的臭气产生，故应及时处理、缩短贮存时间。特别是厌氧处理过程的高温分解快速处理，会产生更多的臭气。为了减少粪水处理过程中的臭气，通常采用覆盖法、生物法、冷却法等，能够较好地控制粪水臭气的产生和扩散。但在生猪饲养过程中棚舍内散发的臭气，目前主要通过化学、生物等脱臭设备进行处理，处理效果主要取决于如何将猪舍内产生的臭气进行有效的收集，这涉及猪舍的棚舍结构和保暖降温工艺，改造成本较高，在国内规模猪场应用较少。近几年，引进国外技术建造的欧式猪场，配备了相关的臭气处理设备，除臭效果较好，但运作费用较高。

1.粪水的除臭

（1）覆盖法 就是采用吸附性强的材料对固体粪便或污水做表面处理或混合处理，借以吸附和溶解产生的臭气。同时，臭气成分在覆盖材料中还可通过相互间的化学反应和微生物分解而脱臭。常用的覆盖材料有锯末、稻壳、稻麦秸秆、麸皮、米糠、腐熟好的堆肥或污泥等。如短时间堆放的粪便或厌氧堆肥的堆垛，可用塑料薄膜覆盖，后者亦可表面抹泥密封。在夏季，塑料薄膜覆盖不少于一周时，还可有效地杀灭蝇卵和蛆，是猪场灭蝇和蛆的一种方法。快速高温堆肥处理粪便时，可将覆盖材料作为调理剂或膨胀剂与粪便混合，以调整物料水分和空隙率及自由空域，可大大减少恶臭的产生。粪便堆场必须搭棚遮雨，堆场的地面应高于周围地面不少于30厘米，并用不透水材料铺设，以防止粪便污水的渗流流失，或积水浸泡厌氧腐解面产生大量恶臭。对污水处理的化粪池、沉淀池、厌氧消化池等设备，因采用厌氧发酵而产生大量臭气，可在液面上撒布农作物秸秆、竹网片、泡沫塑料和防渗膜等，这些覆盖材料浮于液面，可有效地阻止恶臭的扩散，部分臭气还可被吸附、溶解在覆盖材料中相互作用而脱臭，可减少70%～90%的氨气排放。

（2）生物法　主要是指在粪便中添加活菌制剂，通过生化过程脱臭。20世纪末，日本、瑞典等国家和地区生产的多种活菌剂产品引入我国。进入21世纪，随着发酵床养猪的流行，我国又研制出一批用于垫料养猪的脱臭菌剂，但效果不是很稳定，且一种除臭剂只能消除一种或几种臭气。近年来，随着国内活菌制剂研究的进展，国内个别企业生产的活菌制剂在降解功能上优于国外产品，如上海金泥生产的多种益生菌组成共存菌集，以锯末及秸秆等农业废弃物作为辅料，组成具有分解消纳猪粪尿功能的"异位发酵床"。只需将粪尿抽放至该发酵床上，床内的微生物即发生超强降解作用，在适宜温度下，数天内猪粪尿即降解为水蒸气、二氧化碳和氮气后完全挥发，粪便处理过程基本没有异味的产生。但此法适用于干清粪或刮粪板清粪方式，不适于水泡粪。

（3）冷却法　猪舍建设初期，在粪坑底下（深75厘米）埋好降温管道，并在母猪躺卧区或仔猪、保育猪保温区埋有加温管道（热泵）。热泵就在其中起到将粪水中的热源搬运到需要保暖的地方去，即一方面可以吸收粪水中的热量，通过压缩机将粪水中的热能转移到水暖保温管道中，供应各类猪群保暖；另一方面由于粪水能量被转移，粪水温度下降，向环境中排放的氨气也随之下降，氨气排放量可以减少30%。当氨气蒸发减少，粪水中含有更多的氮和肥料，从而增加了肥料的价值。

2.猪舍排出气体的除臭

（1）化学除臭设备　化学除臭是利用恶臭气体的物理或化学性质，使用水或化学吸收液对恶臭气体进行物理或化学吸收脱除恶臭的方法。即用适当的液体作为吸收剂，使恶臭气体与其接触，并使这些有害组分溶于吸收剂中，气体得到净化。用水作吸收液吸收氨气、硫化氢气体时，其脱臭效率主要与吸收塔内液气比有关。当温度一定时，液气比越大，则脱臭效率也越高。水吸收的缺点是耗水量大、废水难以处理。因为在常温常压下，气体在水中的溶解度很小，并且很不稳定，当温度改变、溶液pH改变、变动或者搅拌、曝气时，臭气有可能从水中重新逸散出来，造成二次污染。使用化学吸收液时，由于在吸收过程中伴随着化学反应，生成物性质一般较稳定，因而脱臭效率较高，且不易造成二次污染。选择吸收方式时，应尽可能选择化学吸收。

（2）生物过滤设备　近年来，由于生物技术的迅速发展，利用生物过滤技术去除气味和有害气体得到了越来越多的重视，同时也获得了较好的应用。生物过滤技术是一种已经证实既经济又有效的臭气控制技术，是在有氧条件下，使恶臭气体通过湿润的过滤材料，利用过滤材料中的好氧微生物与臭气物质接触，有机成分被微生物吸收转化为二氧化碳，而氨气和硫化氢则分别被微生物转化为硝酸和硫酸。采用生物过滤技术可使猪舍内的臭气和硫化氢散发量减少95%，使氨气的散发量减少65%。这种臭气控制法已在工业企业中应用了许多年，近几年又被应用在畜禽饲养业中。生物滤器最容易应用在机械通风的畜禽舍内，或者用在自然通风畜舍的粪坑风扇处和加盖化粪池排出的空气。生物滤器只是一层有机材料，通常是木屑、树皮混合肥料、秸秆等的混合物，可以满足微生物生长的条件。臭气物质被强制通过这层材料，气体中的恶臭物质被微生物降解成硫酸根离子、硝酸根离子、二氧化碳和水等无害或低害物质。影响生物滤器性能的主要因素是臭气在滤器中的停留时间（接触时间）长短以及过滤材料的含水率。由于生物滤器的功能有赖于微生物的作用，所以生物滤器的设计要求具有多方面的生态学概念。

猪场常用的除臭方法对不同的养殖场、不同的地区会有其不同的适用性。养殖场恶臭气体来源多，成分复杂，采用单一的除臭工艺效果往往不理想，且成本高。在解决规模化养殖场的臭气污染问题上，应从源头减排和恶臭控制两个方面共同着手。在我国，恶臭污染刚刚引起人们的重视，恶臭污染防治技术落后于畜禽粪便和污水的治理技术，且多集中于几种可促进生长和改善饲料效率的添加剂上。随着畜禽粪便和污水治理技术与管理的逐渐成熟，研发高性价比的应用于规模养殖场的除臭方法或除臭剂是当务之急。

第二节　固体粪便处理工艺与技术

一、直接还田

直接还田是指粪便收集后不经过处理直接还于田间，作为作物生长的绿肥。猪粪直接还田用作肥料是一种传统的、经济有效的粪污处理方式，其核心是将粪便直接排放到农田，经过农田的自然堆沤，为农田提供有机质、氮、磷和钾等养分，从而改善土壤中营养元素含量，提高土壤的肥力，增加农作物产量。此种模式不需要专门的设备，节省了费用，也省去了专门处理要消耗的时间。但是，这种模式存在以下许多缺点。

1. 生物污染

粪便中含有大量大肠杆菌、线虫等有害微生物，据有关资料报道，养殖场排放的每毫升污水中平均含有33万个大肠杆菌和66万个肠球菌，沉淀池内每升污水中蛔虫卵和毛首线虫高达1.9亿个（纪雄辉等，2006）。因此，不做处理直接施用会导致病虫害的传播，使作物发病，还会对人体健康产生不良影响；未腐熟有机物质中还含有植物病虫害的侵染源，施入土壤后会导致植物病虫害的发生。

2. 发酵烧苗

未发酵的粪便施入土地中，当发酵条件具备时，在微生物作用下，生粪发酵，当发酵部位距离植物根系较近或作物植株较小时，发酵产生的热量会影响作物生长，严重时会导致植株死亡，也就是常说的烧苗。

3. 毒气危害

猪粪在发酵分解过程中会产生甲烷、氨气、硫化氢等有毒有害气体，这些气体有酸、臭等刺激性气味，可使土壤中作物产生酸害和根系损伤，挥发到空气中会引起空气污染，硫化氢还可引起酸雨。

4. 土壤缺氧

有机质在分解过程中消耗土壤中的氧气，使土壤暂时性地处于缺氧状态，在缺氧状态下，会使作物生长受阻，出现倒伏、减产等现象。

5. 肥效缓慢

未发酵腐熟的肥料中养分多为有机态或缓效态，不能被作物直接吸收利用，只有分解转化为速效态才能被作物吸收利用。因此，未经发酵的猪粪直接还田后肥效缓慢。

6. 污染环境

采用猪粪直接还田方式处理消纳猪粪，在农作物生长需肥高峰期粪便还能处理掉，一旦进入需肥淡季，过多的还田却消纳不掉，其中含有的氮、磷化合物或滞留土壤表层造成土壤污染，或渗入地下水，或在雨水冲洗下流入河道等，造成水体污染，不但肥效流失浪费，而且破坏生态环境。

因此，为避免粪便污染环境，提高肥效，要求粪便必须经过腐熟处理后才能还田。

二、有机肥制作

"庄稼一枝花，全靠粪当家"，在化肥没有普及应用之前，在中国传统农耕方式中，农家肥一直是作为改良土壤、培肥地力、促进作物生长、增加收成的重要手段。受经济社会发展和设施设备的限制，在中国农村，长期以来制作粪肥的方式方法也相对简单、原始，多通过圈内或圈外坑内积制的方式制作厩肥。圈内积制即在圈内挖一定深度的坑，也是猪排粪的地方，定期垫些草灰、秸秆，经过猪的不断踩踏，达到充分混合，并在缺氧条件下腐熟；当坑满时挖出圈外继续腐熟再自然晒干，人工粉碎后还田。而圈外制作多是在圈外设一深坑，每天将猪粪及其他畜禽的粪便清入坑内，并与草灰、烂草等一起沤制，待需要使用时再挖出、晒干、粉碎。长期以来，以传统方式制作有机肥，劳动强度大，有效养分低，无害化程度低，随着社会经济的发展，越来越不适应形势发展。20世纪后期开始，随着化工产业的发展，化肥在种植生产中的比重逐渐增加，低生产效率的传统农业中将有机肥作为唯一或主要肥源的状况一去不复返。但是，随着环保压力的加强，为维护生态环境，促进现代农业可持续发展，加强对畜牧业废弃物的处理利用也是十分必要和迫切的，因此，养殖过程中的废弃物处理利用再次成为研究热点。

1.有机肥制作的基本原理

有机肥制作一般分为好氧堆肥和厌氧堆肥，目前应用最为普遍的基本上都是好氧堆肥。好氧堆肥也称高温堆肥，是指在有氧的条件下，好氧微生物将畜禽废弃物中的有机物降解并转化为稳定腐殖质的过程，堆肥温度一般达 $55\sim60℃$，最高温度可达 $70℃$ 以上，能够有效杀灭病原微生物、寄生虫及虫卵、杂草种子等，从而达到畜禽废弃物无害化、稳定化。好氧堆肥分解速度快、周期短、异味少、有机物分解充分。厌氧堆肥是依靠专性和兼性厌氧微生物的作用，使有机物降解的过程，厌氧堆肥分解速度慢、发酵周期长、堆制过程中易产生臭气。

好氧堆肥的基本原理为堆肥原料中的可溶性有机物透过微生物的细胞壁和细胞膜被微生物直接吸收；不溶的胶体和固体有机物先被吸附在微生物体外，然后依靠微生物所分泌的胞外酶分解为可溶性物质，再渗入细胞。微生物通过自身的生命代谢活动，把一部分有机物氧化成简单的无机物，释放出能量，并把另一部分有机物转化为微生物所必需的营养物质，为微生物各种生理活动提供能量，使微生物得到正常的生长和繁殖，产生更多的微生物。

因好氧堆肥伴随两次升温，可将其分成起始阶段、高温阶段和熟化阶段三个阶段。起始阶段：不耐高温的细菌分解有机物中易降解的碳水化合物、脂肪等，同时放出热量使温度上升，温度可达 $15 \sim 40℃$。在此时期活跃的微生物包括真菌、细菌和放线菌。分解的有机物主要有糖类和淀粉类等。此阶段还包含螨、千足虫、线虫和蚁等对有机物的分解。高温阶段：耐高温微生物迅速繁殖，在有氧条件下，大部分较难降解的有机物继续被氧化分解，同时放出能量，使温度上升到 $60 \sim 70℃$。此阶段半纤维素、纤维素等难分解的有机物开始被强烈分解，同时开始形成腐殖质。堆肥中残留的和新形成的可溶性的有机物质继续被氧化分解。在堆温 50℃ 左右时，堆料中最活跃的微生物主要是嗜热性真菌和放线菌；当温度上升到 60℃ 左右时，嗜热放线菌和细菌比较活跃，而真菌几乎停止活动；当温度上升到 70℃ 时，微生物大批死亡或者休眠。当有机物基本降解完，嗜热菌因缺少养料而停止生长，产热随之停止，堆肥的温度逐渐下降，当温度稳定在 40℃ 时，堆肥基本达到稳定，腐殖质不断增加并且更加稳定。熟化阶段：冷却后的堆肥，一些新的微生物借助残余有机物而生长，需氧量大大减少，含水率也降低，有机肥制作基本完成。

2.畜禽粪便有机肥制作的影响条件

（1）碳氮比　有机肥制作过程中，碳源为微生物提供能源，氮源为微生物提供营养物质，因此碳氮比是有机肥制作的关键因素。一般认为微生物分解有机物较适宜的碳氮比为25。碳氮比过高，微生物所需氮素不足，微生物繁殖速度低，有机物分解速度慢，发酵时间长，同时有机原料损失大。而碳氮比过低，微生物所需碳素不足，发酵温度上升慢，过量氮以氨气形式损失，氮损失严重。猪粪便碳氮比为5～26，一般会添加一些秸秆等辅料进行调节。

（2）水分　水分是保证有机肥制作的重要因素。研究表明，含水率为50%是保证微生物有较高活性的下限含水率。含水率为60%～70%时，有机肥中微生物的活性最高，但较高的含水率会导致有机肥堆体孔隙率下降，使堆体的通气性下降，影响微生物的活动，进而影响有机肥制作。一般认为含水率为50%～65%是较为适宜的范围。利用锯末或稻糠作为辅料进行水分调节时，含水率为62%时较为适宜；利用玉米秸秆作为辅料调节猪粪水分时，含水率65%较为适宜；利用花生壳作为辅料调节猪粪水分时，含水率60%较为适宜。如果利用风干或者干燥等方式对畜禽粪便进行预处理，则猪粪含水率55%以下较适宜。

（3）通风量　通风可以控制堆肥过程中的温度、含氧量，并带走水分。因此，通风被认为是有机肥制作过程中最重要的因素。有机肥堆体氧浓度是影响好氧高温进程的关键因素之一，氧浓度含量不足会降低堆体中微生物的活性，从而对堆肥温度、恶臭产生以及有机肥质量产生影响。如果是快速堆肥，不能有长时间的高温，则要通过强制通风来调节温度。由于堆体特性的差异，不同原料有机肥制作过程中的适宜氧浓度存在差别，一般认为堆肥适宜的氧浓度为10%～18%，最低不应小于8%。鼓风或抽气是通风的常用方式，鼓风有利于水分及热量散失，抽气有利于对堆肥过程中产生的臭气进行处理。两种方式各有优缺点，所以应根据堆肥特点交互使用。

（4）温度　温度是反映有机肥发酵是否正常的直接指标。堆肥开始后，温度平稳上升是较为合理的，理想的堆体温度是50～60℃，不宜超过70℃。高温维持时间5～10天，能满足猪粪无害化的相关要求。

（5）pH　微生物生长繁殖需要一定的酸碱度，pH在5～9都能满足堆肥的需求，猪粪的pH基本能满足要求，一般不需要进行pH调节。有研究表明，在堆肥初期堆体的pH降低，后在好氧状态下可上升至8～8.5；而在厌氧状态下，pH会继续下降。

（6）堆肥菌剂　微生物是有机肥制作过程的主体，堆肥中的微生物一方面来源于猪粪中固有的微生物种群；另一方面来源于人工加入经筛选的特殊微生物菌种。添加菌剂能够加快堆肥升温速度，提高堆肥温度，加速堆肥腐熟进程，减少氮素损失，提高养分含量等。但也有不同看法认为，由于猪粪自身含有种群数量很大的微生物，具备有机物分解的能力，因此堆肥过程中没有必要添加外源菌剂。据试验结果，猪粪自身微生物具有很好的分解有机物的能力，只要条件满足要求，不需要添加任何菌种，完全能够实现堆肥效果；添加菌剂确实能够有效提高堆肥初始温度或减少臭气等，也会增加产出的有机肥中的有益微生物，对土壤改良起到很好的作用，但添加堆肥菌剂的效果受温度、湿度、通风、供氧量等多种因素的影响。

三、原位发酵降解技术

猪粪污原位降解技术也称发酵床养殖技术，是利用好氧和厌氧微生物对猪粪尿中的有机物进行降解、转化，消除恶臭，抑制害虫、病菌。近二十年来，许多专家学者及生猪养殖场技术人员对原位降解技术进行了大量研究，主要集中在微生物发酵床养猪的基本原理、工艺流程、适宜的条件、菌种、垫料、发酵床制备等（唐晓白等，2012；樊志刚等，2008；苏科，2017；王连珠等，2008）。我国于20世纪90年代开始在部分地区做发酵床养猪试验示范，取得了一定的经验，2000年后在部分地区大力推广。

1.原位降解的优点

（1）减轻废弃物对环境的污染 不需要对猪粪采用清扫排放，也不会形成大量的冲圈污水，因而没有任何废弃物、排泄物排出养猪场，实现了污染物"零排放"，大大减轻了养猪业对环境的污染。

（2）节约劳动力 由于不需要清粪，按常规饲养，能提高劳动效率，增加饲养量。

（3）节约水和能源 常规养猪，需大量的水来冲洗，而采用此法只需提供猪的饮用水，能省水80%～90%；另外，由于发酵床产生热量，猪舍冬季无需耗煤耗电加温，节省能源支出。

（4）为猪补充蛋白质 粪便给菌类提供丰富的营养，促使有益菌不断繁殖，形成菌体蛋白，猪通过拱食圈底填充料中的菌体蛋白，补充了营养。

（5）变废为宝　垫料在使用后清出可直接作有机肥施用于果树、农作物等，达到循环利用、变废为宝的效果。

2.技术要点

（1）垫料选择　垫料可以结合当地资源状况就地取材，多选择价格适中、供应稳定的原料，如锯末、谷壳、秸秆等，秸秆使用前应切成小段；同时，为促进微生物的发酵，还应选择如米糠、玉米粉等作为辅助材料。

（2）菌种选择　应根据实际情况选择性价比高的产品，但由于每家公司生产的菌种不同、生产工艺不同，各类菌剂的使用方式和方法也有所不同，在实际应用时应加以区分。

（3）发酵床的铺设　干撒式发酵床可将垫料均匀分五层铺填，每铺一层垫料直接撒一层发酵床专用菌粉，每层用菌总量的1/5。也可将垫料原料与菌剂混匀后再铺。将含水率调整为40%～60%。湿式发酵床铺设应提前将菌种与垫料混合均匀堆垛发酵，待发酵成熟后在发酵池中摊开铺平，24小时后即可进猪。

（4）运行管理　日常运行管理的主要目的是保持发酵床正常微生物生态平衡，确保发酵床对猪粪尿的消化分解能力始终保持在较高水平。运行管理的主要内容包括水分调节、垫料补充、通透性管理、补菌、疏粪管理等。

四、异位发酵降解技术

猪场粪污异位生物降解技术原理为由多种益生菌组成共存菌集，由木屑（干树枝、废木材）以及秸秆、菜籽壳等农业废弃物作为辅料，将微生物制剂与辅料按一定比例混合后，在猪舍外组成具有分解消纳粪污功能的降解堆。

养殖场无须进行干湿分离，只需将粪污放置到降解堆上，并与辅料混合后，通过微生物降解有机物的原理，使粪污降解为水蒸气、二氧化碳和氮气后挥发，彻底实现"零污染，零排放"。同时，通过使用不同的益生菌，使粪污中氨氮物质被微生物及时降解，基本消除了恶臭。

技术措施：每100平方米的降解堆场每天可以处理1吨左右的粪尿

（每存栏500头猪，每天产生粪尿7吨）。将猪粪放置到降解堆上，通过人工或机械设备将猪粪与降解堆中的微生物、辅料进行混合，24小时后，猪粪即可降解并减容80%以上，剩余部分的较难被降解的物质，在10天之内也能被逐步彻底降解。日常只需每天定期对降解堆进行翻动即可。猪场只要操作方法正确，并每年添加少量的益生菌补充，降解堆可以长期稳定运行10年以上。

第三节　污水处理工艺与技术

猪场养殖中粪便处理的关键是粪水处理。目前国家对环境污染整治力度不断增强，地方上也加强了畜牧业污水处理设备的建设，但往往因为运行费用过高导致建成后闲置不用，造成资源浪费，环境污染问题却仍得不到解决。针对这些问题，猪场在粪水处理工艺选择上应本着减少投资、节约能耗、因地制宜的原则，选择合适的处理方式。国际上采用较多的是厌氧处理、好氧处理以及天然净化处理工艺，其中包括采用厌氧塘-兼性塘-好氧塘工艺，日本有猪场采用中温甲烷发酵、稀释-淹没式滤池工艺处理粪水，加拿大部分猪场则采用固液分离高效好氧反应器-曝气塘-灌溉工艺处理粪水。我国不同地区也有多种污水处理模式，如人工湿地、好氧处理、厌氧处理等。粪水经过无害化处理后进行还田是首选方式，不仅减少了粪水可能带来的污染而且实现了粪水的资源化利用。

一、人工湿地处理技术

人工湿地系统是模仿自然生态系统中的湿地，以水生植物或湿生植物作为生态净化系统，经人工设计建造。人工湿地具有净化效果好，建设简单，运行费用低，能耗小，维护方便等特点。去除废水中的氮和磷是人工湿地的重要功能。人工湿地去氮的主要机理是硝化、脱硝和大型植物吸收，去磷则主要是依赖于同化、吸收和沉淀。美国、瑞典、新西兰以及丹麦等国研究表明，去除氮和磷的范围分别为30%～50%和30%～90%（姚运先等，2005）。华南农业大学研究的畜禽舍粪便污水多级酸化与人工湿地串联处理工艺，粪便污水经固液分离后进入酸化池，进行酸化调节，然后进入四个串联人工湿地进行处理，最后通过净化池后，即可达标排放。通过该工艺的运行可使化学需氧量（Chemical Oxygen Demand，COD）由1500毫克/升降至98.4毫克/升，五日生化需氧量（Biochemical Oxygen Demand，BOD）由9000毫克/升降至49.4毫克/升，悬浮物（Suspended Solids，SS）由18600毫克/升降至51.5毫克/升，硫化物由480毫克/升降至1.3毫克/升。整个工艺系统实现自流化，不需要动力，节省能源，减少了60%的运转费，且能有效地去除污水中的重金属（廖新俤等，2002）。有研究报道，人工沸石强化垂直流人工湿地系统氨态氮去除率可达到86.7%，COD去除率80.4%，总生物转化率86.1%，出水总磷浓度至少能保证72天达到《畜禽养殖业污染物排放标准》（GB 18596—2001）（刘娜娜，2010）。有研究表明，湿地植物（如香蒲、荸荠）可以延长污水停留时间，有效提高水平潜流人工湿地的去污能力（魏翔等，2011）。同时，进水量也影响水平潜流人工湿地的去除能力。通过对水平潜流人工湿地系统处理含沼液畜禽污水的研究，指出在进水流量为1.5米/天时，水平潜流人工湿地系统对含沼液畜禽废水有较好的处理效果（杨旭等，2012）。

二、好氧生物处理技术

好氧生物处理是指在有氧气存在的条件下，利用好氧生物（包括兼性微生物）生物化学作用降解有机物，使其稳定、无害化的处理方法。好氧生物处理法有生物滤池、生物转盘、生物接触氧化法、活性污泥法、序批式活性污泥法（sequencingbatchreactor，SBR）、厌氧好氧工艺法（Anaerobic Oxic，A/O）等。

1.生物滤池

生物滤池是由碎石或塑料制品填料构成的生物处理构筑物，粪水与填料表面上生长的微生物膜间隙接触，使粪水得到净化。生物滤池是以土壤自净原理为依据，在粪水灌溉的实践基础上，经较原始的间歇沙滤池和接触滤池而发展起来的人工生物处理技术。生物滤池耐冲击负荷的能力强，不产生二次污染，生物滤池的池体采用组装式，便于运输和安装，在增加处理容量时只需添加组件，易于实施，运行费用低。但是滤料容易堵塞，使得反冲洗的周期缩短，受气候环境影响较大。

2.生物转盘

生物转盘工艺是生物膜法污水生物处理技术的一种，此种处理方法是使微生物和原生动物一类的微型动物在生物转盘填料载体上生长繁育，形成膜状生物性污泥（即生物膜）。其特点是生物培养时间短，能耗低，管理方便；产泥量小，固液分离效果好；脱落的生物膜比活性污泥法易沉淀，不会发生堵塞现象，净化效果好；可用来处理高浓度的有机废水。但是其占地面积较大，有气味产生，对环境有一定的影响，且在寒冷地区需要加温处理。

3.生物接触氧化法

此种方法是一种介于活性污泥法与生物滤池之间的生物膜法工艺，其特点是在池内设置填料，池底曝气对污水进行充氧，并使池体内污水处于流动状态，以保证粪水与粪水中的填充物充分接触。该方式特点是容积负荷高，处理时间短，节约土地面积；微生物浓度高，污泥产量少，要污泥回流。但是本方法仅适用低浓度废水，生物膜只能自行脱落，剩余污泥不易排走，易引起水质恶化，影响处理效果。

4.活性污泥法

该方法是在人工充氧条件下，对粪水和各种微生物群体进行连续混合培养，形成活性污泥。利用活性污泥的生物凝聚、吸附和氧化作用，以分解去除粪水中的有机污染物，再对污泥与水进行分离，大部分污泥再回流到曝气池，多余的则排出活性污泥系统。此种工艺相对成熟，运行稳定，有机物去除率高；但是容易发生污泥膨胀，另外曝气池容积大，基础成本投入高，运行费用高。

5.序批式活性污泥法

序批式活性污泥法（Sequencing Batch Reactor，SBR）是一种按间歇曝气方式来运行的活性污泥污水处理技术，主要特征是在运行上的有序和间歇操作。SBR技术的核心是SBR反应池，该池集均化、初沉、生物降解和二沉等功能于一池，无污泥回流系统。尤其适用于间歇排放和流量变化较大的场合。近年来SBR处理养猪场废水越来越受到关注，该工艺有以下特点：相对于其他工艺构造简单、便于操作维护，剩余污泥处置麻烦少，投资少，占地少，运行费用低；耐有机负荷和毒物负荷冲击，运行方式灵活；由于是静止沉淀，因此出水效果好；厌（缺）氧和好氧过程交替发生，泥龄短，活性高，有很好的脱氮除磷效果。

6.厌氧好氧工艺法

厌氧好氧工艺法（Anaerobic Oxic，A/O）是指污水在好氧条件下使含氮有机物被细菌分解为氨，然后在好氧自养型亚硝化细菌的作用下进一步转化为亚硝酸盐，再经好氧自养型硝化细菌作用转化为硝酸盐，至此完成硝化反应；在缺氧条件下，兼性异养细菌利用或部分利用污水中的有机碳源为电子供体，以硝酸盐替代分子氧作电子受体，进行无氧呼吸，分解有机质，同时将硝酸盐中的氮还原成气态氮，至此完成反硝化反应。A/O工艺不仅可以脱去粪水中的氨氮及去除有机物，而且通过缺氧-好氧循环操作，可去除COD和BOD。该工艺流程简单，建设和运行费用较低。

三、厌氧生物处理技术

厌氧发酵是指废弃物在厌氧条件下通过微生物的代谢活动而被稳定化，同时伴有甲烷和二氧化碳产生的变化。工作原理：液化阶段主要是发酵细菌起作用，包括纤维素分解菌和蛋白质水解菌；产酸阶段主要是醋酸菌起作用；产甲烷阶段主要是甲烷细菌。它们将产酸阶段产生的产物降解成甲烷和二氧化碳，同时利用产酸阶段产生的氢将二氧化碳还原成甲烷。厌氧发酵的影响因素有原料配比，厌氧发酵的碳氮比以20～30为宜，当碳氮比在35时产气量明显下降；温度以35～40℃均宜；对于甲烷细菌来说，维持弱碱性环境是绝对必要的，最佳pH范围为6.8～7.5。pH过低，会使二氧化碳增加，产生大量水溶性有机物和硫化氢，硫化物含量的增加抑制了甲烷菌的生长。可以加石灰调节pH，但是调整pH的最好方法是调整原料的碳氮比，因为底质中用以中和酸的碱度主要是氨氮。底质含氮量越高，碱度越大，当挥发性脂肪酸>3000时。反应会停止。

四、沼气利用技术

沼气工程是指以规模化猪场粪便污水的厌氧消化为主要技术环节，集污水处理、沼气生产和资源化利用为一体的系统工程。一头猪产生的粪便等废弃物能生产150～250升沼气，其中甲烷含量为60%，其燃烧值达到23100焦耳/米^3。我国20世纪70年代末期开始研发沼气处理技术，主要用于城市生活污水和畜禽养殖场粪污处理。为促进畜禽粪污处理，减少养殖污染，国家将大中型沼气工程建设项目列入了畜禽养殖污染治理和畜禽规模养殖标准化建设的重要内容，加强沼气工程建设财政支持力度。当前，随着沼气处理技术的不断完善和发展，此技术已成为我国大中型畜禽养殖场粪污处理的主要方式之一。

1.沼气厌氧发酵的主要形式

沼气工程的关键技术是沼气厌氧发酵技术，包括常规和高效发酵工艺技术，常见的有升流式厌氧污泥床、升流式厌氧固体反应器、完全混合厌氧工艺等。

（1）升流式厌氧污泥床（Upflow Anaerobic Sludge Bed，UASB）UASB工艺是20世纪70年代最早由荷兰农业大学G.Lettinga教授等人开发的一种适用于低悬浮物工业有机废水的厌氧处理工艺，并被应用于畜禽养殖的污水处理，其原理是先对养殖场污水进行固液分离，污水进入UASB反应器进行厌氧反应，产生沼气，出水往往需进一步好氧处理达标排放，是一种以环保治理为主，生产能源为辅的能源环保型沼气工程工艺。UASB工艺是当前世界上发展最快、应用最多的厌氧反应器。该消化器结构简单，运行费用低，处理效率高，适用于固体悬浮物含量较低的污水处理。

UASB工作原理：处理污水被引入UASB厌氧反应器的底部，水流按一定的流速向上流经污泥床、污泥悬浮层至三相分离器及沉淀区，UASB厌氧反应器中的水流呈推流形式，进水与污泥床及污泥悬浮层中的微生物充分混合接触并进行厌氧分解，产生大量沼气，沼气在上升过程中将污泥颗粒托起，污泥床明显膨胀，随着反应器产气量的不断增加，由气泡上升所产生的搅拌作用变得日趋剧烈，从而降低了污泥中夹带气泡的阻力，气体便从污泥床中突发性地逸出，引起污泥床表面呈沸腾和流化状态。反应器中沉淀性能较差的絮状污泥在气体的搅拌作用下，在反应器上部形成污泥悬浮层，沉淀性能良好的颗粒状污泥则处于反应器的下部形成高浓度的污泥床，随着水流的上升流动，气、水、泥三相混合液上升至三相分离器中，气体遇到反射式挡板后折向集气室而有效地分离排出；污泥和水进入上部的静止沉淀区，在重力的作用下泥水分离，污泥回落至污泥层，上清液则排入后续处理设施（图7-1）。

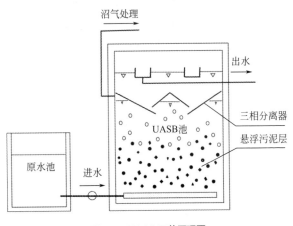

图7-1　UASB工艺原理图

（2）升流式厌氧固体反应器（Upflow Solid Reactor，USR）　USR是一种结构简单、适用于高悬浮固体有机物原料的反应器。原料从底部进入消化器内，与消化器里的活性污泥接触，使原料得到快速消化。未消化的有机物固体颗粒和沼气发酵微生物靠自然沉降滞留于消化器内，上清液从消化器上部溢出，这样可以得到比水力滞留期高得多的固体滞留期和微生物滞留期，从而提高了固体有机物的分解率和消化器的效率。USR工艺处理效率较高，投资较小，运行管理简单，容积负荷率较高。对进料均布性要求高，当含固率达到一定程度时，会出现布水管堵塞问题，必须采取强化措施。USR工艺在当前畜禽养殖行业粪污资源化利用方面，有较多的应用。许多大中型沼气工程均采用该工艺。有研究使用USR工艺处理猪粪水，COD去除率达72% ～ 92%。经过USR处理后产生的沼液属于高浓度有机废水。该废水具有有机物浓度高、可生化性好、易降解的特点，不能达到排放标准，因此除用于花卉蔬菜等的肥料外，剩余沼液须回流至集水池。经过好氧处理后达标回用或排放。

（3）完全混合厌氧工艺（Continuous Stirred Tank Reactor，CSTR）　CSTR是在常规消化器内安装搅拌装置，使发酵原料和微生物处于完全混合状态。投料方式采用恒温连续投料或半连续投料运行。新进入的原料由于搅拌作用很快与发酵器内的全部发酵液菌种混合，使发酵底物浓度始终保持相对较低状态。CSTR工艺可以处理高悬浮固体含量的原料。消化器内物料均匀分布，避免了分层状态，增加了物料和微生物接触的机会。利用机械搅拌系统，液面上的有机悬浮物循环到反应器的下部，逐渐完全反应，避免了反应器液面上的结盖、堵塞、气体逸出不畅现象。利用产生沼气发电余热对反应器外部的保温加热系统进行保温，大大提高了产气率和投资利用率，同时使得反应器一年四季均可正常工作。但是由于该消化器无法做到固体滞留期和微生物滞留期在大于水力停留时间的情况下运行，因此反应器体积大；因装置搅拌器也消耗能量，且底物流出该系统时未完全消化，微生物随出料而流失（图7-2）。

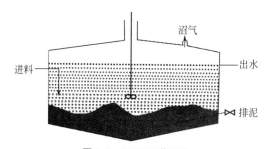

图7-2　CSTR工作原理

（4）厌氧接触工艺反应器　厌氧接触工艺反应器是完全混合式的，是在完全混合厌氧工艺的基础上进行改进的一种较高效率的厌氧反应器。反应器排出的混合液首先在沉淀池中进行固液分离，污水由沉淀池上部排出，沉淀池下部的污泥被回流至厌氧消化池内。该工艺的优点是保证污泥不流失，提高厌氧消化池内污泥浓度；反应器的有机负荷率和处理效率较高；易启动，耐冲击负荷；与普通厌氧消化池相比，水力停留时间大大缩短。其缺点是去除率相对较低，增加好氧负担；需污泥回流，固液分离相对困难；出水水质也相对较差，对后序处理工艺产生影响。此方法适用于悬浮物浓度较高的废水处理，如生活污水和工业废水

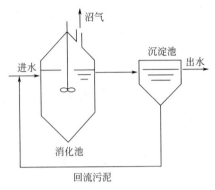

图7-3 厌氧接触工艺反应器工作原理

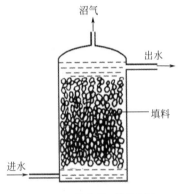

图7-4 厌氧滤器工作示意图

（图7-3）。

（5）厌氧滤器（Anaerobic Filter，AF） 厌氧滤器属于附着膜型消化器的一种，是采用填充材料作为微生物载体的一种高速厌氧反应器，厌氧菌在填充材料上附着生长，形成生物膜。生物膜与填充材料一起形成固定的滤床。厌氧滤床可分为上流式厌氧滤床和下流式厌氧滤床两种。污水在流动过程中生长并保持与充满厌氧细菌的填料接触，因为细菌生长在填料上不随出水流失，在短的水力停留时间下可取得较长的污泥泥龄。启动或停止运行后再启动比其他厌氧工艺法时间短。厌氧滤器的缺点是填料载体价格较贵，反应器建造费用较高，此外，当污水中悬浮物含量较高时容易发生短路和堵塞，尤以进水部位最为严重（图7-4）。

2.沼气发电技术

沼气燃烧发电是随着大型沼气池建设和沼气综合利用的不断发展而出现的一项沼气利用技术，它将厌氧发酵处理产生的沼气用于发动机上，并装有综合发电装置以产生电能和热能。沼气发电具有创successful节能、安全和环保等特点，是一种分布广泛且价廉的分布式能源。沼气发电在发达国家已受到广泛重视和积极推广。我国沼气发电研发工作有20多年的历史，特别是"九五""十五"期间一批科研单位、院校和企业先后从事了沼气发电技术的研究及沼气发电设备的开发，逐渐建立起一支科研能力强、水平高的骨干队伍，积累了较多的成功经验，为沼气发电技术的应用研究及沼气发电设备的质量再上台阶奠定了基础。

（1）沼气发电的优点有以下几点

① 发电可自用，也可以上网，可取得一定经济效益。

② 减少气体排放，变废为宝，实现清洁能源生产，降低了生猪养殖污染问题。

③ 厌氧发酵，可杀灭猪粪便中的致病菌和寄生虫卵，防止疾病传播，改善养殖场卫生环境，促进养殖业健康发展。腐熟的沼渣沼液还田，有利于增强肥效。

（2）发电机组的选择　沼气发电机组的选择需因地制宜，结合工艺、预计产气量等来确定。如果配置功率过大，则会造成效率降低；功率过小，沼气不能完全使用，当超过储柜容积时必须点燃火炬烧掉多余沼气，造成资源浪费。因此机组配置一般采取沼气所需量接近供应量，并稍大于沼气供应量，机组运行负荷不小于80%。

（3）工程建设　猪场内沼气工程建设地点应与猪场保持适当距离，并处于下风向。对于集中处理沼气工程，除须符合行业布局、国土开发整体规划外，还应考虑地域资源、区域地质、交通运输和环境保护等要素。

（4）运行管理　沼气发电运行应实行专人管理，持证上岗，日常做好运行维护、日志记录等。沼气池（罐）附近应装设避雷针，禁止明火（包括电焊）作业，禁止燃放烟花等。有多台机组的机组间应交替使用。

五、达标排放技术

达标排放是在缺少农田匹配的区域，通过节水、预处理等工艺控制粪水产生量及污染物浓度，再将粪水应用生物、化学、物理或联合方式处理，使水质达到国家排放标准或达到中水回用标准。其核心是高效厌氧发酵及物化联合处理。

当前国内应用较为成熟的有：沼气池（厌氧）+A/O（好氧）+人工湿地、UASB（厌氧）+A/O（好氧）+深度处理、UASB（厌氧）+SBR（好氧）+消毒处理、UASB（厌氧）+A/O（好氧）+膜生物反应器（Membrane Bio-Reactor，MBR）处理、UASB（厌氧）+微藻培养、膜化学反应器（Membrane Chemical-Reactor，MCR）处理+超级反渗透系统深度处理以及沼液浓缩利用等，光明生猪有限公司在结合国内成功经验的基础上，根据自身特点制定了适合公司实际的高密度聚乙烯（High Density Polyethylene，HDPE）黑膜沼气池（厌氧）+UASB（厌氧）+A/O（好氧）+MBR生化处理深度处理工艺，其工艺流程如图7-5所示。

（1）前处理　对管道收集的猪粪尿进行固液分离，固体进入有机肥料厂生产有机肥，液体进入HDPE黑膜沼气池厌氧发酵产沼气发电供猪场内部使用。猪粪中含有大量氮、磷，通过高效的固液分离技术可以将含氮、磷的固体物质最大限度地用于堆肥处理，提高肥效，同时减少后续污水处理压力。

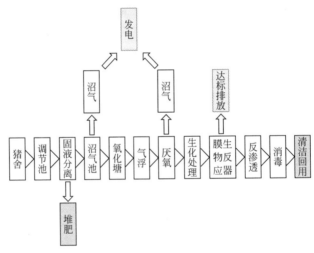

图7-5　沼液深度处理流程

（2）一体化智能污水处理设备　设备安装方便迅速、操作维护简单、建造及运行成本低。

（3）气浮　养猪场沼液由于含悬浮物较高，主要是沼渣等固体悬浮物，并附带一些生物沼气气泡，因此首先需进行混凝气浮预处理，去除一部分悬浮物，以保证后续生化处理的正常运行。混凝沉淀池分为反应区和气浮区两部分，反应区内加入絮凝剂和助凝剂，加快悬浮物质絮凝沉淀。气浮区内将絮凝物质通过气泡浮力的作用，上浮在水面形成浮渣层，然后通过刮渣机去除。在通过混凝气浮后，可以去除一部分COD。

（4）上流式厌氧污泥床处理　将沼液中大部分有机污染物经过厌氧

发酵降解为甲烷和二氧化碳。

（5）A/O 硝化池内曝气采用的专用设备鼓风曝气，通过高活性的好氧微生物作用，污水中的大部分有机物污染物在二级 A/O 池内得到降解，同时氨氮在硝化微生物作用下氧化为硝酸盐。硝化池至前置反硝化池设有混合液回流泵（硝氮回流），硝氮回流至反硝化池内在缺氧环境中还原成氮气排出，达到脱氮的目的。设计反硝化率为90%。反硝化池设计为前置式，可以充分利用进水中的碳源进行反硝化。二级 A/O 反硝化池内设液下搅拌装置，以达到搅拌及混合均匀的目的。

（6）浸没式 MBR 膜系统 浸没式膜生化反应器采用浸没式平板超滤替代了传统的二沉池，完全实现泥、水分离，使生化系统内的污泥浓度达到8～15克/升。由于生化反应器内污泥浓度较传统的活性污泥法高出3～6倍，并且渗滤液中盐分含量很高，如采用普通的曝气方式，氧的转移效率、空气扩散和气液搅拌混合效果等均受到极大的限制，不能满足高污泥浓度、高污染物负荷条件下的供氧要求，因此在浸没式膜生化反应器硝化池中采用特殊设计的鼓风射流曝气系统。

（7）抗污染型 RO 膜系统 反渗透（Reverse Osmosis，RO）装置在系统中属关键设备，装置利用膜分离技术除去水中大部分离子、污水物质等，大幅降低溶解性总固体（Total Dissolved Solids，TDS）。RO 是将一部分原水沿与膜垂直的方向通过膜，水中的盐类和胶体物质将在膜表面浓缩，剩余一部分原水沿与膜平行的方向将浓缩的物质带走，在运行过程中自清洗。膜元件的水通量越大，回收率越高则其膜表面浓缩的程度越高，由于浓缩作用，膜表面处的物质溶度与主体水流中物质浓度不同，产生浓差极化现象。浓差极化会使膜表面盐的浓度增高，增大膜的渗透压，引起盐透过率增大，为提高给水的压力而需要多消耗能量，此时应采用清洗的方法进行恢复。

第八章
猪场生物安全与疫病防控

第一节 猪场生物安全体系建设

一、猪场建设

1.选址

参照第六章第一节"猪场的选址"。

2.猪场智能化控制管理系统的应用

利用人工智能和物联网技术开发适用于规模化养猪场的"人工智能养猪系统",该系统兼具精准饲喂和环境监测两大功能。通过人工智能系统对这些大数据进行分析,为每头猪制订相应的饲喂计划,采用母猪单体饲喂系统、水料一体化设备、智能气动输料系统的集成应用,昼夜不停地进行缓慢、少量卜料,以保证饲料的采食率和新鲜度、促进猪只生长、减少猪只肠道疾病的发生、节约用水。利用物联网射频识别技术给每头猪只安装自主研发的低掉标率、高灵敏度射频识别技术(Radio Frequency Identification,RFID)耳标,跟踪采集每头猪的生长、采食、运动、健康等数据信息,为每头猪建立一套档案,并将这些基础数据上传至物联网养猪平台;通过多参数传感器采集到的猪舍环境数据,对养殖场内的养殖环境(温度、湿度、光照、通气等)进行监测和自动控制。

3.猪场建立疫病监测净化网络信息平台及绿色健康养殖模式

根据"人工智能养猪系统"获取的猪只生长、采食、运动、健康等数据，结合高通量的新一代病原检测技术平台，建立疫病数据云平台，实现规模化养殖场疫病监测"一站式"网络信息系统；并进一步形成全方位的疫病防控和净化方案，保证猪场健康发展。通过对猪群开展免疫监测包括免疫性能、抗应激能力、抗病性等，以及体内环境健康检测，从而实现对猪场可能存在风险的可控化，做到"早预测、早预防"，实现重点疫病可净化，重大疫病防疫无疫病的绿色健康养殖模式。

二、生产管理

1.员工管理

猪场工作人员必须按照消毒程序的规定进行日常卫生和消毒工作。此外，猪场必须加强对员工的培训，提高员工的积极性和安全责任意识，全面提高员工的素质和责任感。未经监督员许可，任何人不得离开猪场生产区大门；未经监督员许可，任何人不得进入猪场生产区。隔离区的工作人员在隔离时间内严禁走动，必须服从隔离区管理人员的安排。工作人员应在每个围栏的入口处放置消毒盆或浴盆，并确保每周至少更换两次。

2.猪群管理

在转移猪群后，应彻底清洁和消毒猪圈，在清空猪群后15天才可转移新猪。坚持自繁自养，防止外来猪只将疾病带入猪场。引进种畜时，要选择规模适中、信誉良好、有种畜生产经营许可证的养猪场，引进种畜前要进行血检，确保售后良好。运输时要有代理人陪同，运输前要准备好动物运输消毒证明、区外动物检疫合格证明、引种证明和种猪系谱。种猪入舍后，必须在隔离栏中隔离8周，然后才能分栏和转入其他区域。

3.车辆管理

养猪场使用的或可能与养猪场接触的车辆分为场内和场外车辆。农场内车辆包括运输猪、饲料等的车辆。饲养场外的车辆包括销售猪只的车辆、运输猪只的车辆、运输货物的车辆、运输饲料的车辆、为厨房购买货物的车辆和接待游客的车辆等。

（1）场外运猪车　场区外的运猪车是一个高风险因素，必须按照"检测/消毒，多重净化"的原则来处理。建议在10千米外对车辆和人员进行采样，初步评估，以确定车辆内外是否清洁，是否有粪便或血液残留；人员也要对头发、裸露的皮肤和衣服表面进行采样；对车辆采样，包括方向盘、刹车、轮胎和车身，进行初步评估。车辆的清洗和消毒应遵循"消毒—清洗—消毒—干燥/消毒"的原则，包括底盘、轮胎、驾驶室等。

（2）饲料车　用于饲料运输的车辆是一个中等风险因素。这些车辆包括用于运输原材料的车辆、各个养殖场用于运输饲料的车辆、饲料销售人员使用的车辆以及饲料企业本身使用的各种车辆。用于运输饲料的车辆应进行常规消毒，在运输时用防水布或塑料布覆盖，在距离农场2～3千米范围内进行一次表面消毒，特别是对车体、轮胎和底盘进行消毒。建议饲料车不要开到养猪场，而是通过养猪场的转运车或饲料转运线直接运到养猪场。

（3）食品采购车辆　食品采购车辆是一个中等风险因素。目前，绝大多数公司都选择了直接在作物田间采集和自行供应猪肉的模式，这大大降低了车辆和采购人员携带非洲猪瘟病毒（ASFV）的风险。食品采购车辆最好不要进入一级缓冲区，而是用过境车辆进行二次运输。在指定区域使用后，对车辆进行去污处理，并将其停放在指定区域。

（4）其他车辆　生猪运输车和货物运输车应根据车辆的特殊用途进行配备，并且只能在指定区域内使用和停放。经常使用的物品，如消耗品、日常使用的物品和其他购物车辆，最好存放在一级缓冲区外，然后是由过境车辆运输。使用后，应进行净化处理并停放在指定区域。猪场原则上不再接待来访的车辆。如果因工作需要，来访车辆和人员必须按照猪场的程序进行消毒和隔离。

4.清洗消毒管理

（1）消毒剂选择　用碱性消毒剂（氢氧化钠等）对养猪场门口的池塘和踩踏池进行消毒。对车辆和运输工具使用苯酚、戊二醛和季铵盐消毒剂，如甲基苯酚（来苏尔）、新洁尔灭（苯甲酰胺）和百菌清；用氢氧化钠、戊二醛、过硫酸氢钾、二氧化氯对农场的环境和空气进行消毒；用硫酸氢钾、二氧化氯对动物饮用水进行消毒；用硫酸氢钾和二氧化氯对使用过的制服、帽子和靴子进行消毒；用硫酸氢钾、二氧化氯对人员及办公室、客厅、宿舍和食堂进行消毒；可使用75%医用酒精、碘伏和其他适合人类使用的医用消毒剂洗手。严禁随意对人体使用有毒、有腐蚀性和刺激性的消毒剂。

（2）消毒方式选择　对于农场、屠宰场、污水处理厂、动物饲料厂等周边环境，首先进行全面的卫生清洁，彻底清除垃圾、污物、灰尘和油脂等，清洁后应使用消毒液进行喷洒、擦拭、浸泡等。紫外线消毒法可用于饲料、生产资料、物品和圈舍表面的消毒；熏蒸消毒法（如高锰酸钾、甲醛熏蒸）可用于封闭的畜禽圈舍或其他房间等，要严格按照规定执行。可以用消毒剂浸泡工作服、工作鞋和其他可浸泡的生产工具、物品和设备，注意根据消毒剂的说明，浸泡时间要足够长。可以为圈舍地面、运输车辆的车皮、生产区的地板以及设施和设备选择合适的消毒剂，在用高压水枪冲洗后喷上。喷洒溶液的量应根据室温或材料的吸收性进行调整，并相应延长保湿的时间，以提高实际效果。为净化关键区域，应加强对场区周边和道路、猪圈内部（地板、设备、栏杆等）、粪便处理区、病死猪的储存和处理区以及其他高风险区域的净化。重要的是要遵循"清洁区—灰色区—污区"的方向，从内到外进行。

5.风险动物（野猪、老鼠、蚊蝇和鸟）的管理

由于许多疾病可以通过蚊子和鸟类传播，因此在猪舍的水帘、通风口、门窗上安装20目不锈钢蚊帐。一些高等级的猪场在猪舍入口处设置了空气过滤装置，以阻止可能进入猪舍的空气中的病原体，这也是一项有效措施。在新的猪场，可以在围栏外侧和配水的地方放置60厘米宽的铺路石，以及在谷仓门上放置防鼠板。一些没有围墙的老旧猪场可以用彩钢板在厂区外围建防护栏，用彩钢板（埋在地下30厘米，地上50厘米）在每个猪圈外面放上防鼠板，防止老鼠进入。

6.淘汰猪、病死猪的转运管理

淘汰猪的销售是一个高风险环节，会接触到外部车辆。猪只最好由猪场自己的车辆运输，在离工厂2～3千米的地方设立卖猪中转站或转运中心，也要有方便的转运平台/架，尽可能避免外部车辆直接在工厂周围行驶。不具备中转猪条件的猪场，售猪栏应距离工厂50～100米，并明确界定外部车辆和人员的区域。饲养场的工作人员应分段驱赶猪只，销售结束后应对整个区域进行彻底消毒。对患病和死亡猪只的无害化处理也是一个高风险环节。对病死动物的无害化处理方法一般包括焚烧、深埋、堆肥、化尸池、化学处理和高温下的生物降解等。养殖场应根据其规模选择适当的病死动物处理方法。目前，高温生物降解是无害化处理的理想技术，因为它既能实现无害化，又能节约资源，同时还兼顾到处理的效率。如果要把猪无害化处理，最好使用专门的车辆，还要进行二次运输，严禁养殖场人员在无害化处理设施及其周围活动。在对猪只进行保险申报时，建议整个过程通过远程网络进行，严禁保险车辆和工作人员进入猪场的一级缓冲区。如果通过化尸池进行处理，化尸池应定期注入火碱，并做好密封。

第二节 猪场疫病防控体系的建立

一、猪场常见病

1.B族维生素缺乏症

猪B族维生素缺乏症属于营养代谢性疾病的一种，最常缺乏的是维生素B_1、维生素B_2、维生素B_{12}和泛酸等。B族维生素在体内主要参与物质的代谢和合成，促进机体生长发育，提高免疫功能（Bueno Dalto等，2018）。临床发生该病的主要原因有自配猪场预混料混合不均匀、饲料品质低劣、植物类饲料补充不足、肠道疾病引发维生素吸收障碍等，可采取针对性的措施进行预防。缺乏时主要表现营养和代谢方面症状，影响生长发育，严重可导致病猪死亡。治疗该病时要寻找缺乏哪种维生素，然后选择相对应的维生素种类进行用药。

2.黄曲霉毒素中毒

黄曲霉毒素中毒是人和动物常见的一种中毒性疾病，主要是由黄曲霉菌中的黄曲霉和寄生曲霉所产生的有毒代谢产物。临床特征为全身出血、消化障碍、黄疸和神经症状等（图8-1）。急性病例全身有不同程度的黄疸，肝脏肿大呈淡黄色至砖红色，被膜偶有出血点，质地脆弱。组织肝细胞发生严重的脂肪变性和水疱变形，形成气球样变。病情严重时，胃肠有卡他性或出血坏死性炎症，脑有出血和水肿变化。

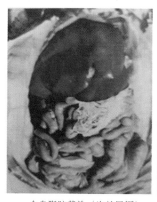

全身脂肪黄染（许益民摄）　　　坏死性肠炎（许益民摄）

图8-1　黄曲霉毒素中毒

3.裂蹄病

猪裂蹄病是猪的蹄部常见疾病，主要表现为蹄部开裂、疼痛难忍、走路瘸拐、卧地少动。本病多发生在天气寒冷、空气干燥的秋冬季节，主要集中在10～12月和次年1月，以12月最为严重。一定规模的猪场容易发生此病，发病率一般在4%～5%，发病轻者影响进食，重的将被淘汰。在正常情况下，适量添加多种维生素可以起到预防本病的目的。有炎症的猪只，应该进行局部消毒，同时采用抗生素进行对症治疗。

4.口蹄疫

口蹄疫（Foot-and-Mouth Disease，FMD）是由口蹄疫病毒（Foot-and-Mouth Disease Virus，FMDV）引起的，以偶蹄动物的口、鼻、蹄

和雌性动物乳头等无毛部位发生水疱为特征的急性、热性、高度接触性传染病，传播迅速。FMDV属微RNA病毒科，为单股正链RNA病毒，是最小的动物RNA病毒，基因组变异频繁，不同分离株以及同一毒株不同代次之间都存在明显的核苷酸变异。根据病毒抗原的差异，将FMDV分为7个血清型，各血清型间无交叉免疫。依据病毒分子遗传演化，在同一血清型中可分为不同的基因型/拓扑型，我国主要流行的有O型、Asia Ⅰ型和A型。O型是我国FMDV临床分离毒株中最常见的血清型，主要有Cathay、ME-SA、SEA3种拓扑型，近年来大多数分离株属于ME-SA拓扑型中的泛亚谱系，其代表毒株O/MYA98毒株为当前我国最强的流行毒株，具有传染性强、宿主范围广、传播速度快的特点。2004年以前，Asia Ⅰ型只在我国边境地区存在，2004年传入我国内地，先后在新疆、山东、江苏、北京和河北等地相继发生疫情。近年来，Asia Ⅰ型引起动物的发病率持续下降，目前在我国流行的代表毒株为Asia/JS/CHA/05毒株，主要引起牛羊发病，也有个别猪病例的报道。2009年后我国不断发生A型FMD疫情，目前在我国流行的A型代表毒株为A/WH/09毒株，可以传染牛、猪、羊，并引起临床发病。

FMDV具有较强的环境适应性，耐低温，不怕干燥，对酚类、酒精、氯仿等不敏感，但对日光、高温、酸碱的敏感性很强。常用的消毒剂有1%～2%的氢氧化钠、30%的热草木灰、1%～2%的甲醛、0.2%～0.5%的过氧乙酸、4%的碳酸氢钠溶液等。

FMD是偶蹄类动物中传染性最强的疫病，家养动物中，牛、猪、绵羊、山羊和水牛等重要经济动物均对FMDV易感，许多野生偶蹄动物也可感染，如野猪、羚羊、鹿、骆驼、刺猬等。牛是FMD主要的储存宿主。FMDV传播途径多、速度快，主要途径是消化道、呼吸道、皮肤和黏膜。发病初期的家畜是最危险的传染源（潜伏期和有临床症状），感染动物的分泌物、排泄物（唾液、粪便、尿液、乳汁、精液等）和病变表皮，甚至是呼出的空气以及动物产品（冻肉、头蹄、内脏、乳制品、皮张）都可成为传染源。最主要的传播途径是易感动物的迁移及其产品的流通，病毒一般通过直接接触的形式传播；此外，病毒可经空气远距离传播，可向下风向传播几十甚至上百公里。

根据FMDV毒株、感染剂量、动物年龄和品种、宿主种类、免疫情况的不同，该病可表现出多种临床症状，感染率100%，成年动物低死亡率（1%～5%），幼年动物由于心肌炎死亡率高（2%或更高）。

FMD发病初期，往往出现精神抑郁、发热、流涎、跛行，特征性症状是口、鼻、蹄及乳房等无毛部位出现水疱，继而水疱破溃、形成溃疡、结痂、痂块脱落后形成瘢痕。仔猪受感染时，水疱特征不明显，主要表现为胃肠炎和心肌炎，常因急性心肌炎而突然死亡，致死率可达70%。

我国目前用于猪的口蹄疫疫苗包括口蹄疫O型灭活疫苗，口蹄疫O型合成肽疫苗（双抗原）。口蹄疫O型双组分抗原灭活疫苗使用的毒株为OZK93（河南）+OS99（陕西）/OY80（广西），而针对当前流行的MYA98毒株，有中农威特公司生产的MYA98毒株单苗和新疆天康公司、兰州药厂生产的MYA98+OZK93毒株双价疫苗。生产公母猪：猪场种母猪和种公猪一年3次普免。肉猪：60日龄首免，90日龄二免，130日龄三免。后备种猪：后备公母猪于配种前免疫2次，间隔3周。

5.猪圆环病毒病（Porcine Circovirus Disease，PCVD）

猪圆环病毒病是由猪圆环病毒（Porcine Circovirus，PCV）引起猪的一种多系统功能障碍性疾病，临床上以断奶仔猪多系统衰弱综合征（Postweaning Multisystemic Wasting Syndrome，PMWS）为其主要的表现形式。PCV属于圆环病毒科（Circoviridae）圆环病毒属（Circovirus）的成员，基因组为单股环状负链DNA，长约1.76kb。传统的能感染PK-15细胞的PCV称为PCV I，而将有病原性的PCV称为PMWS PCV或PCV II，PCV I和PCV II的血清学交叉反应有限。该病毒可抵抗pH3酸性环境和56℃的高温环境，经氯仿处理也不失活。

该病易感动物是各种日龄的猪，成年猪通常呈现亚临床状态，可以作为本病的重要传染源。PCV II主要感染哺乳后期的仔猪和育肥猪，在感染猪群中仔猪发病率差异很大，发病的严重程度也有明显的差异。发病率通常为8%～10%，也有报道可达30%。饲养条件差、通风不良、饲养密度高、不同日龄猪混养等应激因素，均可加重病情的发展。患病猪和带毒猪是本病的重要传染源。一些病原体如细小病毒、猪繁殖与呼吸综合征病毒、猪多杀性巴氏杆菌、猪肺炎支原体等有协同致病作用。除粪—口途径感染外，PCV II还可垂直传播。

PCV II感染猪引起猪的主要疾病包括断奶猪多系统衰弱综合征

（PMWS）和猪皮炎肾病综合征（PDNS）。

断奶猪多系统衰竭综合征（PMWS）主要发生于5～13周龄的猪，很少影响哺乳仔猪。主要的临床症状包括体重下降、呼吸急促、呼吸困难、黄疸。有时出现腹泻、咳嗽和中枢神经系统紊乱。一般来说该型的发病率低，但死亡率高。猪皮炎肾病综合征（PDNS）主要发生于育肥肉猪，病猪食欲不振、沉郁、躺卧，步态僵直，不发热或轻微发热，体表淋巴结可能肿胀，排出茶色尿液。皮肤出现红色到紫红色的斑点（斑疹），通常位于后肢和会阴部。痊愈后能出现疤痕，有的因混合感染而死亡。剖检可见肺炎，双侧肾脏肿胀、苍白，皮质有斑点。此外，PCV Ⅱ感染猪还能引起传染性仔猪先天性震颤、猪呼吸道疾病综合征（PRDC）等。

猪圆环病毒疫苗主要有PCV基因工程重组亚单位疫苗、嵌合病毒灭活疫苗和全病毒灭活疫苗。已经注册的国产圆环病毒疫苗均为全病毒灭活疫苗，疫苗株包括LG株和SH株。使用圆环病毒疫苗免疫时应注意疫苗免疫对象，某些疫苗的免疫对象为母猪，有些则是仔猪，有些则两者均可免疫。生产公母猪：生产公母猪一年2次免疫。肉猪：仔猪14日龄首免，国产疫苗于首免后20天二免。

二、呼吸道疾病

1.猪流感

猪流感病毒（Swine Influenza Virus，SIV）属正黏病毒科A型流感病毒属，能够导致猪的急性、高度接触性呼吸道传染病。SIV感染发病率高，临床症状主要表现为高热、咳嗽、呼吸困难，常突然发病，感染猪群多数或所有猪同时发病，而死亡率却相对较低。由于猪呼吸道上皮细胞同时具备α-2,3和α-2,6两种唾液酸受体，所以猪是禽、猪、人流感病毒的共同易感宿主。作为猪常见疾病的一种，猪流感的发生与多种因素有关，而气温的骤然变化，是最为关键的因素之一（Ma 2020，Shaikh et al.2021）。我国气候条件特殊，冬春两季气温变化幅度大，因此疾病的发生率较高。组织病理变化见图8-2。研究发现，罹患猪流感的病猪，病程一般为一周，潜伏期2～7天。发病后，病猪的症状以体温升高为主，部分病猪食欲下降。随着病程的延长，病情逐渐加重，病猪可见咳嗽、流涕等现象。如未及时给予治疗，容易导致病猪呼吸困难，严重甚至可导致死亡。目前主要是预防为主，采用猪流感灭活疫苗接种两次可以保护8个月。

炎性肺水肿

支气管肺炎

图8-2　猪流感病毒感染

2.猪蓝耳病

猪蓝耳病（Porcine Reproductive and Respiratory Syndrome，PRRS）是猪繁殖与呼吸综合征病毒（Porcine Reproductive and Respiratory Syndrome Virus，PRRSV）引起的以母猪繁殖障碍、早产、流产、死胎、木乃伊胎及仔猪呼吸综合征为特征的高度接触性传染病。按临床表现不同，猪蓝耳病分为经典猪蓝耳病和高致病性猪蓝耳病。高致病性猪蓝耳病以高度接触性传播、全身出血、肺部实变和母猪繁殖障碍为特征，仔猪、育肥猪和成年猪均可发病和死亡。仔猪发病率能够高达100%，病死率可超过50%，母猪流产率可升高至30%，育肥猪也可导致死亡。

PRRSV属于动脉炎病毒科动脉炎病毒属，依据血清学和基因组差异，可分为两种不同的基因型，即欧洲型和美洲型，前者为基因Ⅰ型（Genotype 1），原型毒株为LV株，主要流行于欧洲地区；后者为基因Ⅱ型（Genotype 2），代表毒株为从美国分离到的VR-2332株，主要流行于北美洲、亚洲等地。近年来，随着病毒不断变异，美洲型和欧洲型PRRSV又出现了多种亚型，其遗传特征和毒力有着明显变异，2006年我国发生的高致病性猪蓝耳病，其病原为发生变异的美洲型PRRSV。各个品种、不同年龄猪均可感染PRRSV，但以妊娠母猪和1月龄以内仔猪最易感。野猪容易感染PRRSV，但血清学调查表明，非圈养野猪感染PRRSV相对罕见。

PRRS是一种高度接触性传染病，呈地方流行性。患病猪和带毒猪是本病的重要传染源。从病猪的鼻腔、粪便及尿中均可检测到病毒。主要传播途径是接触传播、空气传播和精液传播，也可通过胎盘垂直传播。易感猪可经口、鼻腔、肌肉、腹腔、静脉和子宫内接种等多种途径而感染病毒。猪感染后2～14周均可通过接触将病毒传播给其他易感猪。易感猪和带毒猪直接接触或与污染有PRRSV的运输工具、器械接触均可受到感染。感染猪的流动也是本病的重要传播方式。PRRSV分离株的毒力差别很大，经典毒株引起的临床表现为病猪厌食、精神沉郁、低烧，母猪流产、早产、死胎、木乃伊胎和仔猪出生后出现咳嗽、气喘、呼吸困难等呼吸系统症状。育肥猪、公猪偶有发病，除表现上述呼吸系统症状外，公猪还可表现性欲缺乏和不同程度的精液质量降低，呈地方性流行。

高致病性猪蓝耳病感染后，病猪体温明显升高，可达41℃以上；食欲不振、厌食甚至废绝、精神沉郁、喜卧；皮肤发红，部分猪濒死期末梢皮肤发红、发紫（耳部蓝紫）；眼结膜炎、眼睑水肿、咳嗽、气喘等呼吸道症状；有的病猪表现后躯无力、共济失调等神经症状；仔猪、育肥猪和成年猪均可发病、死亡，仔猪发病率可达100%、死亡率可达50%以上，母猪流产率可达30%以上。组织病理变化及流产死胎见图8-3。目前该病依旧普遍存在于猪群中，且其发生往往呈继发感染和混合感染，导致症状多变，加重病理变化，增大诊断和防治难度，造成猪病的发生率与病死率始终较高，严重损害养猪生产的经济效益（Fraile，2012）。

PRRSV对高温和化学药品的抵抗力较弱。例如，病毒在-70℃可保存18个月，4℃保存1个月；37℃ 48小时、56℃ 45分钟则完全丧失感染力；对乙醚和氯仿敏感。

目前尚无十分有效的免疫防制措施，国内外已推出商品化的PRRS弱毒疫苗和灭活苗，每个猪场应根据实际情况使用不同的疫苗，才能达到最佳的免疫效果。灭活疫苗包括经典蓝耳病灭活疫苗（CH-1a株）、猪繁殖与呼吸综合征灭活疫苗（NVDC-JXA1株）。活疫苗包括猪繁殖与呼吸综合征活疫苗（Ingelvac® PRRS MLV）、猪繁殖与呼吸综合征活疫苗（CH-1R株）、高致病性猪繁殖与呼吸综合征活疫苗（JXA1-R株）、高致病性猪繁殖与呼吸综合征活疫苗（HuN4-F112株）、高致病性猪繁殖与呼吸综合征活疫苗（TJM-F92株、HuN4-F112株）。生产公母猪：一年3次免疫高致病性蓝耳病或经典蓝耳病疫苗。肉猪：仔猪20～25日龄高致病性蓝耳病弱毒苗首免，4个月后二免。

耳部发绀（潘耀谦摄）　　　　流产的死胎（蔡宝祥摄）

图8-3　猪繁殖与呼吸综合征病毒感染

3.副猪嗜血杆菌病

副猪嗜血杆菌病对断奶前后仔猪和保育猪症状明显，8周龄以下的猪极容易感染副猪嗜血杆菌病。在临床领域中，发病率至少为20%，对于5周龄以下的猪来说，所出现的症状主要包括关节炎和心包炎等，其死亡率高达90%。组织病理变化见图8-4。由于该病原在外界环境中极容易出现，属于条件性致病菌，在各种应激因素的影响下，极容易引起这种疾病（Macedo等，2021）。在猪群中，如果发生了蓝耳病，极容易降低猪的免疫力，导致该病继发感染，使猪群的发病率和死亡率升高。此外，该病也极容易出现混合感染，尤其针对猪呼吸道冠状病毒、肺炎病毒等，出现严重的猪呼吸道病综合征。防治本病的方法主要有抗生素治疗和免疫接种。

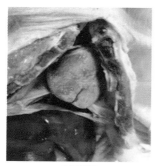
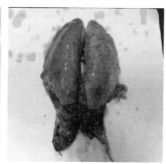

心包积液　　　　　　　　纤维素性肺炎

图8-4　副猪嗜血杆菌感染

4.链球菌病

在污染的环境、灰尘以及饮水中猪极容易感染链球菌。大、小猪的易感性比较显著，一年四季都是多发季，但是常见月份为5～11月。现阶段，在猪群中如果出现了常见的链球菌感染，仔猪的发病症状主要以败血症和脑膜炎等为主，死亡率高达80%；而对于育肥猪来说，化脓性淋巴结炎和关节炎等是发病的主要症状（Rahman et al.2021）。组织病理变化见图8-5。猪链球菌疫苗是防治该病的最有效手段。若发现猪只感染链球菌病，使用广谱抗生素，同时补充多种维生素，提高猪群免疫力。

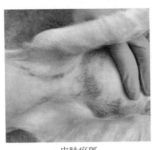 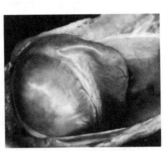

皮肤瘀斑　　　　　　　　心包积液，心肌松弛扩张

图8-5　猪链球菌感染

三、消化道疾病

1.猪流行性腹泻

猪流行性腹泻（Porcine Epidemic Diarrhea，PED）是由于流行性腹泻病毒（Porcine Epidemic Diarrhea Virus，PEDV）诱发的肠道感染病症，基本特征为腹泻、呕吐、脱水，在临床变化与表现症状中与传染性胃肠炎较为相似。组织病理变化见图8-6。此病首发于英国，20世纪80年代我国开始发生。此病高发于冬春时节，各个年龄段、各类品种生猪中均会感染。在生猪养殖中主要呈流行性传播，一旦发病将会涉及全群。部分初生仔猪患病后，会伴有水样腹泻、呕吐，粪便恶臭。在发病初期体温升高，腹泻后体温开始不断降低，体重下降。脱水问题较为严重，被

毛粗乱，精神沉郁，厌食明显，仔猪发病3～7天后死亡。研究发现，日龄越小死亡率越高。体重超过30千克的生猪各项症状表现较轻，少数病猪精神沉郁，个别存在厌食现象。目前对该病的预防可以采用猪流行性腹泻弱毒疫苗以及灭活疫苗进行注射免疫。在患病阶段可以饮用兽用补液盐补液。对继发性感染问题可以采用广谱抗菌药物进行防控，如土霉素、青霉素、庆大霉素等。中药治疗中，将盐酸山莨菪碱后海穴注射，母猪与仔猪分别注射20毫升、5毫升，2次/天。然后选取党参、白术、茯苓各50克，煨木香、藿香、炙草、炮姜各30克，文火煎30分钟，取出一半汁液加入200克白糖，与精料相拌供给仔猪采食。

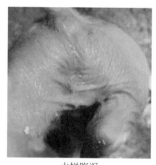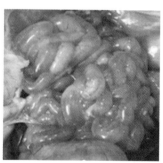

水样腹泻　　　　　　　　　　　　卡他性肠炎

图8-6　猪流行性腹泻病毒感染

2.猪副伤寒

猪副伤寒病（Swine paratyphoid）主要致病菌包括猪霍乱沙门菌、鼠伤寒沙门菌以及淋巴结带菌等，常见因环境污染和运输应激影响而发病。其病灶部位是消化道，可通过交配与人工授精等方式感染该病。组织病理变化见图8-7。此外，在淋巴组织以及胆囊部位也会携带部分病菌，在外界环境和饲养环境发生改变时，极易使猪产生应激反应，从而导致其免疫功能下降，发生内源型感染。易感群体为6月龄以下的仔猪，1～4月龄的猪发病概率最大。有季节性的特点，多雨季节会集中发病（Bearson，2022）。目前仔猪接种副伤寒疫苗进行预防。若仔猪发病，主要采取消炎止泻和消毒杀菌的治疗措施。

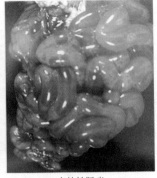

病猪排灰绿色稀便　　　　　　　卡他性肠炎

图8-7　猪沙门菌感染

四、繁殖障碍性疾病

1.伪狂犬病

伪狂犬病（Pseudorabies，PR）是由伪狂犬病病毒（Pseudorabies virus，PRV）引起猪和羊等多种家畜的一种急性传染病。其特征为发热，奇痒及脑脊髓炎，可引起妊娠母猪繁殖障碍、流产、死胎和呼吸症状。如猪感染后无奇痒症状，主要表现为母猪的繁殖障碍和仔猪的高病死率。伪狂犬病呈全球性分布，通过实施根除计划，美国、荷兰等国家已经灭绝了该病。PRV属疱疹病毒科甲型疱疹病毒亚科水痘病毒属成员，基因组为线状双股DNA，长约150kb，只有一个血清型，但毒株之间存在毒力差异。PRV gE基因缺失弱毒疫苗是广泛应用于该病防控的疫苗，将gE基因作为检测靶标，可实现鉴别诊断。

PRV抵抗力较强，病毒在pH值4～9之间保持稳定。5%石炭酸2分钟灭活，但0.5%石炭酸处理32天后仍具有感染性。0.5%～1%氢氧化钠迅速使其灭活。对乙醚、氯仿等脂溶剂以及福尔马林和紫外线照射敏感。PRV在自然条件下能感染猪、牛、绵羊、犬、猫等多种动物。水貂、雪貂因饲喂含病毒的猪下脚料也可引起伪狂犬病的暴发。实验动物（如兔、小鼠）人工接种PRV也能引起发病。病猪是主要传染源，隐性感染猪和康复猪可以长期带毒。PRV主要通过猪鼻对鼻直接或间接接触传播；也可在配种时经污染的阴道黏液和精液传播，以及妊娠时经过胎盘传播；或经过接触鼠、猫、狗及其他感染动物尸体传播；在合适的环境下，病毒也可经气溶胶传播。

除猪以外，其他易感动物感染PRV后，通常表现发热、奇痒及脑脊髓炎等典型症状，均为致死性感染，呈散发形式。成年猪一般为隐性感染，症状不明显；怀孕母猪可发生流产或产死胎，或产木乃伊胎；公猪常出现睾丸肿胀、萎缩、性功能下降、失去种用能力；哺乳仔猪表现为呼吸困难、体温升高达41～42℃、大量流涎、呕吐、腹泻、沉郁，大多随后兴奋不安、肌肉痉挛，运动失调或倒地抽搐，最后死亡。新生仔猪除出现神经症状外还可侵害消化系统。仔猪神经症状及产死仔猪形态见图8-8。猪是PRV的天然宿主、贮存宿主和传染源（Tan等，2021）。

目前该病尚无治疗办法，主要是接种疫苗为主。主要使用基因缺失弱毒疫苗防控该病，国内外应用较多的是TK/gC、TK/gD、TK/gE、TK/g-、gE/gI等双基因缺失疫苗株和TK/gG/gE三基因缺失疫苗株。基因缺失疫苗免疫动物易与自然感染动物相鉴别。因此，许多国家的伪狂犬病根除计划中，基因缺失疫苗发挥着重要的作用。我国常用的弱毒疫苗包括SA215株、HB-98株和Bartha-K61株。

采用高效gE基因缺失弱毒疫苗按科学免疫程序进行免疫。生产公母猪：每年3～4次普免，剂量2头份/（头·次）。肉猪：仔猪实行早期（1～3日龄）滴鼻免疫或30日龄首免，肌内注射1头份；8～9周龄二免，注射1.5头份/头；120日龄三免，1.5～2头份/头。后备种猪：配种前于5月龄、7月龄再接种1～2次疫苗，剂量1.5～2头份/头。

仔猪神经症状（唐万勇摄）

产死仔猪（张弥申摄）

图8-8　PRV感染

2.猪细小病毒病

猪细小病毒病（Porcine Parvovirus，PPV）的病原属于细小病毒科细小病毒属，其为单股DNA，直径为20纳米的病毒粒子，无囊膜，多呈六角形或圆形。猪细小病毒耐热性强，在56℃下48小时或80℃下5分钟才会失去感染力和血凝活性，pH适应范围很广，并且对紫外线、乙醚、氯仿等不敏感（Milek等，2019，Streck and Truyen，2020）。该病毒在淋巴结、扁桃体、胸腺、脾脏、肺脏、唾液腺等器官复制，外周血淋巴细胞中也能很好复制，并能刺激这些细胞增殖。病毒造成的木乃伊胎和死胎形态见图8-9。与其他细小病毒比，猪细小病毒更易导致慢性排毒的持续性感染，所以有效防控，及早发现和及时治疗是防治本病的主要原则。目前公认使用疫苗是预防猪细小病毒病、提高母猪抗病力和繁殖率的有效方法。

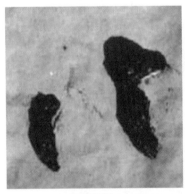 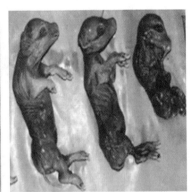

木乃伊胎　　　　　　　　　死胎

图8-9　PPV感染（蒋玉雯摄）

3.猪瘟

猪瘟（Classical swine fever，CSF）是由猪瘟病毒（Classical swine fever virus，CSFV）引起的猪传染性疾病，该病毒具有高传播性和致死性。死亡率高、高热稽留、皮肤及黏膜出血是猪瘟的主要临床症状，猪瘟的病理特征是血小管壁变性，从而引起多发性出血、梗塞和坏死。猪瘟的皮肤症状及脾病理变化见图8-10。猪瘟病毒属于黄病毒科、瘟病毒属，该病毒属还包括牛病毒性腹泻病毒和绵羊边界病毒，这种病毒不但结构相似，还有血清交叉反应。病毒粒子具有感染性，分子量$4×10^6$，有囊膜，二十面体对称，直径34～50纳米，核衣壳被脂质层包围，病毒粒子表面有纤突结构，仅有一个大的开放阅读框（Malik et al.2020）。CSFV为单股正链RNA，长12.5kb，其基因组变异速率相对较慢，各种毒株基因组同源性较高。CSFV E2基因编码主要保护性抗原蛋白，是变异最大的基因，常被用于基因群、亚群和疫苗株、野毒株的鉴别诊断。CSFV对乙醚敏感，对温度、紫外线、化学消毒剂等抵抗力强。家猪和野猪均易感染CSFV，不同品种、年龄和性别的猪均可感染。10日龄内及断奶前后猪发病最多，3月龄以上者发病减少，经免疫过的猪群仍有发病。猪场若从市场购入猪苗，则猪瘟的发病率明显高于本场自繁自养。因此，猪场应坚持自繁自养，饲养人员需经过严格消毒。

　　猪瘟病毒主要通过直接接触传播，也可以经过消化道、呼吸道、眼结膜、伤口、精液感染及胎盘垂直传播。传染源为病猪、痊愈后带毒和潜伏期带毒猪。急性感染的猪在尚未出现任何临床症状之前就能通过其分泌物向外散播病毒。鸟、苍蝇和人也能够机械性地将病毒从感染动物传播给健康动物。

　　病猪的临床症状因毒株、宿主不同和感染时间长短而有很大差异。临床上根据病毒的毒力、病程长短、临床症状和感染时期表现不同，可将CSF分为3种病型，即急性型、慢性型和温和型。急性型：高热稽留（41～42℃）。食欲减退，偶尔呕吐。嗜睡、扎堆。呼吸困难，咳嗽。结膜发炎，两眼有脓性分泌物。全身皮肤黏膜广泛性充血、出血。皮肤发绀，尤以肢体末端（耳、尾、四肢及口鼻部）最显著。先短暂便秘，排球状带黏液（脓血或假膜碎片）粪块；后腹泻排灰黄色稀粪。大多在感染后5～15天死亡，仔猪死亡率可达100%。慢性型：体温时高时低，呈弛张热型。便秘和下痢交替，以下痢为主。皮肤发疹、结痂，耳、尾和肢端等坏死。病程长，可持续1个月以上，病死率低，但很难完全恢复。耐过猪常成为僵猪。多见于流行中后期或猪瘟常发地区。温和型：潜伏期长，症状较轻不典型，病死率低。病猪呈短暂发热（一般为40～41℃，少数达41℃以上），无明显症状。母猪感染后期长期带毒，受胎率低，发生流产、产死胎、木乃伊胎或畸形胎；所生仔猪先天感染，死亡或成为僵猪。

目前对该病的防治措施主要以免疫预防为主。目前我国使用的猪瘟疫苗为兔化弱毒疫苗，主要有猪瘟活疫苗（传代细胞苗）、政府采购专用猪瘟活疫苗（脾淋源）、政府采购专用猪瘟活疫苗（细胞苗）和北京海淀中海动物保健科技公司申报的猪瘟耐热保护剂活疫苗（兔源）、猪瘟耐热保护剂活疫苗（细胞源）。生产公母猪：生产公母猪一年3～4次普防。肉猪：35～40日龄首免，60～65日龄二免（也可免疫猪瘟三联苗），如饲养130千克以上大猪可于140日龄再补免1次。后备种猪：后备公母猪于配种前免疫2次，间隔3周。

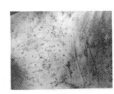

皮肤点状出血 脾边缘性出血

图8-10 猪瘟病毒感染

4. 猪乙型脑炎

乙型脑炎（Japanese Encephalitis，JE）又称日本乙型脑炎、流行性乙型脑炎，是由乙型脑炎病毒引起的一种严重的人畜共患虫媒传染病，我国是世界上乙脑发病人数最多的国家，可以诱发人类的中枢神经系统疾病，引起母猪流产、产死胎和木乃伊胎，公猪表现为睾丸炎，少数仔猪呈神经症状。早期流产的胎猪形态及不同发育阶段的死胎形态见图8-11。乙脑主要在亚洲国家和地区流行，有季节性的特点，一般发病高峰期是蚊虫较多的7～9月，一般呈暴发流行，严重危害人类健康和养猪业的发展（Morita，2009）。目前对该病的防治主要是加强饲养管理及注射疫苗，同时做好消毒等工作。

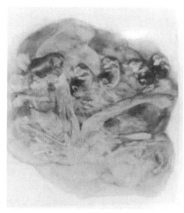

早期流产的胎猪（张弥申摄）　　　不同发育阶段的死胎（姚龙涛摄）

图8-11　JE感染发病

五、常见寄生虫疾病

1.猪球虫病

球虫主要寄生在仔猪小肠上皮细胞中，并且对仔猪的危害性比较大，能使仔猪迅速发病，日龄越小腹泻越严重。发病初期主要排出糊状的乳白色粪便，食欲减退，精神萎靡，体温正常（Prestwood，1987）。猪球虫病没有明显的季节性，在高温潮湿的季节发病率会更高。不同日龄、不同品种的猪都可以感染，易感的日龄为5～50日龄，其中7～15日龄易感性最高，此日龄的病猪死亡率也是最高的。成年猪如果被感染，表现急性发病症状，但很少引起死亡。目前对该病以预防为主，对于发病猪只，磺胺类药物应用最为常见，但是不能获得稳定的治疗效果。

2.猪弓形虫病

弓形虫对于养猪业来说，是危害性较大的疾病，是很多动物和人都可以感染的人畜共患病。各个年龄阶段的猪均可以感染，感染最严重的猪一般发生在3～5月龄。受感染的妊娠母猪表现出流产和死胎，其他各阶段的育肥猪、公猪及仔猪受到弓形虫侵袭时，会影响生长速度，抵抗力下降，对其他病原的易感性增加，并且体温上升，呼吸困难，食欲废绝，个别猪出现神经症状，并发症较多，全身器官功能下降（He等，2021）。患病猪的犬坐姿势及组织病理变化见图8-12。目前防治本病多用磺胺类药物，同时猪舍内严禁养猫，否则直接或间接污染圈舍。

猪呈犬坐姿势　　　　　　　　　　肺炎性水肿

图8-12　猪弓形虫感染

3.猪囊尾蚴病

猪囊尾蚴病是由猪囊尾蚴幼虫所致的一种寄生虫病，有很大的地域性，该病在南方发病率较高，猪带绦虫的幼虫猪囊尾蚴通常寄生在肌肉当中。人吃了这种猪肉会被感染，幼虫在人体内会进一步发育为成虫，该成虫会消耗营养物质，同时会破坏肠道，造成一系列的消化不良、呕吐、头疼、腹泻、乏力等症状（Han et al.2020）。猪肉带有白色囊尾蚴及咬肌囊尾蚴（图8-13）。该病早发现、早治疗一般预后良好。

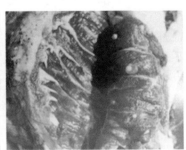

猪肉带有白色囊尾蚴　　　　　　　　咬肌囊尾蚴

图8-13　猪囊尾蚴病

六、主要猪病的免疫程序

1.猪流行性腹泻免疫

我国已有商品化的猪传染性胃肠炎（Transmissible gastroenteritis of swine，TGE）、猪流行性腹泻（PED）二联活疫苗和灭活疫苗应用，但对目前流行的腹泻疫情控制效果不佳。对TGEV、PEDV口服疫苗研究均有报道。20世纪80年代，Moxley等就以致弱的TGEV株口服免疫怀孕母猪，发现其免疫效果优于肌内注射免疫。Smerdou等构建了表达TGEV S蛋白氨基端多肽片段的重组鼠伤寒沙门菌，以重组鼠伤寒沙门菌经口服免疫猪，可诱导产生TGEV的特异性抗体（Torres et al.1995）。Smerdou等将大肠杆菌热不稳定毒素B亚基和TGEV S蛋白中含D抗原位点的抗原表位串联后在鼠伤寒沙门菌表达，以重组鼠伤寒沙门菌经口服免疫兔，可诱导产生分泌性IgA抗体和体液性IgG特异性抗体（Mendez et al.1995）。而PEDV研究上，Song等将PEDV经Vero细胞致弱后的毒株DR13，通过口服和肌内注射两种途径免疫妊娠后期母猪，口服免疫组的死亡率（13%）远低于肌内注射免疫组（60%），且口服免疫组仔猪抗PEDV的分泌型免疫球蛋白A（secretory IgA，SIgA）含量明显高于肌内注射免疫组。有报道，PEDV疫苗经口免疫妊娠晚期母猪，可预防仔猪PEDV感染；韩国商品化的DR13株疫苗免疫途径也是口服，为PEDV口服疫苗的广泛应用展示了良好前景。

2.猪瘟免疫

20世纪50年代我国首创了猪瘟兔化弱毒疫苗（即C株），根据病毒传代、培养方式不同，研制成细胞苗、乳兔组织苗和牛体反应组织苗等。60年代开始，C株兔化弱毒苗在我国广泛应用，在控制我国猪瘟疫情急性暴发和大规模流行起到了重要作用，目前C株疫苗以脾淋苗和细胞苗应用最广（Xu等，2018）。近年来C株疫苗使用中也出现一些问题，如猪群抗体水平参差不齐、整体免疫水平不高及免疫猪群发病等现象。可能与我国长期依赖C株良好的免疫效果，对疫苗生产工艺和免疫方式的研究探索较少有关。因此有必要对现有猪瘟疫苗生产工艺、免疫方式等进行研究、改进或研制新的疫苗来提高疫苗免疫效果。

目前商品化猪瘟疫苗均采用注射免疫，以中和抗体作为评价免疫效果的指标，没有考虑到病毒感染局部的抗病毒作用。而猪瘟病毒感染途径是口鼻黏膜，因此如果能在黏膜局部刺激产生抗体，抵抗病毒感染具有事半功倍的效果。据此口服、喷雾疫苗的研制成为改进猪瘟疫苗的一种尝试。对猪瘟病毒口服疫苗的研究，欧美等国起步较早，并且取得了成功。德国于1993年将中国的C株疫苗经工艺改进，研制成功口服疫苗，包裹成饵料用于野猪免疫，获得了非常理想的免疫效果（von Ruden et al.2008）。此后口服猪瘟疫苗被应用于家猪免疫接种，并且证实口服接种免疫猪可产生理想免疫抗体，能抵抗强毒攻击，且疫苗安全性好，接种猪不排毒。1999年法国用中国的C株进行口服免疫猪，口服3周内免疫猪可抵抗强毒攻击，且无任何毒副作用。2005年美国应用中国生产的猪瘟兔化弱毒疫苗，用喷雾的方法免疫接种猪瘟疫苗，以产生的气溶胶预防猪瘟，使猪获得免疫。这一新型免疫剂型的研制成功，改变了传统免疫时抓猪、保定和需要针头进行肌内或皮下注射的方法，从根本上解决了烦琐费工、费时而且效率又低的问题。而韩国的一项报道更增添了人们对猪瘟口服疫苗的信心，2008年韩国报道在一个5年未免疫接种猪瘟地区的猪群中，检测到高比例的猪瘟抗体阳性，且从该地区分离到疫苗株LOM（Je et al.2018）。调查研究发现，由于该地区猪饲料中的血粉在生产过程污染了LOM疫苗株。猪食用了含有猪瘟疫苗的饲料而导致体内猪瘟抗体转阳。这些报道均充分表明，经口和鼻途径免疫接种猪瘟疫苗不仅可行，而且免疫效果确实。

3.猪繁殖与呼吸综合征（PRRS）免疫

控制PRRS的主要方法仍是免疫接种预防。我国研发的PRRS疫苗主要有灭活疫苗、弱毒活疫苗和基因工程疫苗。目前国内批准的灭活疫苗有2000年中国农业科学院哈尔滨兽医研究所国内首例分离株CH-1a灭活疫苗，免疫方式：对3月龄仔猪进行首免，间隔20天进行第二次免疫。目前市场上的灭活疫苗还有NVDC-JXA1、SD株和JXA-1株等。活疫苗有中国农业科学院研发的Ch-1R株活疫苗，免疫试验保护率为96.1%。2008年中国动物疫病预防控制中心研制的JXA1-R株活疫苗，免疫期长达4个月。2009年批准上市R98株弱毒株活疫苗，可使仔猪发病率降到18.3%以下。2015年中国兽医药品监察所和广东永顺联合研制的GDr180株上市，对不同阶段的猪都能保护，且猪群之间不会水平传播。2011年批准上市的HuN4-F112株高致病性PRRS活疫苗，攻毒保护试验能有效缓解病毒引起的各种临床症状。中国农业科学院武华等研制的高致病性PRRS活疫苗（TJM-F112株）杜绝了传统弱毒疫苗干扰猪瘟疫苗免疫效果，首次实现了两种病毒疫苗联合免疫。基因工程疫苗目前有2018年批准上市的基因工程嵌合疫苗（PC株），是采用反向遗传操作和基因重组技术，结合了经典株和高致病毒株的部分基因整合而成，免疫猪体后可同时预防经典和高致病性蓝耳。

PRRS标记疫苗在实验室研发阶段，主要用于猪繁殖与呼吸综合征的净化。其他，如DNA疫苗、载体疫苗等也在研发过程中。未来猪繁殖与呼吸综合征疫苗研发主要以提高活疫苗的安全性、研发与野毒可以鉴别的疫苗，同时需要提高疫苗的广谱性。

值得注意的是，猪体免疫效果不仅取决于疫苗本身，还与疫苗使用方案、猪群健康水平及生物安全措施等因素息息相关，需要采取综合性防控措施，才能提高免疫有效性。

4.伪狂犬免疫

目前国内用于伪狂犬病免疫接种的疫苗有灭活疫苗和弱毒疫苗。伪狂犬病灭活疫苗主要是A株以及针对变异毒株的HN1201-Δ gE株。弱毒疫苗的毒株较多，国内使用的是匈牙利Barth-K61株。在2011年以前，由于疫苗（以缺失gE的Bartha-K61株疫苗为主）的普遍接种并配合gE抗体酶联免疫吸附测定（enzyme linked immunosorbent assay，ELISA）鉴别诊断技术，临床典型病例已非常少，很多规模化猪场伪狂犬病基本达到净化（Wang et al.2015）。2011年以后其病毒毒力有所增强，伪狂犬病在一些地区出现再流行，采用经典伪狂疫苗免疫已经不能完全提供保护。商品化的HN1201-Δ gE株通过对断奶仔猪免疫一次，种猪每4个月免疫一次能够很好地预防变异毒株的感染（Wang et al.2015）。不同疫苗采取的免疫程序不同，由于母源抗体会干扰疫苗免疫，养殖场应根据母源抗体水平选择合适的首免时间，建议猪场定期开展母源抗体监测工作，以此制定科学合理的免疫程序。

以下推荐上海规模猪场免疫程序表（表8-1），仅供参考。

表8-1　上海规模猪场免疫程序（推荐）

疫苗	生产公母猪	肉猪	后备公母猪
口蹄疫	生产公母猪一年3次普免	仔猪28～60日龄初免；间隔1个月加强免疫，每间隔4～6个月再次加强免疫	后备公母猪于配种前免疫2次，间隔3周

疫苗	生产公母猪	肉猪	后备公母猪
蓝耳病	哺乳猪的首次免疫不早于14日龄；种母猪一年免疫3～4次	14～21日龄免疫一次，4个月后加强免疫一次	后备公母猪于配种前免疫2次，间隔3周
猪瘟	生产公母猪一年3～4次普免	商品猪：21～35日龄进行初免，60～70日龄加强免疫一次	种公猪：21～35日龄进行初免，60～70日龄加强免疫一次，以后每6个月免疫一次。种母猪：21～35日龄进行初免，60～70日龄加强免疫一次。以后每次配种前免疫一次
伪狂犬病	生产公母猪一年3～4次普免	1～3日龄滴鼻，55日龄二免，120日龄三免	后备公母猪于配种前免疫2次，间隔3周
圆环病毒	生产母猪于产前35～45天免疫，生产公猪一年2次免疫	于14日龄、35日龄两次免疫	后备公母猪于配种前免疫2次，间隔3周
病毒性腹泻二联苗	生产母猪产前20～30天免疫，生产公猪每半年免疫1次	断奶后7日龄内注射一次	后备公母猪于配种前免疫1～2次
猪气喘病	妊娠母猪产前2周进行免疫接种；生产公猪每半年免疫1次	仔猪于7日龄和21日龄各肌内注射免疫1次（灭活苗）；或于5～12日龄胸腔注射（弱毒苗）	后备公母猪于配种前免疫2次，间隔3周

七、综合防控措施的实施

1. 猪场的净化步骤

（1）本地猪病情况调查阶段　目标在于摸清猪场猪群带毒和免疫抗体水平。主要措施步骤包括：① 全面了解和考察本地区和本猪场实际情况，如饲养环境、饲养管理水平及兽医技术力量等，观察猪群的生长发育状况，了解本场猪瘟、口蹄疫、伪狂犬病和圆环病毒病流行历史和现状、疫苗免疫情况。② 采集猪血清、扁桃体或咽喉拭子等样品，其中包含所有公猪、经产母猪和后备种猪，每批次各不少于30头。分别检测抗体水平和病原感染情况。③ 若猪场猪血清学监测中发现免疫不合格的，猪群抗体水平低于70%，全群补免；猪群免疫抗体阳性率低于90%，则对于检测不合格猪及时补免。④ 猪场检出病原阳性的猪，应立即淘汰。

（2）免疫控制阶段 以有效免疫率达90%以上为阶段目标。主要措施步骤包括：① 疫苗免疫按免疫程序合理接种，评估免疫效果。当猪场猪瘟等主要疫病感染率＞5%，采用免疫和其他措施进行免疫控制，2～3年有效免疫率达90%以上；当猪场主要疫病病原感染率≤5%，实施淘汰净化。当猪场主要疫病病原感染率＞5%，全群强制免疫。② 免疫抗体监测。监测频率至少一年2次，在猪瘟等主要疫病疫苗免疫后30天全群采血，分别检测抗体水平。对注射疫苗后抗体达不到保护水平（70%阳性率）的猪应及时补免，如补免后抗体水平仍上不去的猪要坚决淘汰，杜绝可能的传染源。③ 病原学监测。监测频率至少一年2次，在猪瘟等主要疫病疫苗免疫后30天（仔猪二免后30天）从免疫猪群中抽样采取50份扁桃体或咽喉拭子样品，检测猪群中主要病原感染情况，及时隔离、淘汰带毒种猪，建立健康种群，繁育健康后代。④ 引进种猪时注意防范疾病传播。在隔离舍隔离并观察45天以上，全群监测猪瘟等主要疫病，病原学监测为阴性猪方可进场饲养。⑤ 落实综合防控措施。加强猪场的饲养管理，强化生物安全措施，健全卫生消毒措施；坚持自繁自养，采用全进全出的养殖方式，防止交叉感染。⑥ 加强对其他疫病的协同防制。如确诊有其他疫病存在，则还需同时采取其他疫病的综合防制措施。

（3）病原清除阶段 目标在于建立猪瘟等主要疫病净化种猪群。主要措施步骤包括：① 监测与淘汰。当猪群猪瘟等主要疫病病原感染率≤5%时，对全群逐头进行扁桃体或咽喉拭子采样并检测，及时淘汰阳性带毒猪。② 自选或引入的后备种猪要在隔离区逐头进行主要疫病的病原学监测，阴性的方可留用，最终建立起净化种猪群。

（4）净化维持阶段 目标在于连续24个月以上，猪瘟等主要疫病免疫抗体合格率＞90%，病原检出率为零。主要措施步骤包括：通过引种控制、生物安全控制措施、临床观察、疫苗免疫、监测、淘汰等综合性技术手段进行控制。① 引种控制。对引进种猪进行严格控制管理，逐头实行隔离、观察和检测，病原学检测为阴性猪方可进场混群。

② 生物安全控制措施。强化车辆、人员、媒介等控制，强化粪污有效处置和病死猪的无害化处理，饲养管理良好，记录档案清楚。③ 强化免疫、疫病监测和淘汰。按照免疫程序科学免疫，严格按制定的监测计划采样和检测，及时淘汰病原学或感染抗体阳性猪只。④ 评估与认证标准。经专家组现场审核确认，免疫抗体合格率在90%以上，猪瘟等主要疫病病原检出率为零，连续24个月无临床病例。

2.病毒病防治

重视猪的免疫防疫，有利于减少猪病发生概率，从而对猪病的预防和控制起到有效作用。因此，在规模化养殖时，应结合种猪的数量和质量以及猪的生长状况等基本情况，设计科学的免疫程序（Chantziaras等，2020）。养殖人员应按时、定期对猪场内的猪进行免疫。在正式免疫前，工作人员要对疫苗的质量进行评估，确保免疫工作能够真正发挥作用。免疫接种完成后，工作人员还要监测猪只的抗体水平变化，并及时记录数据。一旦发现部分猪只体内没有形成抗体，应及时与专业人士联系，进行科学的补救，提高免疫工作的质量和效率。

3.细菌病防治

在养猪场内，常见的细菌性疾病经常出现，所以要及时制定好预防和控制措施，并做好相应的消毒处理工作，促进猪只健康生长，不断提高养猪行业的经济效益和社会效益。

（1）消毒前，应清洗设备，以防止环境污染影响消毒效果。同样重要的是，有关人员在进入前要及时更换衣服和鞋子，并用紫外线消毒后才能进入。车辆在进入猪场的生活区和生产区之前也应进行消毒，在疫苗接种流行期间应加大执行力度。

（2）地表水、地下水等是养猪场的重要饮用水渠道。在不同程度的污染情况下，水中的致病性微生物类型会发生变化。常见的饮用水消毒剂主要包括氯制剂、二氧化氯等。应严格控制饮用水的消毒水平，避免对猪的消化系统产生影响，防止疾病的发生。

（3）为确保良好的消毒效果，应更多地使用第三代季铵盐消毒剂，这对防治大肠杆菌、巴氏杆菌、猪链球菌、金黄色葡萄球菌等有很大好处。致病菌作用1分钟，培养24小时后，对金黄色葡萄球菌和其他细菌的杀菌率均较高，对大肠杆菌、金黄色葡萄球菌的最低杀菌浓度为200毫克/升，对巴氏杆菌、链球菌等最低杀菌浓度为20毫克/升。因此，在养猪场常见病原菌的消毒过程中，有必要增加第三代季铵盐消毒剂的使用，以达到良好的杀菌效果。

（4）要控制好消毒剂浓度，以防细菌对消毒剂的耐药性产生影响。

（5）在消毒剂使用完以后，要进行妥善保管，确保良好的消毒效果。

（6）所选用的消毒剂，要对本场常见的病原体具有良好的杀灭效果，并迅速杀灭所有病原体，比如2%氢氧化钠，可以将病毒、细菌等完全杀灭，而对于百毒杀、消毒威等来说，可以迅速杀灭病原性细菌。

4.全进全出模式下空栏熏蒸消毒程序

全进全出模式下空栏熏蒸消毒方式对于猪病防治十分必要，主要分五个步骤。第一步：清扫。清空所有猪只，拆移围栏、料槽、垫板等设备，移走猪舍内所有物品，清除排泄物、垫料和剩余饲料，确保清扫干净。第二步：清洗。采用喷雾器对高床、垫板、网架、栏杆、地面、墙壁和其他设备充分喷雾湿润。30～60分钟后用高压水枪冲净粪便，有效除去黏附在栏杆垫板地面上的病原体（寄生虫卵等）。第三步：喷洒消毒剂及清洗。喷雾器自上而下喷洒消毒液至湿润，保证墙壁、地面及设备均得到消毒，每平方米表面约用300毫升消毒剂。清洗浸泡1～2小时后，用高压喷枪冲净。第四步：熏蒸。利用甲醛与高锰酸钾反应产生的甲醛气体均匀地弥漫于猪舍内进行熏蒸而达到消毒目的，适用于密闭式空猪舍及污染物表面的消毒。熏蒸前先将猪舍透气处封严，温度保持在20℃以上，相对湿度达到60%～80%。福尔马林与高锰酸钾之比为2：1，每立方米用36%～40%甲醛14毫升，高锰酸钾7克。容器的容积应大于甲醛加水后容积的3～5倍，用于熏蒸的容器应尽量靠近门，操作人员要避免甲醛与皮肤接触。操作时先将高锰酸钾加入陶瓷或金属容器中，再倒入少量水，搅拌均匀，再加入甲醛后人立即离开，密闭猪舍熏蒸24～48小时。第五步：干燥和通风。干燥是很好的消毒方法，同时保证消毒效果。熏蒸消毒后保持猪舍干燥3天，开窗门通风后再转入猪群。

5.寄生虫病防治

猪群的健康取决于饲养管理是否有效。寄生虫病的发生与环境好坏有很大关系。猪舍的温度、湿度对寄生虫来说非常的适宜，猪群密度加大，环境卫生差，都会诱发寄生虫病的发生。因此，饲养管理对控制寄生虫病非常重要，猪舍必须进行良好的消毒和通风（Chantziaras et al.2020）。

（1）猪场应制定合理的驱虫方案，考虑到寄生虫种类及其生活史，在猪的不同阶段进行驱虫。母猪在配种前和产仔前一个月应各驱虫一次，以防止将寄生虫传染给产房中的仔猪；后备猪在引进时应驱虫一次，并在其融入猪群之前进行隔离观察。公猪每年应驱虫2～3次；保育猪在20千克时应驱虫一次，使其安全度过易感期，并在55千克左右再次驱虫，以确保提高育肥猪的抗病能力及饲料转化率。此外，在每次驱虫后，应清理粪便，以防止隐藏传染性虫卵，使猪只再次受到感染。

（2）在驱虫之前选择合适的驱虫剂，重要的是将驱虫剂与猪场的寄生虫感染类型和感染程度适当匹配。对于线虫病，应选择疗效最好的大环内酯类药物，如伊维菌素、阿维菌素和多拉菌素等。这类药物能够抑制体内寄生虫的繁殖，但对球虫没有疗效。左旋咪唑是养猪业常用的驱虫剂，对杀死蛔虫、鞭虫和结节虫等成虫有很好的效果，但对杀死幼虫的效果较差。对于体表的疥疮螨虫，用菊酯类药物喷洒是非常有效的。

八、免疫接种操作程序自我评价方法

在每个免疫接种计划中，"不正常"的情况肯定会发生，为什么一些疫苗的效果似乎很好，为什么不能依靠疫苗对一个群体提供完全的保护，或者达不到预期效果，甚至产生负面的效果。如何评价疫苗对猪群是有效的，免疫接种管理是正确的，请参照以下问题进行自我评价。

如果对以下任何一个问题的答案是"不是"，那必须改善你的免疫接种管理（表8-2）。

表8-2　疫苗使用与接种管理自我评价表

序号	问题	是	不是
1	我仔细阅读并遵守疫苗标签的说明		
2	我遵守对疫苗管理的规定		

续表

序号	问题	是	不是
3	我按照疫苗的贮存要求保存好疫苗		
4	我在高压/沸水里消毒注射疫苗用的注射器和针头		
5	当把疫苗从瓶中取出时，我使用无菌操作和避免污染		
6	我不把几种疫苗混在一起使用，除非有一个特别的说明允许这样做		
7	我严格按照疫苗说明使用稀释剂		
8	疫苗免疫时，我严格按一针一猪的要求操作		
9	疫苗免疫时，我尽可能把疫苗保存在阳光不能照射的地方		
10	我按推荐的免疫剂量进行注射		
11	我确信所有被免疫的猪只处于好的健康状态		
12	我在注射后进行观察		
13	我不保留剩下的已混合疫苗留着以后再使用		
14	我按标准要求处理所有的空疫苗瓶和其他瓶子		
15	我详细做好了疫苗领用、使用等记录		

九、免疫效果评估——定期监测计划

监测措施是疫病防控和流行病学调查的重要内容和手段之一，监测目的包括：评估疫苗免疫后的抗体合格率；评估猪场中是否存在病原感染，逐步淘汰感染阳性猪；评估净化措施是否有效；净化认证的需要。

目前，在很多情况下，规模猪场对本场的猪群健康状况实际上并不真正清楚，主要表现在疫苗免疫效果（如抗体水平，抗体均匀度，抗体维持时间），猪群疫病的感染压力，母源抗体水平，什么时候免疫疫苗最合适，病原在什么时候开始感染仔猪，猪群发病的主要病因是什么。因此，规模猪场应建立系统的实验室解决方案-定期监测计划，及早发现问题并提前采取措施，降低发病率和死亡率，减少经济损失。

有效的疫病监测计划应遵循三个基本原则：保证样品数量与质量；时间连续性；阶段连续性。

基本原则之一：保证样品数量与质量。根据检验目的采集相应的样品，采集的检测样品要有代表性，样品的采集、保存、送检运输要按照国家有关法规和行业技术标准进行。监测对象包括不同年龄/品种的猪及其他易感动物。样品采集数量和种类应根据养猪场实际规模、监测目的确定。

免疫抗体监测采集数量按照估计流行率的样本量公式计算：设置信度95%，预期抗体合格率90%，可接受误差5%，生猪存栏量≤500头，采集109份血清样品；生猪存栏量1000～2000头，采集122份血清样品；生猪存栏量2000～5000头，采集130份血清样品；生猪存栏量≥5000头，采集135份血清样品。

病原学监测按照发现疫病或证明无疫的样本量公式计算：设置信度95%，预期流行率3%，生猪存栏量≤500头，采集90份样品；生猪存栏量1000～2000头，采集94份样品；生猪存栏量2000～5000头，采集96份样品；生猪存栏量≥5000头，采集100份样品。原则上每个猪场采集不少于3栋猪舍的样品，其中包括所有种公猪、经产母猪和后备母猪。

基本原则之二：时间连续性。为了保障监测结果的有效利用，更好地指导疫病防控，规模猪场应定期进行主要疫病的监测，推荐监测频率为每半年开展一次，临床上发生疑似病例时可提高监测频率。

基本原则之三：阶段连续性。目前，规模化猪场疫病监测的最大问题是没有采取阶段连续性监测策略，造成以点带面，误导临床防治措施和免疫程序的制定。有效的疫病监测，应采取阶段连续性策略，即遵循母猪分胎次，商品猪分阶段等采样原则。公猪：公猪群应尽量全群检测；母猪：分为后备母猪，1～2胎母猪，3～4胎母猪，5～6胎母猪等；商品猪：分为仔猪、保育猪、育肥猪，或者按照周龄分阶段进行采样监测。

十、连续注射器/无针注射器的使用方法

规模猪场选用高效、精准、安全、简便和环保的免疫器械（注射器）对提升猪群疫苗免疫效果具有重要意义。下面介绍兽用连续注射器和无针连续注射器的特点和使用方法。

（1）兽用连续注射器 兽用连续注射器是目前规模猪场使用比较广泛的免疫注射器械，它适用于水剂、油剂和各种混悬液的注射。连续注射器最大的特点是更换疫苗瓶简单快速，连续注射，省时省力，同时还具有能精确调节注射剂量，减少疫苗残留，使用舒适（外形类似手枪），结构简单，每个部分能拆卸，方便清洗、消毒等特点。

兽用连续注射器每次使用前或使用结束后的消毒方式最好是煮沸，并将各部件拆开，尤其是要把玻璃管内的活塞取出，避免把玻璃管胀裂。注射前要检查注射器及乳胶管的气密性，及时更换老化的橡皮垫圈、活塞和乳胶管等部件，长时间磨损的玻璃管也要更换以防药液回流。注射前，为使注射器内的气体排空，可将针头向上，反复推动后座（不可将药液射出，造成浪费），排净空气，也可以将针头插入药液瓶内，反复推注，直至注射器内没有空气。注射时，用力适当，防止使药液被挤到活塞后头，同时，也不能太快，以防药液未完全吸进玻璃管即注射，造成剂量不准确以及对注射对象造成伤害。猪舍操作时，如药液瓶是瓶口向下放置，使用排气针时，要防止瓶塞处药液滴漏。也可以不用排气针，每隔一定时间，将插头向侧部按压，放空气进入，以增大瓶内气压。

（2）无针连续注射器 目前，国内规模猪场基本都是利用有针注射器直接注射疫苗，同一猪圈甚至同一猪场共用一枚针头的现象非常普遍，容易造成猪只之间病原微生物的交叉感染。为了避免交叉感染，无针连续注射器是一个很好的选择。无针连续注射器，顾名思义，就是无需针头就可以为动物打针注射，主要原理是通过注射器压电传动器推进注射器注射尖端部分的活塞，进而推挤注射器内的药液，这样产生的高压、高速液体就能快速刺穿皮肤进入皮内、皮下和肌肉层，使免疫注射过程更为快速、安全和优越。无针注射系统与传统注射器相比具有以下优势：一是符合环保要求，告别针头意外伤害，减少医疗废弃物；二

是减少疫苗浪费，提高疫苗吸收效率和免疫效果。无针注射器使药液以雾状扩散形式扩散进入注射部位，增加吸收面积，提高吸收效果；三是杜绝交叉感染；四是可持续快速注射，减少动物疼痛，符合动物福利要求，又能提高肉品品质。

无针头连续注射器使用技巧：当注射猪只的毛发比较长时，最重要的是尽可能地使注射器注射管口与动物皮肤达到良好的接触。可将注射器注射管口沿动物毛发逆向插入，这可使动物毛发竖立，进而使注射器注射管口与皮肤达到良好的接触。其他的程序与给猪注射时是相同的，在找准注射位置后就可注射。经过几次实践后，就可取得注射经验，从而非常迅速地掌握这种注射技术。

在注射时，有时会发现有过多的药液停留在动物皮肤表面，具体的原因为：① 压电传动器选择不正确。需要更换功能更强的压电传动器。② 应确保整个注射器系统内没有空气。在注射器使用期间，有时90°弯肘附件连接部位可能轻微地松开。应经常检查连接部位的连接，以确保空气不会进入注射器系统内。③ 过大的注射压力也可能导致动物的肌肉过度收缩，使药液很难创造出一条适当的注射路径，从而降低注射质量和增加药液停留在动物表皮的数量。④ 不正确的注射前药液灌注程序。⑤ 药液供应中断：药液瓶的瓶口被堵塞，从而在注射器内造成真空而限制药液流向注射器；或药液瓶内有过多的负压。

第九章
非洲猪瘟环境下的猪场生产管理

第一节　非洲猪瘟环境下的猪场生产管理嬗变

非洲猪瘟（African swine fever，ASF），以下简称非瘟，是猪的一种烈性传染病。2018年8月份，国内出现第一起非瘟疫情后，整个养猪行业受到了前所未有的挑战，在遭受巨大的损失和折磨之后，行业同仁痛定思痛，对疫情进行了深度复盘，从生产管理模式、猪场设计布局和发展定位等方面进行了全面反思，由此引发了全行业的深度嬗变（李步社等，2021）。

一、非瘟对养猪行业的影响

在非瘟疫情前，养猪行业多头并进、多种发展模式并存，因为没有经受过毁灭性疫情的洗礼，全行业的生物安全意识淡薄，生物安全布局和生物防控措施也是表面文章，没有有效的落地和监督。所以当非瘟袭来后，短期内对全行业造成极大的打击。

在2018年后半年至2019年前半年的非瘟疫情前期，生猪行业疲于应对层出不穷的非瘟疫情，大家开始意识到前期管理模式和防控理念存在问题，并开始复盘和反思各个生产环节的生物安全意识问题。2019年后半年至2020年前半年，是非瘟疫情的中期，此时生猪行业已总结出一些有效的生物安全防控措施和管理模式，如生猪销售中转、拉猪车辆洗消烘干、"拔牙"和复产等，并逐步扭转之前在非瘟疫情面前节节败退的形式，与非瘟疫情的斗争处于相持阶段。2020年下半年后，生猪行业在两年抗击非瘟的基础上，总结出了包括非瘟防控在内的一整套生物安全措施、复产技术和管理模式，并在与非瘟的战斗中扭转战局，有效地控制了非瘟疫情，生猪存栏量节节攀升，到2021年6月底，全国生猪存栏量恢复到43911万头，已超过疫情前2017年底的生猪存栏量（图9-1）。

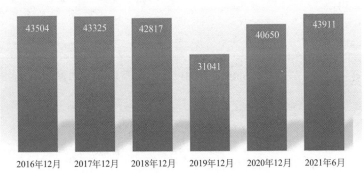

图9-1　历年全国生猪存栏量（单位：万头）

注：图中数据来源于农业农村部公布的历年生猪存栏量

回首2018年非瘟疫情出现后的三年，可以看到，生猪行业经历了彷徨、反思、总结和嬗变，虽然非瘟疫情给行业带来的损失是巨大的，但经过这次疫情的考验，生猪行业的整体管理理念、技术水平和发展模式走上了一个新台阶。

二、非瘟环境下猪场的生产管理嬗变

非瘟疫情发生后，猪场生产管理的嬗变有以下三个方面。

1.生物安全管理的升级

在非瘟疫情前，养猪从业者的生物安全意识淡薄，生物安全管理水平参差不齐。比如对消毒操作的执行，在非瘟前，消毒更像是一种例行的心理安慰仪式，很少有企业去研究消毒流程的关键点及消毒效果的评估问题。我们能看到的消毒场面，基本都是这样的：负责消毒的员工拿着喷雾枪绕着消毒对象转一圈就算完成消毒了，没有消毒时间、消毒用量和消毒效果评估的概念，基本上是一种做表面文章的形式主义。在非瘟疫情后，生猪生产者通过血的教训知道了消毒、隔离等操作的重要性，也学会了真消毒、真隔离和真防疫。行业的生物安全管理得到了全面升级。生物安全管理的升级包括管理理念、操作流程和结构布局等方面的升级，是从软件到硬件、从观念到执行力的全面升级。

（1）生物安全理念的升级　非瘟疫情后，国内猪场的生物安全理念发生了天翻地覆的变化，从之前的口头重视，转变为思想上的高度重视；从空虚的概念，转变为具有量化指标的管理理念和管理流程。

具体体现在：① 生物安全的概念得到了固化。以前说到生物安全，大家的印象就是消毒、隔离、免疫等比较泛化的概念。猪场都说生物安全重要，但是在思想认识上比较麻痹，没有把生物安全放在关系猪场生死的高度上。这是因为以往的任何一场疫情，包括蓝耳、腹泻等疫情，只是一定数量范围内的猪只死亡，疫情带给场子的损失只是利润的损失，并且基本都是可容忍的。但若发生非瘟疫情，短期内猪场的死淘、扑杀数量有可能达到百分之百，这是任何一个场子都不能忍受的。有个形象的说法，以前的疫情只是死猪，非瘟出现后，就开始"死场"。正因非瘟直接影响猪场的存亡，整个行业才由此真正认识到了生物安全的重要性，生物安全的概念才得了加强，得到了固化。② 生物安全的概念得到了量化。生物安全涵盖的范围很广，只要跟养猪生产相关的环节，都涉及到生物安全问题。在非瘟前，几乎所有的生物安全概念都停留在表象，生物安全缺乏可执行的标准，没有量化概念。在执行层面，也缺乏可量化的监督考核机制，执行的效果因人而异。在非瘟后，血的教训让生猪从业者重新反思生物安全的内容，并全面梳理、复盘生产环节中的生物安全流程，制定标准，量化监督、考核。比如，消毒流程中消毒药的选择，在非瘟出现后，行业内根据消杀对象、环境温度、pH值等应用场景，通过试验验证，对比筛选出了不同场景下的消毒药种类及其用量，以保障消毒效果有效、可度量。再如，以往猪只生病，猪场基本都是凭经验主观判断病情并给予试验性的药物治疗，相对比较盲目。非瘟疫情后，几乎所有的规模猪场都自建了兽医检测室或购置了相应的检测设备，对出现异常症状的猪只进行非瘟病毒的检测筛查，并会检测其他的烈性传染病，开启了精准诊断、精准处置的猪场疫病诊疗新模式。

（2）生物安全硬件的升级　保障猪场的生物安全，除了在思想上高度重视，在硬件投入上也要满足防控需求。非瘟前，一般猪场建设时会从成本角度考虑，降低建设标准，压缩各种设施设备的投入，其中就包括生物安全相关的硬件投入。生物安全设施设备的范围很广，从消毒器械到猪舍结构布局，所有跟猪流、人流、物流、车流相关的操作流程都会涉及到生物安全硬件问题。非瘟前，大部分猪场的生活区和生产区没有有效的隔离，出猪台和生产区也没有彻底分离，这些漏洞都是非瘟病毒侵入猪场的风险点。从生产实践看，关键生物安全风险点如果不升级改造，仅靠人员管理去堵漏，迟早会出问题。

（3）生物安全执行力的升级　生物安全执行力，在非瘟疫情期间经历了从表面文章到逐步敬畏，再到全面落地、量化监督的升级。促使生物安全执行力升级的，既有疫情防控因素，也跟行业管理技术进步相关。近些年，随着行业管理技术的发展，涌现了一大批行之有效的管理措施、管理工具。比如痕迹化管理就是跟生物安全相关的一种非常有效的管理措施。痕迹化管理通过各种记录表格和人员的签字审核，将操作流程与审核监督机制有机结合，将事前、事中、事后的过程管控与结果管控结合起来，有效落实每个风险点的关键操作。

2.生产管理模式的升级

生猪行业很早就流行这样的养殖理念："养重于防，防重于治"。经过非瘟疫情考验后，行业内重新审视这句话，以上理念就不完全正确了，综合看，后半句"防重于治"是对的；前半句"养重于防"弱化了防疫的地位，在后非瘟时代的强防疫压力下，显然不妥。鉴于此，以上理念应修订为："养防并重，防重于治"。后非瘟时代，生产管理模式从之前的阶段性流程、碎片化管理升级到涵盖采购、生产、防疫、销售等要素的全产业链条管理模式，通过复盘、优化产销防疫流程，以防疫为中心，全面升级生产管理模式。通过科学的、与时俱进的升级，突出生产安全的主线、生命线，保障生产效率底线，达到安全、高效的生产管理目标。

当前生猪行业内比较典型的、得到广泛认可的模式有扬翔模式、牧原模式等。其中，以高楼养猪、铁桶式防御为特色的广西扬翔，在行业内取得的成就有目共睹。在非瘟疫情前，广西扬翔主业为饲料生产销售，生猪养殖在经营中占比不高。但在2018年以后，因为其养殖板块快速总结出了具有较高水准的适应非瘟疫情的防、产、供、销生产管理模式，即所说的"铁桶式"生产防控模式，取得了极好的防控效果和生产效益，在疫情中逆势发展，由年产销不足五十万头生猪快速成长为年产销两百万头生猪以上的大型养殖企业。扬翔的成功是后非瘟时代生产管理模式科学、及时升级的成功，近两年，国内有一大批类似的优秀企业在逆势成长，未来，相信这些掌握了安全生产核心技术的企业将会发展成为行业主流。

3.行业发展模式的改变

非瘟之前，行业内一直有温氏模式与牧原模式孰优孰劣之争。温氏模式代表着公司加农户的轻资产、低投资、养殖户放养模式，牧原模式代表着重资产、高投资、自繁自养模式。2019年之前，温氏公司通过自己的模式高速发展，生猪年出栏在短短二十年内从零到两千万头，成为国内生猪养殖企业的龙头老大。但是，发生非瘟疫情后，温氏终端养殖户较为分散、生物安全难以把控的问题就暴露了。2019～2020年，温氏的产量从年出栏2200余万头下降到829万头，下降幅度超过60%。而作为自繁自养的代表，牧原公司一直按照自己重资产的模式在发展，经过非瘟考验，自控能力较强的牧原模式表现出了优势，使得牧原公司在非瘟期间实现了逆势扩展。2018年牧原出栏1101万头生猪，2020年出栏达到了1811万头，逆势增产约40%。

温氏和牧原分别是放养和自繁自养模式的典型代表，国内其他养殖企业（如新希望、正邦、天邦）介乎这两种模式之间，他们既有自繁自养的猪场，又有一部分放养的猪场，整体来看，非瘟期间，自繁自养的猪场生物安全更可控，放养模式的猪场生物安全问题较多。经过非瘟洗礼，以上两种模式的养殖场都进行了深刻的反思。我们能看到，温氏公司作为放养猪场的代表，从2019年后，逐步扩大自繁自养模式的养殖量，其他几家公司也一样。牧原公司、新希望公司等除了继续增加自繁自养模式猪场以外，目前已在单场养殖规模方面做了一些新的尝试。比

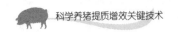

如牧原公司，2020年在河南内乡建造了年出栏量210万头的、全世界最大的生猪单体养殖场。

从当前规模化猪场占比越来越高（2020年已超过52.3%）的趋势分析，未来国内生猪养殖行业规模化、自繁自养模式的猪场比例将超过60%，甚至会超过70%，越来越接近欧美国家的比例（其中美国规模化占比达到83%）（搜狐网，2020）。这是非瘟防控需求带来的模式发展需求（朱同，2020）。

第二节 非瘟防控关键点

经过三年的疫情考验，国内生猪行业经历了从最初无力抵抗的惶恐，再到逐步摸索出防控经验的相持，最终在大家全面掌握了防控复产技术后，开启了声势浩大的大反攻。2021年6月底，国内生猪存栏量从2019年低谷期的31041万头，快速恢复到43911万头，恢复到2017年年末存栏量的101%。总结国内生猪行业近几年的防控经验，其中的关键点，还是遵从传染病防控的三要素（传染源、传播途径、易感动物）和三原则（早发现、早诊断、早处置）。针对非洲猪瘟病毒比较顽固，存活力强，当前又没有有效疫苗的现状，防控非洲猪瘟，全部的措施，都是生物安全措施。针对非洲猪瘟的生物安全措施及关键点，可以归纳为五流防控：猪流、人流、车流、物流、生物流。

一、猪流管理

猪流管理即猪群流动及生产流程管理，包括后备猪管理、精液引入管理、猪只转群管理以及猪群环境控制等。一般种猪场的养殖流程如图9-2所示。

1.后备种猪引种管理

种猪场、育肥场需要建立科学合理的后备猪引种制度，包括引种评估、隔离舍的准备、引种路线规划、隔离观察及入场前评估等。

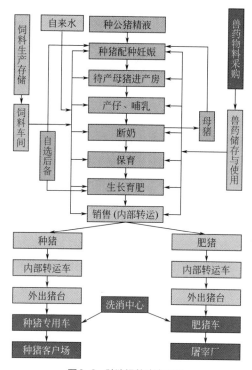

图9-2　种猪场养殖流程图

注：本章图片和照片均来自于上海祥欣畜禽有限公司。

（1）引种原则　为保障猪场生物安全，非瘟疫情期间原则上不从外部引种，确需引种时必须先进行生物安全风险评估。

（2）引种评估　由外部引进后备猪，国内的优先选择非瘟无疫区的国家核心场；国外的应具备畜牧兽医主管部门的审批意见和出入境检验检疫部门的检测报告。

（3）健康度评估　引种前评估供种场猪群健康状态，要求供种场猪群健康度高于引种场。评估内容包括：猪群临床表现；口蹄疫、猪瘟、非洲猪瘟、猪繁殖与呼吸综合征、猪伪狂犬病、猪流行性腹泻及猪传染性胃肠炎等病原学和血清学检测；死淘记录、生长速度及料肉比等生产记录。

（4）隔离舍的准备　在指定隔离场进行隔离，隔离场要求独立于引种场，直线距离大于3千米以上。后备猪到场前完成隔离舍的检测、清洗、消毒、干燥及空栏。后备猪到场前完成药物、器械、饲料、用具等物资的消毒及储备。并安排专人负责隔离期间的饲养管理工作，直至隔离期结束。

（5）引种路线规划　后备猪转运前对路线距离、道路类型、天气、沿途城市、猪场、屠宰场、村庄、加油站及收费站等调查分析，确定最佳行驶路线和备选路线，避开尚未解除隔离的疫区。

（6）隔离观察　隔离期内，密切观察猪只临床表现，进行病原学检测，必要时实施免疫。

（7）入场前评估　隔离结束后对引进猪只进行健康评估，包括口蹄疫、猪瘟、非洲猪瘟、猪繁殖与呼吸综合征、猪流行性腹泻及传染性胃肠炎等抗原检测，以及猪伪狂犬病gE抗体、口蹄疫感染抗体、口蹄疫O型抗体、口蹄疫A型抗体、猪瘟抗体及猪伪狂犬病gB抗体等抗体检测。

2.精液引入管理

作为可能携带病毒的生物媒介，精液经评估检测后方可引入猪场，评估内容包括供精资质评估和病原学检测。

（1）供精资质评估　外购精液的公猪站应具备《动物检疫合格证明》；由国外引入的精液，应具备畜牧兽医主管部门的审批意见和出入境检验检疫部门的检测报告。

（2）病原学检测　外购精液到猪场隔离仓库时，检测猪瘟、非洲猪瘟、猪繁殖与呼吸综合征、猪伪狂犬病、乙脑、细小等病毒，结果为阴性才能使用。

3.猪只转群管理

猪场生产区功能单元主要包括公猪舍、隔离舍、后备猪培育舍、配怀舍、分娩舍、保育舍及育肥舍等，猪只在繁殖生产中，需要根据其生产阶段定期转群。猪只转群过程中存在疫病传播风险。要遵循以下四点管理措施。

（1）全进全出管理　隔离舍、后备猪培育舍、分娩舍、保育舍及育肥舍执行严格的批次间全进全出；转群时，避免不同猪舍的人员交叉；

转群后，对猪群经过的道路进行清洗、消毒，对猪舍进行清洗、消毒、干燥及空栏。

（2）猪只转运管理　猪只转运一般包括断奶猪转运、淘汰猪转运、肥猪转运以及后备猪转运；场内只允许本场专用车辆在猪场内出猪台进行猪只转运；外部车辆不可接近场内出猪台，由场内专用车辆将猪只转运到生猪销售转运台交接。场内使用三段赶猪法进行猪只转运：将整个赶猪区域分为净/灰/污三个区域，猪场一侧（或中转站自有车辆一侧）为净区，拉猪车辆为污区，中间地带为灰区。不同区域由不同人员负责，禁止人员跨越区域界线或发生交叉；猪只转运时，到达出猪台或中转站的猪只需转运离开，禁止返回场内。

（3）清洗消毒　在猪只转运完后，必须及时对栏舍、赶猪通道、场内出猪台和生猪销售转运台等场地清洗、消毒。不同区域由不同人员负责，禁止人员跨越区域界线或发生交叉。

（4）猪群环境控制　合适的饲养密度、合理的通风换气、适宜的温度、湿度及光照是促进生猪健康生长的必要条件，相关指标参考《标准化规模养猪场建设规范》（NY/T 1568—2007）、《规模猪场环境参数及环境管理》（GB/T 17824.3—2008）。

二、人流管理

根据不同区域生物安全等级进行人员管理，人员遵循单向流动原则，禁止逆向进入生物安全级别更高的区域。

1.入场人员审查

（1）外部人员　原则上禁止非生产人员入场；外部人员必须入场的，须提前72小时向猪场相关负责人提出申请，经近期活动背景审核合格后方可前来访问；进场人员必须在指定隔离点隔离48小时以上，经按规定采样，检测ASF合格后方可入场。

（2）猪场入场工作及休假返工人员　猪场入场工作及休假返工人员在进场前7天不得去其他猪场、屠宰场、无害化处理场及动物产品交易场所等生物安全高风险场所；猪场入场工作及休假返工人员入场需提前48小时向猪场相关负责人提出申请，填写审批表（表9-1），经人员近期活动背景审查合格后方可到公司指定隔离点隔离；进场人员必须在指定隔离点隔离48小时以上，经按规定采样，检测非洲猪瘟合格后方可入场。

表9-1　猪场进场人员审批表

人员入场审批表						
姓名		性别		职务		单位
手机		座机		电子邮箱		地址
进场人员承诺	本人承诺：进猪场前7天之内没有进过任何养殖场、屠宰场、农贸市场等危及猪场生物安全的相关任何场所；未接触过猪肉及其制品等危及猪场生物安全的畜禽产品；严格遵守东滩猪场人员进场隔离、消毒等所有生物安全规定。如果违反以上承诺和规定所造成的一切损失，本人及派出单位愿意承担相关责任。 　　　　　　　　承诺人（签字）： 　　　　　　　　　　　　　　年　月　日					
以上内容申请进场人员已经明白、理解，并由本人填写、签字。						
进场原因						
进场范围	□隔离区　□生活区　□生产区　□其他（　　　）					
进场时间	年　月　日　时		离场时间		年　月　日　时	
公司责任人意见： 　　年　月　日		批准人： 　　年　月　日			本次进场审批时效于签批日期三日内有效。	

2.入场人员隔离制度

猪场入场人员隔离标准见表9-2。

表9-2　猪场入场人员隔离标准

类别	人员状态	场外隔离时间	场内生活区隔离时间	消毒、隔离措施
1	无猪只接触史，公司外聘重要而不紧急修理人员	48小时	48小时	非瘟检测阴性，洗澡、更衣（全套）、过消毒通道（衣物行李1次过消毒水，洗干后封存）
2	无外场猪只接触史，本场休假回场人员	48小时	48小时	非瘟检测阴性，洗澡、更衣（全套）、过消毒通道（衣物行李1次过消毒水，洗干后封存）

续表

类别	人员状态	场外隔离时间	场内生活区隔离时间	消毒、隔离措施
3	无猪只接触史，养猪设备公司维修人员	48小时	48小时	非瘟检测阴性，洗澡、更衣（全套）、过消毒通道（衣物行李1次过消毒水，洗干后封存）
4	无猪只接触史，本公司工作人员	48小时	48小时	非瘟检测阴性，洗澡、更衣（全套）、过消毒通道（衣物行李1次过消毒水，洗干后封存）
5	有猪只接触史，本公司工作人员	72小时	72小时	非瘟检测阴性，洗澡、更衣（全套）、过消毒通道（衣物行李1次过消毒水，洗干后封存）

3. 人员进入办公区/生活区流程

猪场每个流程分区管理，责任到人，监督落实，关键点安装摄像头进行实时管理。流程遵循原则如下。

（1）入场依据 入场人员需经兽医实验室非洲猪瘟检测合格后，由指定人员接送到达猪场大门处。

（2）手部消毒 入场人员手部需经免洗消毒凝胶消毒。

（3）登记 在门卫处进行入场登记，包括日期、姓名、单位、进场原因、最后一次接触猪只日期、离开时间及是否携带物品等，并签署相关生物安全承诺书。

（4）淋浴 沐浴时注意头发及指甲的清洗，沐浴后更换干净衣服及鞋靴入场。

（5）携带物品 原则上禁止携带任何物品入场；必需物品经消毒12小时后入场；严禁携带动物肉制品入场。

（6）场内隔离 在规定区域活动，完成48小时以上隔离，未经允许，禁止进入生产区（图9-3）。

4. 人员进入生产区流程

生产区生活必需品由公司统一配备，禁止携带任何私人物品进入生产区。所有进入生产区的人员必须在生产区洗澡间洗澡，并更换衣服、鞋、帽等方可进入。

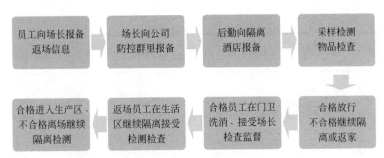

图9-3 人员返场流程图（隔离检测、进入生活区流程）

5.人员进入生产单元流程

（1）人员按照规定路线进入各自工作区，禁止进入未被授权的工作区。

（2）进出生产单元均清洗、消毒工作靴。先刷洗鞋底鞋面粪污，后在脚踏消毒盆浸泡消毒。

（3）人员离开生产区，将工作服放置于指定收纳桶内。

（4）疫情高风险时期，人员应避免进入不同生产单元。如确需进入，更换工作服和工作靴（图9-4）。

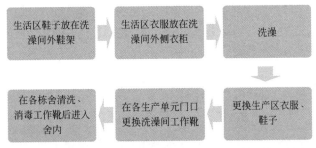

图9-4 人员进入生产区及生产单元流程图（隔离检测、进入生活单元流程）

三、车流管理

猪场车辆包括外部运猪车、内部运猪车、散装料车、袋装料车、死猪/猪粪运输车以及私人车辆等。

1.外部运猪车

（1）外部运猪车要求　外部运猪车必须是经过政府备案的生猪运输车辆（图9-5）；种猪运输车辆采用自有车辆或专场专用车辆，原则上不得使用外部运猪车；客户自备车辆进入洗消中心前必须经ＡＳＦ检测，合格后方可进入洗消中心。

图9-5　种猪运输专用车辆

（2）清洗与消毒　运猪车清洗、消毒及干燥后，方可接触生猪销售转接中心装猪台。运猪车使用后及时清洗、消毒及干燥。

（3）司乘人员管理　司乘人员在拉猪前7天内不得接触本场以外的猪只。接触运猪车前，穿着干净且消毒的工作服。如参与猪只装载时，则应穿着一次性隔离服和干净的工作靴，禁止进入中转站或出猪台的净区一侧。运猪车严禁由除本车司机以外的人员驾驶。

（4）猪只经生猪销售转接中心转运至外部运猪车内，严禁外部运猪车直接接触猪场内出猪台。

2.内部运猪车

猪场设置内部运猪车，专场专用，不得与外部转运车或外部拉猪车交叉使用。

（1）清洗与消毒　选择场内空间相对独立的地点进行车辆洗消和停放（图9-6）。洗消后，在固定的地点停放。洗消地点应配置高压冲洗机、消毒剂、清洁剂及热风机等设施与设备。运猪车使用后立即到指定地点清洗、消毒及干燥。流程包括：高压冲洗，确保无表面污物；清洁剂处理有机物；消毒剂喷洒消毒；充分干燥。

（2）司乘人员管理　司乘人

图9-6　场内转运车辆清洗消毒设备

员由猪场统一管理。接触运猪车前，穿着一次性隔离服和干净的工作靴。运猪车上应配一名装卸员，负责开关笼门、卸载猪只等工作，装卸员穿着专用工作服和工作靴，严禁接触出猪台和中转站。

（3）运输路线　按照规定路线行驶，严禁开至场区外。

3.散装料车

猪场首选自有散装饲料专用车转运饲料（图9-7）。

图9-7　散装饲料车

（1）清洗与消毒　散装料车清洗、消毒及干燥后，方可进入或靠近饲料厂和猪场。

（2）司乘人员管理　严禁由司机以外的人驾驶或乘坐；司机禁止进入生产区。

（3）行驶路线　散装料车在猪场和饲料厂之间按规定路线行驶；散装料车每次送料尽可能满载，减少运输频率；散装料车须经严格清洗、消毒及干燥，打料结束后停在指定场所；散装料车禁止进入围墙内。

（4）打料管理　打料工作由司机在猪场围墙外完成，司机不得进入围墙内。打料前，司机要用随车携带的消毒剂对手部进行消毒后再执行接驳操作。

4.袋装料车

袋装料车必须采用自有车辆；袋装料车经清洗、消毒及干燥后方可使用，用后经清洗、消毒及干燥后，在指定地点停放；袋装料车原则上不得跨场使用。

5.死猪运输车

死猪运输车采用带自卸功能、防漏的全密封自有车辆，专场专用（图9-8）；交接死猪时，避免与外部车辆接触，交接地点距离场区大于2千米；使用后，车辆及时清洗、消毒及干燥，消毒车辆所经道路，在指定地点停放并每天消毒；下次装死猪前，必须经ASF检测合格后，到洗消中心再次洗消后方可使用。

图9-8　封闭式死猪转运车

6.私人车辆

私人车辆禁止靠近场区，其他外来车辆也一律禁止靠近场区。

四、物流管理

猪场物流管理及物资管理，猪场物资主要包括食材、兽药疫苗、饲料、生活物资、设备以及其他物资等。

1.食材管理

（1）食材的选取　要求食材生产、流通背景清晰、可控，无病原污染；蔬菜和瓜果类食材无泥土、无烂叶；禽类和鱼类食材无血水；偶蹄类动物生鲜及制品禁止入场；食用食品使用适当的消毒剂清洗后入场。

（2）饭菜进入生产区　生鲜食材禁止进入生产区，生产区用餐间由猪场厨房提供熟食；饭菜容器经高温消毒后才能进入生产区用餐间。

2.兽药疫苗管理

（1）进场消毒　疫苗及有温度要求的药品，拆掉外层纸质包装，使用消毒剂擦拭泡沫保温箱后，转入生产区药房储存。其他常规药品，拆掉外层包装，经臭氧或熏蒸消毒，转入生产区药房储存。

（2）使用和后续处理　猪场严格按照说明书或规程使用疫苗及药品，做到一猪一针头；疫苗瓶等医疗废弃物及时无害化处理。所有的兽药疫苗使用遵循先进先出的原则，一般要求猪场库存保持一个半月，以保障有效的隔离净化时间。

3.饲料管理

饲料原料及成品需要接受非瘟检测，阴性才可使用；饲料车不得进入生产区内，使用猪场散装饲料专用车在场区围墙外打料；袋装饲料中转至场内运输车辆，再运送至饲料仓库，经臭氧或熏蒸消毒后使用；所有饲料包装袋要与消毒剂充分接触。

4.生活物资

正常的生活物资集中采购，经两次熏蒸消毒处理后入场，减少购买和入场频率。

5.设备

风机、钢筋等可以水湿的设备，经消毒剂浸润表面，干燥后入场；水帘、空气过滤网等不宜水湿的设备，经熏蒸消毒后入场。

6.其他物资

五金、防护用品及耗材等其他物资，拆掉外包装后，根据不同材质进行消毒剂浸润、臭氧或熏蒸消毒，转入库房。

五、生物流管理

研究及生产实践表明，部分生物（如野猪、老鼠、雀鸟、蚊蝇等）都有可能携带非瘟病毒，并对猪场造成威胁。其中野猪是风险最大的传播源。如欧盟委员会的统计数据显示，2020年欧洲14州共记录野猪非洲猪瘟疫情11027起，比2019年的6407起高出72%（搜狐网，2021）。我国大部分省份都有野猪活动，据估计，在国内野猪有150万头左右（腾讯网，2021）。2018年11月16日，吉林白山一头病死野猪检测结果为非洲猪瘟病毒核酸阳性，成为我国第一起野猪疫情（杨静等，2020）。因野猪为国家三级保护动物，不能捕猎，因此防控野猪的措施，只能是被动防护。国内部分地区猪场的经验为加固围墙，或者建立隔离防护墙，防止野猪靠近猪场范围（因近年部分地区野猪泛滥成害，2021年后看到部分地区放松限制，允许有组织地捕猎一定数量的野猪）。在养殖密集区域，老鼠的采食活动、迁徙活动也会引起非瘟病毒的传播。防控老鼠，采取的措施有药物措施、设备措施等。通过使用低毒灭鼠药可以有效防控老鼠；在猪舍中加装防鼠网，在老鼠经过的区域布置灭鼠笼、黏鼠板等也有一定效果。国内部分地区观察到，有的雀鸟会进入猪舍偷吃饲料，或在猪粪中啄食虫子，甚至会去刨食死猪，从而带来非瘟传播的风险。所以，猪舍要加装防鸟网或驱鸟器来防控鸟雀。蚊蝇在小范围内会传播病毒，为防控蚊蝇，猪舍需要加纱窗，并使用畜牧蚊香、灭蚊蝇药等措施。

第三节　结构化防非瘟

非瘟的防控，包含硬件（设施与设备）、流程（工艺流程）、制度三个方面。国内在2018年疫情以后，举全行业之力，探索出了多种防控模式，如扬翔模式、牧原模式等。这些经过实践检验的防控模式，在行业内得到了大范围的推广，为行业的复产保供提供了有力的支持。经比较总结国内多种成功的防控模式后，将其中的共同点和关键点阐述如下。

一、选址布局

猪场的选址布局对后期的防控效果有重要的影响。

1.猪场周围养殖环境

根据非瘟可以通过老鼠、蚊蝇、雀鸟传播的特点，猪场选址时，周围3千米范围内不能有其他养猪场。

2.高风险场所

猪场3千米范围内不得有农贸交易市场；猪场10千米范围内不得

有屠宰场、病死动物无害化处理场、粪污消纳点、其他动物养殖场/户、垃圾处理场、车辆洗消场所及动物诊疗场所等生物安全高风险场所存在。

3.猪场地理位置

猪场与最近公共道路的距离要大于2千米，以降低公共道路交叉。猪场与城镇居民区、文化教育科研等人口集中区域距离要大于3千米（图9-9）。

图9-9　猪场选址布局

二、生物安全布局规划

为保障猪场防疫安全，根据国家重大动物疫病及非洲猪瘟防控技术指南，按距离生产区由远及近、生物安全等级由低到高，可以将公司相关区域和各生产单元划分为四级生物安全区等级，并实施颜色区分管理。四级生物安全级别区分别为红色区域、橙色区域、黄色区域、绿色区域（图9-10）。

1.红色区域

对应第一生物安全级别区，指猪场外部不可控区域（缓冲区）。一般为距离猪场3千米以外的区域，包括人员隔离宾馆、物料处理中心、饲料厂、车辆洗消中心、无害化暂存冷库等。

2.橙色区域

对应第二生物安全级别区，指猪场围墙至外部可控区域，包括环保处理区（粪污池和污水处理系统）。

3.黄色区域

对应第三生物安全级别区，指猪场围墙内部至猪舍外部区域，包括生活区、隔离区、门卫区。生活区为人员进入、生活、休息、娱乐的所有立体空间，及物资进入、存储区域，包括人员进场淋浴场所、物资进入熏蒸消毒通道、各类物资存储间、各类宿舍、办公室、会议室、厨房、餐厅、生活区、娱乐区域、洗衣房及周边空地等。

4.绿色区域

对应第四生物安全级别区，指猪舍及猪舍连廊内部等生产区域，为生猪日常饲养管理、转移及饲养人员休息就餐、药械物资及维修用品消毒存贮等所涉及到的全部区域。包括配种舍、后备隔离舍、培育舍、产房、猪只转移连廊、操作间、清洗房等绿区内立体空间的全部实物（墙体、地沟、设备、管线等）。

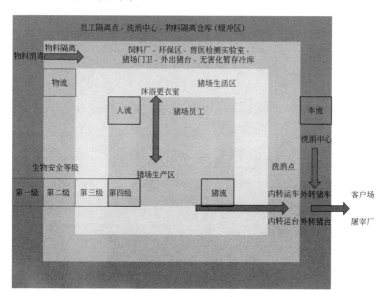

图9-10 猪场生物安全布局规划（四色管理）

三、设施设备

硬件是生物安全必不可少的保障。生物安全相关的设施设备有四类。

1.消毒设施设备

清洗消毒是杀灭非瘟病毒、切断传染链的有效手段。除了场内的常规消毒设备，如消毒机、喷雾器、熏蒸间以外，从2018年后，具有全面消杀功能的车辆洗消中心在各规模养猪场成了标配（图9-11）。

（1）洗消中心设施设备 洗消中心的设施设备包括：洗消间、烘干间、高压清洗消毒机、烘干设备等。其中高压清洗消毒机和烘干设备为主要的设施设备。

（2）生产区内消毒设施设备 猪场生产区内的消毒设备主要包括清洗消毒机、臭氧发生器、火焰消毒器、熏蒸间、消毒池、消毒盆等，是场内消杀切断病毒传播的重要工具。车辆消毒和消毒设备见图9-12～图9-17。

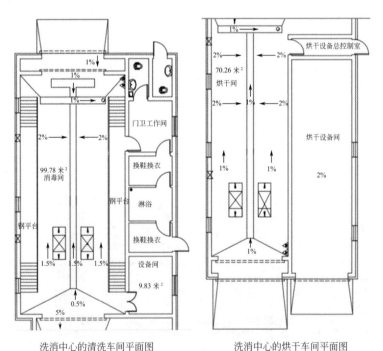

洗消中心的清洗车间平面图　　　洗消中心的烘干车间平面图

图9-11　洗消中心功能布局

图9-12 车辆洗消间

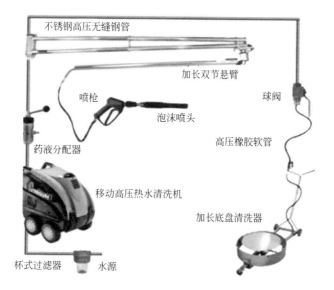

图9-13 手动洗消设备

图9-14 车辆烘干房

图9-15　高压冲洗消毒设备

图9-16　臭氧消毒设备

图9-17　火焰消毒设备

2.检测设备

目前，判定非瘟最快捷、最准确的方法是PCR检测方法，通过PCR方法，可以快速检测出血液、口鼻拭子、肛拭子、组织及环境中存在的非瘟病毒。非瘟疫情在国内出现后，PCR检测仪器已经成为了规模化猪场兽医实验室的必备仪器，也是最常用的仪器（图9-18），用于疫病诊断、"拔牙"检测等。作为血清学辅助检测设备，酶联免疫检测仪等也是必备仪器（图9-19）。PCR检测仪有普通基础PCR仪、梯度PCR仪、实时荧光定量PCR仪、原位PCR仪等多种规格，目前规模场非瘟监测一般使用实时荧光定量PCR检测仪。

图9-18 实时荧光定量PCR检测仪

图9-19 酶联免疫检测仪

3.防护设施设备

非瘟病毒可以通过虫媒（蜱虫）、动物（野猪、老鼠、鸟）等传播，所以，猪场应具备相应的防护设施设备，如纱窗、防鼠网、防鸟网等。其中，部分种猪场、公猪站采取全封闭负压通风模式，有的还根据防疫需要装有空气过滤系统，以加强疫病防护等级（图9-20～图9-24）。在养殖密集区域，部分猪场在防护设施设备方面进一步加码，进行铁桶式防御。这些猪场在围墙防护、鼠鸟防护等方面做了大量工作，如在场区围墙的基础上，在猪场外围区域加建防护墙等设施，围墙在安防、防野猪、防鼠等方面也做了专门的设计。

图9-20 全封闭负压通风猪场

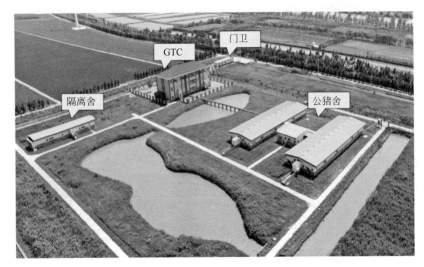

图9-21　全封闭空气过滤种公猪站

图9-22　猪场高效空气过滤设备

图9-23　猪场防蚊蝇初效过滤纱窗

图9-24　猪场防鸟防鼠网

4.预警设施设备

预警设施设备可分为两种，一种是兽医检测设备，包括PCR、ELISA等检测仪器，通过高频率的猪只、环境监测，早期预警、排查非瘟病毒，前文已有介绍，在此不作重复介绍；另外一种是物联网及信息科技预警设施设备，如监控设备、温度等指标监测设备、智能巡查设备等。随着物联网信息技术的发展，国内养猪业近年结合非瘟防控研发了一系列的预警设施设备。

（1）监控设备　在猪场管理中，监控设备发挥着越来越重要的作用。通过监控设备，可以实时发现管理中的漏洞、对生物安全管理进行预警。根据监督需要，猪场在门卫、生产区入口、生产区过道、猪舍内、场外出猪台、饲料厂等点位布设摄像头（图9-25～图9-27）。

图9-25　监控画面

图9-26　监控终端

目前的智能摄像头具有自动识别车辆、人员、猪只的功能，并可以根据提前预设的条件向监控人员推送预警信息。

图9-27 物联网车辆监测系统

（2）温度等指标监测设备 猪舍的温度、风速、氨气浓度等指标直接影响猪只的健康，同时，体温也是猪只健康最敏感的指标，以上指标的检测设备现在已逐步在规模猪场中普及（图9-28）。

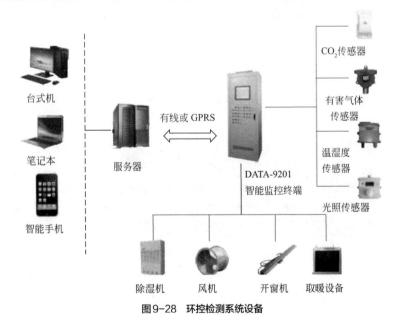

图9-28 环控检测系统设备

（3）智能巡查设备　生猪行业内已经开发出了具有智能巡查、检测功能的专业化设备，智能巡查机器人集成可见光摄像头、3D摄像头、红外热像仪、拾音器、气体检测仪等各类传感器，实时传送着温度、湿度、风机转速、异常声音等指标，后方平台通过云监控、大数据分析，观察监测猪群活动情况、体温等参数，使猪场能及时发现猪舍的异常环境及猪群中体温、活动情况、精神状态等异常的猪只（图9-29～图9-31）。

图9-29　猪场巡检设备

图9-30　猪场智能巡检机器人

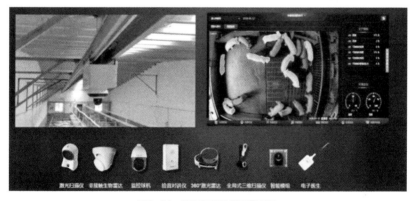

图9-31　猪场智能监测预警系统

四、工艺流程

非瘟疫情发生后，为适应新的防控需要，规模猪场的生产工艺流程也要做相应调整。调整较大的工艺项目有通风工艺、粪污处理工艺、无害化处理工艺、种猪销售选种流程等。

1.通风工艺

2010年以后新建的现代化规模猪场的通风工艺以负压通风为主，非瘟疫情发生后，因部分规模猪场检测到非瘟病毒在短距离内存在空气传播现象，所以，在通风工艺上做了调整，措施包括加装空气过滤装置、出风口加装除尘清洗装置等（图9-32）。

图9-32　猪舍空气过滤及清洗系统

2.粪污处理工艺

图9-33　自动刮粪系统

非瘟病毒在粪污中存活时间较长，所以，粪污处理工艺对非瘟防控非常重要。粪污处理工艺主要有水泡粪和干清粪两种工艺，其中，干清粪工艺分人工干清粪和自动刮粪板清粪两种（图9-33）。非瘟疫情前，水泡粪和干清粪两种工艺并存。疫情出现后，从防疫安全角度考虑，干清粪工艺因存在人员或器械交叉，风险较高，行业内在新建猪舍时，选用水泡粪处理工艺的越来越多（图9-34）。

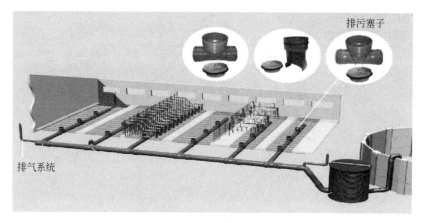

图9-34　水泡粪系统

3.无害化处理工艺

猪场每天要产生大量病死猪、胎衣等生物废弃物，这些废弃物是猪场里风险最高的物质，需要妥善处理。无害化处理工艺包括病死猪等废弃物的收集、运输、存储、无害化等环节，每个环节都需要做好生物安全防护，以免造成场内交叉感染。

（1）病死猪收集及运输、储存　每天下班前生产区内各栋舍将病死猪放置于指定地点，由专人专车进行收集运输。收集人员在操作过程中应穿戴防护服、口罩、胶鞋及手套等防护用具，使用专用的收集工具、包装用品、转运工具、清洗工具、消毒器材等。操作完毕后，对一次性防护用品作销毁处理，对循环使用的防护用品做消毒处理。死猪运输车采用专用封闭厢式运载车辆，车厢四壁及底部应使用耐腐蚀材料，并采取防渗措施。拉猪前后要对车辆及相关工具等进行彻底清洗、消毒。场内病死猪、胎衣等废弃物如当天不能做无害化处理，需要在专用冷库中储存（图9-35～图9-37）。

图9-35　死猪运输通道消毒

图9-36　舍内死猪包装、转运及消毒　　　　　图9-37　病死猪储存冷库

（2）病死猪无害化处理　病死猪无害化处理的工艺有多种，包括焚烧、蒸煮、发酵等多种工艺，从环保、安全等角度考虑，高温发酵处理工艺是一种环保、安全的无害化处理工艺，非瘟疫情后，该项处理工艺开始在行业内流行。动物尸体无害化发酵设备，是一种密闭的卧式容器，该容器用于容纳动物尸体及其残渣，并且为微生物提供最佳的生长繁殖环境。经过搅拌破碎、加热烘干，利用微生物的高温发酵作用，消灭病原微生物，消除臭味异味，产出有机肥原料，整个无害化过程密闭可控，符合生物安全和环保要求。该设备系统主要包括卧式U形罐体、主轴搅拌系统、内置的定刀和细碎装置、动力系统、加热系统、液压上料系统（选配）、出料系统（选配）、气体净化系统和控制系统，罐体包括顶盖、进料门、内壁、保温层、防护层、底部加热层。动物尸体经搅拌破碎后，在仪器中加热烘干，之后加入菌种发酵，经24小时发酵处理，废弃物可完全熟化为有机肥。无害化处理设备同时带有空气净化功能，处理期间的废气经处理达标后排放，不对环境造成污染（图9-38、图9-39）。

图9-38　无害化发酵处理设备

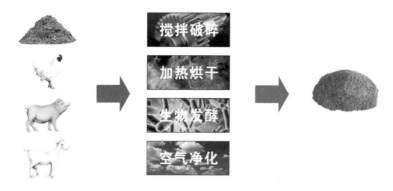

图9-39 无害化处理工艺

4.种猪销售流程

国内种猪场传统的销售模式为客户到场隔着玻璃橱窗现场选猪，非瘟疫情后，从安全角度考虑，该模式存在交叉感染风险，目前已被远程选猪系统所代替。远程选种系统采取视频直播的方式，种猪场通过在猪舍内布设高清摄像头，让客户远程观看选购种猪，避免了交叉感染，同时也提高了选猪效率，成为专业育种场的销售新流程（图9-40、图9-41）。

图9-40 远程选猪系统操作界面

图9-41 客户通过远程选种系统选购种猪

五、管理制度

在非瘟疫情前，养猪生产依据"养重于防，防重于治"的理念制定管理制度，各项制度更侧重于生产管理的效率和成本管控，以获得较好的生产效益；非瘟疫情后，生猪养殖行业的养殖理念调整为"养防并重、防重于治"，这项调整突出了防疫的重要性，正如行业里常说的那句话——"收不收看防疫、收多少看管理"。根据非瘟防控需要调整后的管理制度，以防疫为主线，以生产流程、生产要素管控为重点，通过制度加流程的模式，将生产效率与生产安全有机结合，是猪场管理的基本制度，也是员工生产工作的作业指导书。

猪场管理制度由生产管理制度、生物安全管理制度等构成，一个完整的猪场管理制度一般包括以下内容。

1.生产管理制度

生产管理制度是规范猪场内各阶段生产活动的制度，包括防火制度、用水管理制度、饲养管理制度，其中饲养管理制度又包括后备母猪管理制度、配种妊娠舍饲养管理制度、分娩舍饲养管理制度、保育舍饲养管理制度、生长育肥舍饲养管理制度、精液引入管理制度、猪只转群管理制度、种猪选配制度、猪群环境控制制度、猪场药物储存与发放制度、猪群健康状况日常观察与记录制度等。

2.生物安全管理制度

生物安全管理制度是猪场防疫安全的关键制度，包括防疫制度、猪场消毒制度、洗消中心管理制度、免疫制度、兽药管理制度、病料采集保存及运输制度、兽医实验室管理制度、隔离检疫制度、疫情报告制度、检疫报检制度、无害化处理制度、环境风险管理制度、风险评估制度、生产安全突发事故应急制度、重大动物疫情处置制度等。

3.其他管理制度

为猪场生产、育种、销售、后勤等服务的其他管理制度也是不可或缺的制度，包括育种制度、饲料营养管理制度、销售制度、售后服务制度、物料进销存制度、档案资料归档制度、区域标识管理制度、人员管理与培训制度、仪器设备使用管理制度、可追溯管理制度等。

一个全面、科学的猪场生产管理制度涵盖了猪群、人员、物料等关键生产要素，融合了生产流程、生物安全、制度标准等管理标准，通过规范的制度流程，将以上要素融合贯穿在一起，是指导猪场生产、对标管理、保障安全的作业书。

　　后非瘟时代，在疫病风险长期存在的情况下，要做到安全生产，既需要一套科学全面的管理制度，更需要落实到现场的执行力；制度加执行力，才是防控非瘟、保障安全的有效措施。

[1] 国家畜禽遗传资源委员会.中国畜禽遗传资源志·猪志[M].北京：中国农业出版社，2011.

[2] 王林云.养猪词典[M].北京：中国农业出版社，2004.

[3] 赵书广.中国养猪大成[M].2版.北京：中国农业出版社，2013.

[4] 沈富林，陆雪林.上海四大名猪[M].上海：上海科学技术出版社，2019.

[5] 蒋宗勇，陈代文，徐子伟，等.提高母猪繁殖性能的关键营养技术研究与应用[J].中国畜牧杂志，2015.51（12）：44-49.

[6] 杨在宾，李祥明.猪的营养与饲料[M].中国农业大学出版社.2003.

[7] 邓敦，李铁军，孔祥峰，等.日粮蛋白水平对生长猪生产性能和氮平衡的影响[J].广西农业生物科学，2007（02）：137-143.

[8] 谭新，方热军.低蛋白日粮对猪生产性能以及氮排泄量的影响研究进展[J].湖南饲料，2008（02）：17-20.

[9] 尹慧红.低蛋白日粮不同净能水平及色氨酸水平对猪生长影响的研究[D].硕士，2008.湖南农业大学.

[10] 陆文清.发酵饲料生产与应用技术[M].中国轻工业出版社.2011.

[11] 代发文，林涛，苏保元，等.断奶仔猪纤维营养应用研究进展[J].中国饲料，2021（15）：58-63.

[12] 代发文，于嘉欣，姚宏明，等.猪用纤维饲料原料的应用研究进展[J].饲料研究，2020.43（02）：109-112.

[13] 胡旭进，黄剑锋，胡斌，等.金华猪研究进展[J].养猪，2021（05）：57-60.

[14] 杨凯，鲁绍雄，严达伟，等.昭通火毛、黑毛乌金猪屠宰性能和肉质测定与分析[J].现代畜牧兽医，2021（08）：41-45.

[15] 陆雪林，吴昊旻，薛云，等.上海4个地方猪种的肥育性能和肉质特性分析[J].养猪，2020（04）：65-69.

[16] 沈婷，李铮，徐向阳.如何生产优质猪肉[J].今日养猪业，2020（03）：54-56.

[17] 王林云.我国猪遗传资源现状和优质猪肉的开发[J].现代畜牧兽医，2012（09）：10-13.

[18] 孙世民，卢凤君，叶剑.优质猪肉供应链企业战略合作关系的形成条件研究[J].农业系统科学与综合研究，2004（04）：285-287.

[19] GB/T 9959.1—2019　鲜、冻猪肉及猪副产品　第1部分：片猪肉

[20] GB/T 9959.3—2019　鲜、冻猪肉及猪副产品　第3部分：分部位分割猪肉

[21] GB/T 9959.4—2019　鲜、冻猪肉及猪副产品　第4部分：猪副产品

[22] GB/T 9959.2—2008　分割鲜冻猪瘦肉

[23] NY/T 1759—2009　猪肉等级规格

[24] NY/T 3380—2018　猪肉分级

[25] GB 31650—2019　食品安全国家标准　食品中兽药最大残留限量

[26] GB 2763—2021　食品安全国家标准　食品中农药最大残留限量

[27] GB 2762—2017　食品安全国家标准　食品中污染物限量

[28] DB14/T 1476—2017　优质猪肉生产技术标准

[29] 王亚男，冯曼，周英昊，等. 日粮中添加发酵桑叶对育肥猪生长性能和肌肉中氨基酸、脂肪酸含量的影响[J]. 黑龙江畜牧兽医，2019，（18）：57-60.

[30] 李碧侠，赵为民，付言峰，等. 苜蓿草粉对苏山猪屠宰性能、胴体品质和肉质性状的影响[J]. 动物营养学报，2020，32（03）：1090-8.

[31] 张旭晖，吴元媛，汪贵斌，等. 发酵元宝枫叶对育肥猪生产性能、肉品质和肠道菌群的影响[J]. 动物营养学报，2018，30（01）：246-54.

[32] 崔晓娜. 杜仲皮对生长肥育猪肉品质的影响[J]. 黑龙江畜牧兽医，2018，（01）：135-6.

[33] 张茂伦. 川陈皮素对育肥猪生产性能和肉质风味的影响[D]. 华南农业大学，2016.

[34] 陈康林，桂国弘，申露露，等. 添加金荞麦茎叶粉对生长育肥猪肉质和血液生化指标的影响[J]. 贵州畜牧兽医，2020，44（01）：5-8.

[35] 羊宣科. 海南特种野猪肉质特性及膻味研究[D]. 海南大学，2016.

[36] 彭梅秀. 版纳特种野猪人工授精技术推广探讨[J]. 当代畜禽养殖业，2016，2：8-9，31.

[37] 鲁宗强，鲁力，鲁未东. 一种西南特种野猪的繁育方法[P]. 中国，106305616A. 2017-01-11.

[38] 刘务勇. 特种野猪饲养技术[M]. 山东科学技术出版社，2009.

[39] 张仲葛，黄惟一，罗明等. 中国实用养猪学[M]. 河南科学技术出版社，1990，250-266.

[40] 全国畜牧总站. 生猪标准化养猪技术图册[M]. 北京：中国农业科学技术出版社，2012.

[41] 陈顺发. 畜禽养殖场规划设计与管理[M]. 北京：中国农业出版社，2009.

[42] 邓莉萍，谈松林. 清单式管理：猪场现代化管理的有效工具[M]. 北京：中国农业出版社，2016.

[43] 李德发，胥学新，李刚，等. 仔猪料中添加柠檬酸对营养物质消化率的影响[J]. 中国饲料，1993（04）：7-9.

[44] 梁国旗，王旭平，王现盟，等. 樟科、丝兰属植物提取物对仔猪排泄物中氨和硫化氢散发的影响[J]. 中国畜牧杂志，2009，45（13）：22-26.

[45] 纪雄辉，鲁艳红，郑圣先. 湖南省畜禽粪便污染及其综合防治策略[J]. 湖南农业科学，2006（03）：123-125.

[46] 唐晓白，徐荣兴，丰春燕，等. 发酵床养猪的技术应用[J]. 养殖与饲料，2012（03）：25-26.

[47] 苏科. 生猪发酵床生态养殖技术[J]. 农家致富，2017（16）：36-37.

[48] 樊志刚，李胜刚，鞠立杰，等. 生物发酵舍养猪技术原理及优点[J]. 养殖技术顾问，2008（11）：18-19.

[49] 王连珠，李奇民，潘宗海. 微生物发酵床养猪技术研究进展[J]. 中国动物保健，2008（07）：29-30.

[50] 姚运先，王艺娟，陈喜红. 人工湿地处理畜禽养殖废水的应用[C]. 湖南省农业系统工程学会2005年年会暨科技论坛论文集，2005：73-76.

[51] 廖新俤，骆世明. 人工湿地对猪场废水有机物处理效果的研究[J]. 应用生态学报，2002（01）：113-117.

[52] 刘娜娜. 猪场废水厌氧消化液垂直流人工湿地处理系统的研究[D]. 四川农业大学，2010.

[53] 魏翔，缪幸福. 水平潜流人工湿地中植物种类和停留时间对处理猪场废水能力的影响[C]. 2011中国环境科学学会学术年会论文集（第二卷），2011：25-31.

[54] 杨旭，李文哲，孙勇，等. 人工湿地系统对含沼液畜禽废水净化效果试验研究[J]. 生态环境学报，2012，21（03）：515-517.

[55] Bearson SMD. Salmonella in Swine：Prevalence，Multidrug Resistance，and Vaccination Strategies. Annu Rev Anim Biosci，2022，10：373-393.

[56] Bueno Dalto D，Audet I，Girard CL，et al. Bioavailability of Vitamin B_{12} from Dairy Products Using a Pig Model. Nutrients 10. 2018.

[57] Chantziaras I，De Meyer D，Vrielinck L，et al. Environment-，health-，performance- and welfare-related parameters in pig barns with natural and mechanical ventilation. Prev Vet Med，2020，183：105-150.

[58] Fraile L. Control or eradication? Costs and benefits in the case of PRRSV. Vet Rec，2012，170：223-224.

[59] Han Q，Wang J，Li R，et al. Development of a recombinase polymerase amplification assay for rapid detection of Haemophilus parasuis in tissue samples. Vet Med Sci，2020，6：894-900.

[60] He X，Zhou DR，Sun YW，et al. A PCR assay with high sensitivity and specificity for the detection of swine toxoplasmosis based on the GRA14 gene. Vet Parasitol，2021，299：109-566.

[61] Je SH，Kwon T，Yoo SJ，et al. Classical Swine Fever Outbreak after Modified Live LOM Strain Vaccination in Naive Pigs，South Korea. Emerg Infect Dis，2018，24：798-800.

[62] Li C，et al. Outbreak Investigation of NADC30-Like PRRSV in South-East China. Transbound Emerg Dis，2016，63：474-479.

[63] Ma W. Swine influenza virus：Current status and challenge. Virus Res，2020，288：198118.

[64] Macedo N，et al. Molecular characterization of Glaesserella parasuis strains isolated from North America，Europe and Asia by serotyping PCR and LS-PCR. Vet Res，2021，52：68.

[65] Malik YS，Bhat S，Kumar ORV，et al. Classical Swine Fever Virus Biology，Clinicopathology，Diagnosis，Vaccines and a Meta-Analysis of Prevalence：A Review from the Indian Perspective. Pathogens 9. 2020.

[66] Mendez A，Smerdou C，Gebauer F，et al. Structure and encapsidation of transmissible gastroenteritis coronavirus (TGEV) defective interfering genomes. Adv Exp Med Biol，1995，380：583-589.

[67] Milek D，Wozniak A，Guzowska M，et al. Detection Patterns of Porcine Parvovirus (PPV) and Novel Porcine Parvoviruses 2 through 6 (PPV2-PPV6) in Polish Swine Farms. Viruses 11. 2019.

[68] Morita K. Molecular epidemiology of Japanese encephalitis in East Asia. Vaccine，2009，27：7131-7132.

[69] Prestwood AK. Coccidiosis in swine. Vet Hum Toxicol 29 Suppl，1987，1：65-67.

[70] Rahman MM，Rahman MA，Monir MS，et al. Isolation and molecular detection of Streptococcus agalactiae from popped eye disease of cultured Tilapia and Vietnamese koi fishes in Bangladesh. J Adv Vet Anim Res，2021，8：14-23.

[71] Shaikh MY，Yasmin F，Ochani RK，et al. Influenza swine flu virus：A candidate for the next pandemic. J Glob Health，2021，11：03011.

[72] Streck AF，Truyen U. Porcine Parvovirus. Curr Issues Mol Biol，2020，37：33-46.

[73] Tan L，Yao J，Yang Y，et al. Current Status and Challenge of Pseudorabies Virus Infection in China. Virol Sin，2021，36：588-607.

[74] Torres JM，Sanchez C，Sune C，et al. Induction of antibodies protecting against transmissible gastroenteritis coronavirus (TGEV) by recombinant adenovirus expressing TGEV spike protein. Virology，1995，213：503-516.

[75] Von Ruden S，Staubach C，Kaden V，et al. Retrospective analysis of the oral immunisation of wild boar populations against classical swine fever virus (CSFV) in region Eifel of Rhineland-Palatinate. Vet Microbiol，2008，132：29-38.

[76] Wang T，et al. Construction of a gE-Deleted Pseudorabies Virus and Its Efficacy to the New-Emerging Variant PRV Challenge in the Form of Killed Vaccine. Biomed Res Int. 2015：684945.

[77] Xu L，et al. Effects of Vaccination with the C-Strain Vaccine on Immune Cells and Cytokines of Pigs Against Classical Swine Fever Virus. Viral Immunol，2018，31：34-39.

[78] 李步社，张和军，韩雪峻，等. 非洲猪瘟环境下猪场生产管理嬗变[J]. 国外畜牧学·猪与禽. 2021，（06）：31-34.

[79] 朱同. 两会"部长通道"农业农村部部长韩长赋受访表示 当前生猪生产恢复势头不错 一定确保老百姓碗里不缺肉[J]. 猪业观察，2020，（3）：3-3.

[80] 杨静，安康，王树凯，等. 野猪非洲猪瘟的防控及疫苗研发[J]. 中国猪业，2020，（3）：64-67.